无线传感器网络技术

——基于 CC2530 与 STM32W108 芯片的实例与实训

赵　成　郭荣幸　编著

北京邮电大学出版社
www.buptpress.com

内 容 简 介

本书立足无线传感器网络技术的应用与实践,较为全面地介绍了以 CC2530 为基础,应用 Z-Stack 协议栈设计 ZigBee 无线传感器网络的典型应用工程。为了进一步向 IPv6 无线传感器网络的设计与开发延伸,介绍了 Contiki 操作系统开发 IPv6 WSNs 的入门级应用工程。

本书结合 Z-Stack 协议栈与 Contiki 操作系统,介绍了无线传感器网络的应用开发技术。第一部分是 Z-Stack 协议栈应用部分,主要介绍 HA 工程、SampleApp 工程、ZNP 工程、SE 工程的设计。第二部分是 Contiki 操作系统部分,主要介绍 Contiki 程序结构、Contiki 点对点通信、Contiki 单播与多播通信的设计。最后,附录中给出了实践 WSNs 技术的实训工单。

本书内容丰富、文字简练、图文并茂,突出具体的应用设计,力求作为指导实践、讲授方法性质的教材。本书可作为物联网工程、传感器网络、通信工程等专业高年级本科生及研究生的教材,也可供从事无线传感器网络系统开发的工程技术人员、科研人员阅读参考。

图书在版编目(CIP)数据

无线传感器网络技术:基于 CC2530 与 STM32W108 芯片的实例与实训 / 赵成,郭荣幸编著. -- 北京:北京邮电大学出版社,2016.6(2017.7 重印)

ISBN 978-7-5635-4735-7

Ⅰ.①无… Ⅱ.①赵… ②郭… Ⅲ.①无线电通信—传感器 Ⅳ.①TP212

中国版本图书馆 CIP 数据核字(2016)第 073425 号

书　　　名:无线传感器网络技术——基于 CC2530 与 STM32W108 芯片的实例与实训
著作责任者:赵　成　郭荣幸　编著
责 任 编 辑:徐振华　孙宏颖
出 版 发 行:北京邮电大学出版社
社　　　址:北京市海淀区西土城路 10 号(邮编:100876)
发　行　部:电话:010-62282185　传真:010-62283578
E-mail:publish@bupt.edu.cn
经　　　销:各地新华书店
印　　　刷:北京九州迅驰传媒文化有限公司
开　　　本:787 mm×1 092 mm　1/16
印　　　张:16
字　　　数:397 千字
版　　　次:2016 年 6 月第 1 版　2017 年 7 月第 2 次印刷

ISBN 978-7-5635-4735-7　　　　　　　　　　　　　　　　定　价:32.00 元

前　言

随着物联网产业的发展，开设物联网工程专业的大中专院校逐渐增多，与此同时，处于物联网产业链上的众多国内外厂商，已经研发并生产出应用于 IoT 的各类软硬件产品，包括微处理器、集成开发环境及仿真器等开发设备。无线传感器网络是物联网的核心研究对象之一，处于当前新的物联网生态环境之中，无线传感器网络的研究与应用现状无疑受到了深刻的影响与改变，未来的发展趋势必将是无线传感器网络技术的普及，包括理论算法的创新普及与系统应用的创新普及。

本书立足传统，着眼于未来。所谓立足传统，是指在"控制器＋RF 芯片"模式的基础上，开发新的无线传感器网络。目前，支持创建无线传感器网络的芯片比较多，这里选用集成 8051 控制器与 RF 控制器的 CC2530 微处理器。CC2530 可以自成系统，也提供了支持传统开发模式的资源，符合基于单片机的开发习惯，便于升级原有的射频系统。所谓着眼未来，是指面向 6LoWPAN 以及 IPv6 传感器网络的开发，这里选用 STM32W108 芯片，基于 Contiki 操作系统开发 IPv6 无线传感器网络应用工程。Contiki 操作系统是开源的操作系统，网络协议实现得较完备，便于用户定制开发。

本书作为一本工科教材，定位于偏重实践应用的高校物联网专业教材，既面向设计与开发，又顾及加工与生产。在设计与开发方面，介绍了 4 种典型的基于 Z-Stack 协议栈开发的 ZigBee 网络应用项目，介绍了 3 种典型的基于 IPv6 开发的 Contiki 无线传感器网络应用项目。特别是给出了无线传感器网络的实训工单，更加贴近于工厂中实际的加工与生产。本书编写时，尽量从平时参考的技术手册中提取第一手材料，并直接借用生产线上用于品质管控的表单。本书所列的 WSNs 工程项目在平时指导实验、实训、课程设计与毕业设计的过程中不断地使用与改进，并且部分技术已经用在实际的科研项目中。

全书共 10 章，分两部分介绍无线传感器网络应用技术。第一部分包含第 1～7 章，介绍基于 Z-Stack 协议栈的 ZigBee 网络的开发；第二部分包含第 8～10 章，介绍基于 Contiki 操作系统开发的 IPv6 无线传感器网络应用项目。第一部分基于 CC2530 芯片与 Z-Stack 协议栈，依次介绍了无线传感器网络的概念、CC2530 芯片与 STM32W108 芯片的应用基础、HA 工程的设计、SampleApp 工程的设计、ZNP 工程的设计以及 SE 工程的设计。第二部分基于 STM32W108 芯片与 Contiki 操作系统，依次介绍了 Contiki 程序的结构、Contiki 简单程序的设计、Contiki 点对点通信的设计、Contiki 单播与多播通信系统的设计。Z-Stack 协议栈与 Contiki 操作系统相互补充，通过具体的应用程序设计与分析，可以逐步掌握设计与开发无线传感器网络应用工程的方法。本书每章均配有习题,便于读者掌握和巩固知识,书后附有附录供实践实训课程使用。使用本教材的教学参考学时为32~48学时。

本书第1、2、3、9章由郭荣幸编写;第10章由周鹏教授编写;其余由赵成编写。全书由赵成统稿。

在本书的撰写过程中,学院领导与同事始终给予了热情的支持与鼓励,张经纬同学细心地调试了书中的全部程序代码,无锡泛泰科技公司以及迪卡工作室的工程师们也给予了无私的技术支持,在此一并致谢。本书能够出版,还得益于多项省科技攻关项目、国家自然科学基金(61162018)、航空基金(2015ZD55005)的支持。

限于作者水平及成书时间的关系,书中难免存在错误和不妥之处,诚望读者批评指正。

本书即将重印之际,承蒙赵雨斌教授在百忙之中通读书稿,认真地指导修订事宜,在此表示感谢。本书重印也得到了省科技攻关项目(152102210135)的支持。

目　　录

第1章 概　　述

　　基于 ZigBee 技术构建的无线传感器网络已经成为一种全新的信息获取和处理模式。无线传感器网络最初是由于军事需要而发展起来的，随着微机电系统（MEMS）、无线通信网络和嵌入式系统等技术的深入开发与融合，无线传感器网络集成了传感器技术、嵌入式计算技术、分布式信息处理技术和通信技术的最新成果，开始拥有了新的内涵。

　　无线传感器网络的应用也越来越广泛，现在已经从军事领域普及到社会的各个领域，可用来监控环境指标、机器设备的运行数据甚至人体的功能参数，从而真正实现"普适计算"的理念。无线传感器网络追求更低的功耗，更低的成本，以及更简易的使用性能，在这种情况下，ZigBee 技术应运而生，弥补了低成本、低功耗和低速率无线通信市场的空缺，为无线传感器网络发展提供了有力的支持。

　　本章主要介绍 ZigBee 无线传感器网络的基础概念。首先从物联网的兴起、定义与特点开始，以递进的方式阐述无线传感器网络在物联网中的重要作用与意义，以及基于 ZigBee 技术构建无线传感器网络的优势。接着，介绍无线传感器网络的发展过程、协议栈的组成、关键技术与实现形式等基础内容。最后，介绍 ZigBee 无线通信技术的基本概念。

学习目标
- 了解无线传感器网络（WSNs）的概念。
- 了解 WSNs 在物联网中的应用。
- 了解 ZigBee 技术的相关概念。

1.1　ZigBee 无线传感器网络与物联网

1.1.1　物联网技术正在兴起

　　2009 年 8 月，随着"感知中国"概念的提出，物联网也被正式列为国家五大新兴战略性产业之一。随后，在 2012 年 2 月 14 日，工业与信息化部正式发布了《物联网"十二五"发展规划》，这标志着中国物联网（Internet of Things，IoT）时代的到来。与此同时，处于产业链上的国内外相关知名厂商，已经研发并生产出应用于 IoT 的各类软硬件产品，包括微处理器、集成开发环境及仿真器等开发设备。物联网产业正呈现出蓬勃兴起的趋势。

1.1.2 物联网的概念

物联网的概念最早于 1999 年由美国麻省理工学院（MIT）自动识别中心（Auto-ID Labs）提出，早期的物联网是指依托射频识别（Radio Frequency Identification，RFID）技术和设备，按约定的通信协议与互联网相结合，使物品信息实现智能化识别和管理，实现物品信息互联而形成的网络。随着技术和应用的发展，物联网内涵不断扩展。现代意义的物联网可以实现对物的感知识别控制、网络化互联和智能处理有机统一，从而形成高智能决策。

2005 年，国际电信联盟（ITU）在信息社会世界峰会（WSIS）上提出"物联网 IoT"的概念，并发布《ITU 互联网报告 2005：物联网》。自此，物联网正式走入人们的视野。2012 年 7 月初，ITU-T 第 13 研究组批准了新的标准，确定了物联网（IoT）定义：物联网是信息社会的一个全球基础设施，它基于现有和未来可互操作的信息和通信技术，通过物理的和虚拟的物物相联，来提供更好的服务。

2011 年国家工业和信息化部电信研究院发布的《物联网白皮书》中这样定义：物联网是通信网和互联网的拓展应用和网络延伸，它利用感知技术与智能装置对物理世界进行感知识别，通过网络传输互联，进行计算、处理和知识挖掘，实现人与物、物与物信息交互和无缝链接，达到对物理世界实时控制、精确管理和科学决策的目的。

1.1.3 物联网的特点

（1）物联网扩展了信息节点

互联网是将不同拓扑结构的众多计算机（网络）通过路由器、交换机连接在一起，实现计算机间的互联互通，共享全球的信息资源。与互联网不同，物联网扩展了接入的信息节点类型，网络设备不再限于通常意义上的计算机设备。可以说，物联网是将众多的智能传感器设备以不同的拓扑结构组成网络，汇集各个网络传感器节点的信息，实现物与物的互联互通，分享监测到的数据信息。

（2）广义上说，物联网是互联网的一部分，是互联网的延伸

虽然物联网的网络模型与互联网的网络模型存在一定的差异，如图 1-1 所示。但是，网络追求设备互联互通的本质是相同的。通过物联网网关设备，物联网（IoT）可以加入到广域互联网（Internet），这样可以实现更广泛的数据监测与设备控制。

Data Layer	数据层
End-to-End Layer	端对端层
Network Layer	网络层
ID Layer	身份识别层
Data Link Layer	数据链路层
Physical Layer	物理层

Application Layer	应用层
Presentation Layer	表示层
Session Layer	会话层
Transport Layer	传输层
Network Layer	网络层
Data Link Layer	数据链路层
Physical Layer	物理层

（a）欧盟定义的物联网六层网络模型　　　　（b）互联网 OSI/RM 七层网络模型

图 1-1　物联网与互联网的网络模型对比

1.1.4 无线传感器网络与物联网

无线传感器网络(Wireless Sensor Networks,WSNs)是物联网领域中应用的重要技术之一。

客观地讲,物联网底层的传输技术包括有线网络和无线网络。目前,人们谈论物联网时,往往对无线通信方式更感兴趣,尤其关注新兴的无线通信技术在物联网中的应用前景。事实上,无线通信技术并不是物联网未来唯一选择发展的底层传输技术,有线通信技术一直以来也占据着不可或缺的重要地位,对物联网产业来说可能同等重要,并且两者具有互相补充的作用,例如,工业化和信息化"两化融合"业务中大部分还是有线通信,智能楼宇等领域也还是以有线通信为主。

1. 短距离有线通信简述

为了充分认识无线网络在物联网中的发展状况与趋势,这里首先对常用的短距离现场总线技术做了一些归类整理,列出了对应的应用范围,如表 1-1 所示,通过对比,也许会对大家在物联网实际应用中考虑该选择哪种技术有所帮助。

表 1-1 常用的短距离现场总线

名 称	技术参数	应用领域	发起者
LonWorks 总线	采用双绞线、同轴电缆、光纤、射频、红外线、电力线等传输,可承载 32 000 个节点,最远传输距离为 27 km,最高通信速率为 1.25 Mbit/s	楼宇自动化 电力自动化 家庭自动化 办公自动化 工业过程控制	Echelon 公司
Profiebus 总线	采用双绞线或光缆传输,可承载 127 个节点,最远传输距离为 1.2 km,最高通信速率为 12 Mbit/s	加工自动化 可编程控制器 低压开关 楼宇自动化	Siemens 公司
DeviceNet 总线	采用五芯电缆传输,可承载 64 个节点,最快传输速率 500 kbit/s,传输距离为 500 m	加工制造业	ODVA 协会
InterBus 总线	采用同轴电缆或光缆传输,可承载 255 个节点,最快传输速率 12 Mbit/s,传输距离为 100 m	汽车、烟草、仓储、造纸、包装、食品等工业	Phoenix Contact 公司
ControlNet 总线	采用双绞线传输,可承载 48 个节点,最远传输距离为 400 m,最快传输速率 5 Mbit/s	航空国防	Rockwell Automation 公司
ModBus 总线	标准的 ModeBus 总线接口对等 RS-232C 与 RS-485接口	仪器仪表 变送器 变频器	Schneider Modicon 公司
CAN 总线	采用双绞线传输,可承载 110 个节点,最远传输距离为 10 km,最快传输速率 1 Mbit/s	汽车工业 医疗设备 能源管理	Bosch 公司

短距离现场总线发展较早,种类繁多,已经部署了巨量的节点,各类型的现场总线之间没有统一的标准化网络协议,只能通过开发中间件进行协议转换,也称为"适配器"方法,该方法可以很方便地将有线节点网络建设为物联网的基础设施。

但是,囿于有线网络自身的弱点,其缺少广泛性、灵活性与运动性,例如,搜索某一部书籍在图书馆藏书库中的具体位置,追踪红酒在运输过程中的状态等,这些任务无论是从地理广度、节点密度,还是从检测方式、通信手段等各方面考察,有线网络都不能发挥其作用,"奈何力有所不逮,技术有所不及"。

2. 短距离无线通信简述

与此同时,以智能手机的普及使用为标志,无线通信技术的发展上了一个新台阶,人们体验到并且更期待无线通信技术带来的愉悦感。用户的需求无疑进一步加速了无线通信技术的发展,并将无线通信技术的应用推向前台,正成为物联网不断创新变化的重要推动力。

这里列出了几种目前热门的短距离无线通信技术,如表 1-2 所示,这也是构建无线传感器网络的技术基础。

表 1-2 常用的短距离无线通信技术

名 称	技术参数	典型器件	应用领域
RFID	ISO11784/85 ISO15693、ISO14443 ISO18000-6B/6C	HITAG-1/2/μ/S 系列 MIFARE Class 系列 UCODE 系列	动物识别、电子产品、零售服饰、图书馆、快速消费品
RF Transceiver	2-FSK、 4-FSK、 GFSK、MSK、OOK、ASK	CC1101,CC1020 CC1100E、CC1150	无线抄表、便携式医疗仪表、智能仪表
BlueTooth	工作在 2.4 GHz 通用 ISM 频段,采用每秒 1 600 跳的调频扩频技术	BCM2045、BCM2048、BCM2049	通信终端、办公设备、医疗保健、家用电子、游戏机
Wi-Fi	IEEE 802.11 系列标准	ralink3370、WL1273	无线安防、视频监控
ZigBee	基于 IEEE 802.15.4 协议标准,采用 DSSS 通信,使用 868 MHz、915 MHz、2.4 GHz ISM 频段,进行 BPSK 或 O-QPSK 调制	CC2430、STM32W108、AT86RF231、CC2530	家庭自动化、遥测遥控、物流管理、安防设备、工业和楼宇自动化

3. 无线传感器网络

物联网将网络连接延伸到了任意的物品与物品之间、物品与人之间的"个域"范围。这种连接实质上是各类传感器的连接,传感器设备组成了比传统意义上的互联网更为庞大的网络。从技术层面看,物联网中的传感器要组织成为"生态网络",需要融合传感器技术、嵌入式系统技术、现代网络,以及无线通信技术等各个方面的知识和应用。

简单地看,在物联网中,针对不同的应用场合和控制对象,传感器的分布位置不尽相同,在这种情况下,大量的分布式传感器如果采用有线网络相互连接,就构成了有线传感器网络;相应地,众多分布式传感器如果采用无线网络相互连接,就构成了无线传感器网络。

这里选择无线传感器网络进行介绍,主要是考虑两个方面的问题。一方面,有线网络

(包括短距离现场总线)通信技术一段时间以来没有太大的创新性突破,传统的应用虽然在现有领域已经成熟,但是在面对新的应用需求时,已经无法提供有效的策略及实施方案。另一方面,无线通信技术在取得突飞猛进的发展,一些初期的无线通信技术规范经过不断的开发终于得到标准化并形成产业生态系统,如 ZigBee 技术的应用;一些成熟的具有标准规范的无线通信技术在不间断的竞争中进行了完善与版本升级,如 BlueTooth 4.0 版本的发布。

目前,无线通信技术,特别是短距离无线通信技术得到越来越多的关注与应用,这是毋庸置疑的。但是,应用于物联网中的无线通信技术毕竟还属于新事物,仍然存在很多客观的问题需要研究,故而这里选择无线传感器网络进行介绍。

为了进一步了解无线传感器网络与物联网的关系,应该清楚物联网的体系层次架构。物联网在体系构架上分为 3 层:

① 感知层。负责提供全面的感知能力,即利用 RFID、传感器、二维码等技术实时地获取被控/被测物品的信息。

② 传输层。负责数据信息的可靠传输,通过各种电信网络与互联网的无缝联接,将物品的信息实时、准确、可靠地传递到目标地址。

③ 应用层。负责数据的智能处理,利用现代控制技术和智能计算方法,对数据信息进行分析、计算与处理,根据结果进行相应的显示、存储或对被测/被控对象实施智能化的控制。

现在可以明白,感知层属于物联网构架中的基础设施,也是物联网发展和应用的基础,涉及 RFID 技术、传感器技术、短距离无线通信(Near Field Communication,NFC)等主要技术。

一般来说,感知层由传感器节点及接入网关组成,传感器节点感知物品信息,并自行组网,再通过接入网关将感知信息传送到传输层。狭义上讲,无线传感器网络是由感知层中应用 NFC 技术联接的无线传感器节点和接入网关组成的。广义上讲,无线传感器网络可以更广泛,等同于基于无线通信技术构建的物联网的感知层与汇聚层,具有特定的网络体系架构。需要从狭义与广义两个方面了解无线传感器网络的概念。

通过以上的简要介绍,可以了解无线传感器网络(WSNs)与物联网的关系,这里将无线传感器网络视为物联网底层网络的重要组成部分,也是物联网未来重点发展的技术之一。

1.1.5　ZigBee 是实现 WSNs 的重要技术

无线通信(包括 NFC)技术的种类众多,要构建物联网中的无线传感器网络(WSNs),需要利用低功耗短距离无线通信技术进行数据的发送和接收,显然 NFC 技术更加合适。那么,具体应该选择 NFC 技术中的哪一种通信技术来实现呢?答案不是唯一的,到底选择哪一种 NFC 技术,要根据具体的应用需求而定。但是,无线传感器网络一般都追求更低的功耗,更低的成本,以及更简易的使用性能,依照这些共性的衡量指标,还是能选择出一种相对来说更合适的 NFC 技术的。

为了便于比较与选择,一些常用的 NFC 技术列于表 1-3 中,表中给出了细化的技术指标。

表 1-3 常用的 NFC 技术的指标对照

项目＼名称	RFID	RF Transceiver	BlueTooth	Wi-Fi	ZigBee
带宽	200＋KB/s	75 KB/s	720 KB/s	11 000＋KB/s	20～250 KB/s
成本	低	低	中	高	低
功耗	低	低	中	低	低
规范标准	ISO14443		802.15.1	802.11b	802.15.4
系统资源	＜4 KB	＜4 KB	250 KB＋	1 MB＋	4～32 KB＋
电池续航		300＋天	1～7 天	0.5～5 天	100～1 000＋天
组网规模	无	小	7	32	65 535
通信距离	1～30＋cm	1～100＋m	1～10＋m	1～100 m	1～100＋m
加密类型	私有算法	私有算法	3DES	TKIP/AES	AES
组网能力	无	简单	可自组网	可自组网	自动组网能力强
网络形态	点对点	星型网络	点对点/星型	点对点/Mesh	星、树、Mesh 型
自动修复	无	无	支持	支持	支持
扩展能力	无	无	低	低	支持,简单方便

结合 NFC 技术的指标对照表,从以下几个方面进行综合的考量。

(1)成本方面

在物联网的无线传感器网络中,覆盖的网络节点数以百计,单个节点的成本问题就显得尤为突出。因此,在设计之初就需要考虑在满足系统需求的条件下,采用什么技术方案才能将节点的硬件成本降低到足够低。

(2)功耗方面

在物联网的无线传感器网络中,传感器节点的应用领域不同,分布位置差异很大,数量级也较大,基本上都需要独立供电,一般是安装电池电源,如果功耗较高,后期对系统设备维护的工作量就会比较大,同时,频繁更换电源的设备也不实用。因此,在功耗方面,要求比较苛刻,节点的功耗越低越能满足需求。

(3)传感器平台支持

无线传感器网络的操作系统必须支持相应的传感器平台,传感器平台容纳的传感器数量称为组网规模。无线传感器网络在保证感知数据处理高效性的前提下,支持的传感器平台越大则能力越强。

(4)应用便捷性

在开发时,对硬件系统的需求越小越容易实现;在应用时,支持的网络拓扑类型越多越容易提高网络的健壮性;在网络管理方面,组网能力、自动修复能力及扩展能力直接体现了应用的便捷性。

分析以上提出的 4 个方面的需求,通过对比表 1-3 中的各项内容,可以发现,IEEE 802.15.4 具有低功耗、低成本、易实现、易使用的特性,该标准的许多特征与 WSNs 无线传输的要求具有相似之处,因此,众多厂商将基于 IEEE 802.15.4 规范标准的 ZigBee 技术作为 WSNs 的无线通信平台。

从市场发展情况观察,ZigBee 技术得到越来越广泛的应用。目前已经有 600 多项 ZigBee

产品得到了 ZigBee 联盟的认证,并且有 400 多个公司从事 ZigBee 产品的研发与生产,如图 1-2 所示(图片来自 zigbee. org)。粗略估计,在 2015 年,基于 IEEE 802.15.4 规范标准的无线设备有一半都将是 ZigBee 设备;在 2016 年,仅家用能源管理设备一项的市场预期就达到 43 亿美元。可以预见,未来 ZigBee 技术将拥有巨大的发展空间。

图 1-2　ZigBee 技术的市场发展情况

综合来说,ZigBee 技术实现的无线传感器网络,即 ZigBee 无线传感器网络,是物联网技术的核心内容之一,也是广义互联网重要的基础组成部分。

1.2　无线传感器网络

无线传感器网络(Wireless Sensor Networks，WSNs)由部署在监测区域内大量的低成本、低功耗微型传感器节点组成,节点之间通过无线通信形成一个多跳自组织网络系统,是涉及物联网感知层与传输层汇聚网络的重要技术形式。随着无线通信、传感器技术、嵌入式应用和微机电系统技术的日趋成熟,WSNs 的处理能力也越来越强,逐步实现在任何时间、任何地点、任何环境条件下获取人们所需信息的目标,从而推动物联网技术向更加成熟与完善的方向发展。由于 WSNs 具有自组织、部署迅捷、高容错性和强隐蔽性等技术优势,因此非常适用于战场环境信息收集、健康数据监测、气象数据融合和海洋探测等众多领域。

随着 WSNs 技术在面向物联网领域的应用不断地拓展和创新,国内外的科研机构及产业界相关厂商对于 WSNs 的研究,已经从局部 WSNs 感知逐步扩展到广域物物互联层面,从物联网的感知层到汇聚层都涉及 WSNs 的部署与运行。

1.2.1　国内外研究现状

(1) 在 WSNs 的发表物、会议和组织方面

2003 年由 Elsevier Science 出版社创刊的 Ad Hoc Networks 期刊是刊登 WSNs 技术相

关最新文章的重要阵地；2005 年由 ACM 创刊的 ACM Transaction on Sensor Network 期刊是发表 WSNs 技术最新研究成果的、具有重大影响力的刊物。在欧洲举办的 EWSNs (European Conference on Wireless Sensor Networks)是专门针对 WSNs 的学术会议，也是得到公认的 WSNs 方向的顶级学术交流平台。国际上，ISO/IEC 组织统一制定 WSNs 标准；在国内，2006 年 10 月成立的中国计算机学会传感器网络专委会专门举办 WSNs 技术的学术交流、提供产学研一体化服务以及推进 WSNs 的产业化进程。

（2）在 WSNs 的科学研究方面

加州大学洛杉矶分校（University of California, Los Angeles）的 ASCENT（Actuated Sensing & Coordinated Embedded Networked Technologies）实验室、加州大学伯克利分校的 CITRIS（Center for Information Technology Research in the Interest of Society）、麻省理工学院（Massachusetts Institute of Technology）、IBM 公司、Z-wave 联盟、ZigBee 联盟等众多美国高校、知名企业、产业联盟都对 WSNs 技术提出了有效的解决方案。

（3）在 WSNs 的系统应用方面

美国政府大力推进基于 WSNs 的家庭智能能源系统，实施的目标是到 2020 年美国家庭中约有 60%选择安装智能能源管理系统，预计节约的能源达到最高峰时的 20%；2011 年，日本政府在推出"e-Japan"与"u-Japan"两项 ICT（Information and Communication Technology）战略后，重新提出了"i-Japan 战略 2015"，这是 ICT 战略的再一次升级，致力大数据应用所需的云计算、WSNs、教育电子化等智能技术的开发。与此同时，西班牙、法国、德国、新加坡、韩国等国家也在加紧部署与 WSNs 相关的发展战略，逐步推进 WSNs 网络基础设施的建设。目前，我国的 WSNs 技术及产业链仍处于发展初期，以中国科学院为首的科研院所在 WSNs 理论及应用方面做了深入的研究和探索；《国家中长期科学和技术发展规划纲要（2006—2020 年）》中也将"传感器网络及智能信息处理"作为"重点领域及其优先主题"给予政策上的支持，无疑，这对于 WSNs 技术构架形式和产业分布模式的形成都会带来巨大的推动作用。

1.2.2　WSNs 体系结构

首先，利用感知技术，如 RFID 技术，采集目标对象的识别信息，这些信息反映了目标对象的自身特点，描述了对象的静态特征。

其次，利用感知技术，采集目标对象的动态信息。静态信息远不足以描述目标对象，它只解决了"看到什么"的问题，而动态信息则解决了"怎么样"的问题。除了标识物联网中的每个对象的静态特征以外，记录它们物理状态的变化数据，定位它们在环境中的动态特征等都是需要考虑的。就这方面而言，WSNs 可以操作众多的传感器节点协同工作，相互协作，从静态到动态、从平面到立体地采集数据，在最大程度上缩小物理实体和虚拟数字世界之间的差距，刻画出目标对象真实的特点。WSNs 网络体系结构如图 1-3 所示。

该体系中包括传感器节点（Sensor Node）、汇聚节点（Sink Node）和任务管理单元。数量巨大的传感器节点通过随机撒播或者人工安装的方式任意散落在监测区域内，通过自组织方式构建传感器网络。传感器节点监测到的数据经过区域内部的临近节点，按照一定的数据融合与压缩协议，选择多跳路由传输，最终到达汇聚节点，然后再通过卫星、互联网或者无线接入服务器到达终端的任务管理单元（Task Manager Unit）。用户可以通过管理单元对 WSNs 进行配置管理、发布数据监测任务以及添加安全控制等交互式操作。

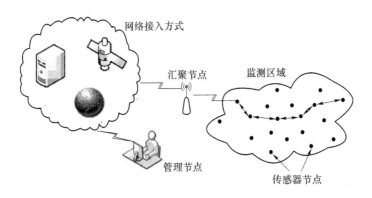

图 1-3　WSNs 体系结构

1.2.3　WSNs 拓扑结构

无线传感器网络没有底层的基础设施,在传感器被散置到监测区域后,传感器自行组织构成网络。无线传感器网络的基本拓扑结构可以分为 3 种,如图 1-4 所示。①基于簇(Cluster)的分层结构。在分层网中,整个传感器网络形成分层结构,传感器节点通过由基站指定或者自组织的方法形成各个独立的簇(Cluster),每个簇选出相应的簇首(Cluster Head),簇首就是分布式处理中心,每个簇成员都把数据传给簇首,在簇首完成数据处理和融合,然后由其他簇首多跳转发或直接传给用户节点。在同一个簇网络内,簇首就是普通的传感器节点,由于簇首的通信和计算任务比较繁忙,能量耗尽会更快一些,为避免这种情况发生,簇中的成员将轮流或者每次选择剩余能量最多的成员做簇首。②基于网(Mesh)的平面结构。在这种结构下传感器网络连成一张网,网络非常健壮,且伸缩性好;个别链路和传感器节点出现问题失效时,不会引起网络分离。可以同时通过多条信源信宿间路由传输数据,传输可靠性非常高。③基于链(Chain)的线结构。在这种结构下传感器节点被串联在一条或多条链上,链尾与用户节点相连。

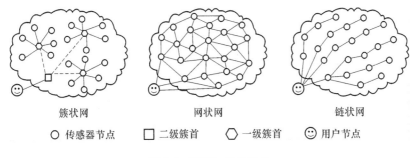

簇状网　　　　　　　　网状网　　　　　　　　链状网

○ 传感器节点　　□ 二级簇首　　◇ 一级簇首　　☺ 用户节点

图 1-4　WSNs 拓扑结构

1.2.4　WSNs 的特点

(1) 大规模网络

为了获取精确信息,在监测区域通常部署大量传感器节点,这分为两种情况:尽量覆盖更大面积的区域;尽量更密集地填充在一个体积不是很大的空间中。通过分布式处理大量采集的信息能够提供更多的视角,提高监测的精确度,降低对单个节点传感器的精度要求;此外,千千万万个节点造成大量冗余节点的存在,使得系统具有很强的容错性能;大量节点能够增大覆盖的监测区域,减少洞穴或盲区。

（2）自组织网络

在无线传感器网络应用中,通常情况下传感器节点的位置不能预先精确设定。节点之间的相互邻居关系也不能预先知道,如通过飞机撒播大量传感器节点到面积广阔的原始森林中,或随意放置到人不可到达或危险的区域。这样就要求传感器节点具有自组织的能力,能够自动进行配置和管理,通过拓扑控制机制和网络协议自动形成转发监测数据的多跳无线网络系统。

在 WSNs 的运行过程中,传感器节点可能由于能量耗尽或受到环境因素影响而失效,一些节点又可能为了弥补失效节点或增加监测精度而被补充进来,再加上节点可能移动以及采用休眠调度机制,网络拓扑往往处于动态变化之中。鉴于以上因素,WSNs 必须能够通过节点之间的协调、协商与协同,自动进行配置,自动进行管理,自动进行调度,发挥自组织功能,以适应这种动态的网络拓扑结构,保持自身工作的连续性和高效性。

（3）动态性网络

无线传感器网络是一个动态的网络,网络结构可能因为下列因素而改变:节点的随机移动;节点因为电池能量耗尽或其他故障,退出网络运行;由于工作的需要而被添加到网络中;环境改变引起无线通信链路带宽变化,节点断续连接网络。这些都会使网络的拓扑结构随时发生变化,因此网络应该具有动态拓扑组织功能。

网络中的传感器、感知对象和观察者都可能具有移动性,而且网络一旦形成,人们很少干预其运行,加之物理环境不确定性的影响,使整个系统呈现高度的动态性。因此,网络的拓扑结构发生动态变化是不可避免的,传感器网络的硬件必须具有高健壮性和容错性,相应的通信协议必须适应动态需求,具有可重构性和自适应性。

（4）多跳路由

无线传感器网络中节点通信距离一般在几十到几百米范围内,考虑节点的能源利用效率,节点只能与它的邻居直接通信,如果希望与其射频覆盖范围之外的节点进行通信,则需要通过中间节点进行路由。无线传感器网络中的多跳路由是由普通网络节点完成的,没有专门的路由设备,这样每个节点既可以是信息的发起者,也可以是信息的转发者。

（5）以数据为中心的网络

在互联网中,网络设备用网络中唯一的 IP 地址标识,资源定位和信息传输取决于终端、路由器、服务器等网络设备的 IP 地址。如果想访问互联网中的资源,首先要知道存放资源的服务器的 IP 地址。可以说目前的互联网是一个以地址为中心的网络。

无线传感器网络是任务型的网络,是以数据为中心的网络。传感器网络中的节点采用编号标识,节点编号不需要全网唯一。由于传感器节点随机部署,节点编号与节点位置之间的关系是完全动态的,没有必然联系。用户通过任务管理单元向网络发送事件查询指令时,直接将所需要的事件类型发送给网络,而不是发送给某个确定编号的节点。网络在获得指定事件的信息后回给任务管理单元。这个过程体现一种以数据本身作为查询或者传输目标的思想,所以通常说传感器网络是一个以数据为中心的网络。

1.2.5　WSNs 的关键技术

（1）网络拓扑控制

传感器网络的拓扑控制技术主要研究的问题是：在满足网络覆盖度和连通度的前提下，通过功率控制和骨干网节点选择，剔除节点之间不必要的通信链路，生成一个能提供高效数据转发的优化网络结构。通过拓扑控制自动生成的良好拓扑结构能够提高路由协议和MAC 协议的效率，为数据融合、时钟同步、目标定位等多方面的应用奠定基础。

目前的无线传感器网络中的拓扑控制机制按照研究方向可以分为 3 类：传统的节点功率控制、层次型拓扑结构组织以及网内节点协同启发机制（唤醒/休眠机制）。

（2）时钟同步技术

在 WSNs 中，单个节点的能力非常有限，整个系统所要实现的功能需要网络内所有节点相互配合共同完成。时间同步在 WSNs 中起着非常重要的作用，是网络协同工作、系统休眠、节省能耗以及目标定位的基础。目前已经提出了多种针对无线传感器网络的时间同步算法，主要集中在两个方面：一是研究安全的时钟同步算法；另一个是从能耗方面研究节能高效的时钟同步算法。对于如何获得安全高效的时钟同步算法，是目前研究的一个热点。

（3）定位技术

对于大多数应用，只感知到数据而不知道传感器的位置是没有意义的。传感器节点必须明确其在测量坐标系内的位置才能详细说明节点的状态，实现对外部目标的定位和追踪；另外，了解传感器节点的位置分布状况可以提高网络的路由效率，从而实现网络的负载均衡以及网络拓扑的自动配置，改善整个网络的覆盖质量。

（4）网络安全

与其他无线网络一样，安全问题是无线传感器网络的一个重要问题。由于采用的是无线传输信道，传感器网络存在窃听、变更或重放路由、DoS 攻击等安全问题；同时，无线传感器网络的能量有限、计算能力有限、存储能力有限等特点使安全问题的解决更加复杂化。无线传感器网络作为任务型的网络，同时需要进行数据采集、数据传输、数据融合、任务的协同控制等多项任务，要进行可靠、机密的操作，需要实现一些最基本的安全机制。

除了上面提到的关键技术以外，数据融合、MAC 协议、路由协议、操作系统、跨层优化设计等也都是目前无线传感器网络领域的研究热点问题。

1.2.6　WSNs 面临的挑战

（1）电源能量有限

传感器节点的体积微小，不能携带大容量的电池。WSNs 的覆盖范围比较大，有些区域甚至人员无法到达，因而在大多数应用中，电池无法充电或得到更换，一旦电池能量用完，这个节点也就失去了作用。传感器节点由于电源的原因经常失效或废弃，进而会影响无线传感器网络的结构。

任何技术和协议的使用都要以节能为前提，在不影响网络性能的基础上控制节点的能耗、均衡网络的能量消耗以及动态调制射频功率和电压。因此在传感器网络设计过程中，如何提高能源的利用效率,提高网络的生存时间,这是首要挑战。

（2）通信能力有限

传感器节点的通信带宽有限而且经常变化,通信覆盖范围只有几十到几百米,如果单跳的通信距离提高,相应地,节点的能耗也会急剧增加。一方面,传感器节点的能量有限,另一方面,又需要网络覆盖的区域尽量大,一般 WSNs 采用多跳路由的传输机制。再者,由于传感器网络更多地受到地势地貌以及自然环境的影响,传感器可能会频繁地通断连接,或者长时间脱离网络离线工作。在这种情况下,如何利用有限的通信能力高质量地完成感知任务是设计人员面临的重要挑战。

（3）硬件资源有限

传感器节点受低廉价格、微小体积和低功耗等需求的限制,其计算能力、存储空间比普通的计算机功能要弱很多。这一点决定了在节点操作系统的设计中,协议层次不能设计得太过复杂。节点微型化要求和有限的能量导致了节点硬件资源的有限性,如何在有限的硬件资源上实现协议、管理、应用软件等的设计,是 WSNs 应用研究中一项不可忽略的挑战。

（4）安全性问题

WSNs 具有无线信道通信、通信能力受限、电源能量受限、计算能力受限、存储空间受限、传感器节点配置密集、分布式控制等固有特点,这些特点使得 WSNs 更易于受到各种攻击。在 WSNs 中存在的常见威胁包括节点泄密、被动窃听、DoS 攻击、变更或重放路由选择信息、选择性攻击、Sinkhole 攻击、应答哄骗等。

在设计比较完善的安全解决方案时,应该满足 WSNs 的一些安全需求,包括数据机密性、数据完整性、有效性、访问控制、不可抵赖性、通信安全、数据保密性等。

无线传感器网络是一种新的信息获取和处理技术。在特殊领域有着传统技术不可比拟的优势,但由于传感器网络和节点自身的一些限制,给它的安全性设计带来新的挑战。

1.2.7　WSNs 的应用领域

由于无线传感器网络的特殊性,其应用领域与普通通信网络有着显著的区别,可以大范围地散布在一定区域,即使是人类无法到达的区域,都能正常工作,应用领域比较广泛,这里简单列举一些当前主要的应用实例。

（1）军事应用

无线传感器网络的相关研究最早起源于军事领域,也是无线传感器网络的主要应用领域。由于其特有的无须架设网络设施、部署迅捷、自组织、高容错性、隐蔽性及抗毁性强等特点,是数字人战场无线数据通信的首选技术。因此在军事地形测量、兵力布防侦查、后勤装备管理、战场的实时监视与评估、目标定位攻击、核攻击和生物化学攻击的预警以及海上救援搜索等领域得到广泛使用,是重要的情报获取手段。

（2）环境应用

无线传感器网络中的节点数量众多、分布广泛、覆盖范围大,可以应对气候、气象、地理环境状态不断改变的现象,用于预报天气、推断地球气候的变化、监测自然和人为灾害(如洪水和火灾),以及大面积的地表检测等。WSNs 在环境领域的应用为现代化农业提供了充分的技术支持。WSNs 可以监视农作物灌溉、土壤的酸碱性及空气变更的情况,测量局部农业气候的细微变化,为农作物种植提供新鲜的数据。此外,在野外或海岛上部署的 WSNs 可以跟踪珍稀鸟类、动物和昆虫,探测濒危种群的分布情况与生活习性,对科学研究非常有益。

华夏黄河,百年安澜,WSNs 在黄河的水情监测方向的应用也大有可为。WSNs 实时监测黄河河水的水位、流速和防汛大堤的水分,并依此预测不同堤段出现决堤的可能性。

另一方面,利用无线传感器网络自组织的特点,借助航天器将数量庞大的传感器节点撒播到星球表面,实现对星球的环境探测。在地球以外的空间领域,只有空间站具有极高的自动化,但是空间站建设复杂,对未知环境空间的探索与探测需要众多价格低廉、自动化程度高的设备设施才能进行,因此,WSNs 在空间探索方面极具潜力。在美国,美国宇航局(NASA)的 Jet Propulsion Laboratory 研制的 Sensor Web 就是为将来的火星探测进行技术准备的,已经在佛罗里达宇航中心周围的环境监测项目中进行测试与完善。

(3)医疗应用

WSNs 传感器节点体积小、低功耗的特点使其在医疗保健上有特殊的用途。为保健、康复病人安装特殊用途的传感器节点,如心电图、血压、脉搏、心跳、体温等随身测量设备,作为智能节点接入 WSNs,社区服务站可以定时测量相关数据,同时也能监测病人的突发健康状况。安装室内视频监控节点、无线对讲与紧急呼救节点,即使在紧急情况下病人也能与医护人员实时交互。这相当于利用无线传感器网络构建了一个医疗监测平台。

在药品管理方面,如果将传感器节点放置在特定类别的药品上,采集节点将自动辨识药品,甚至提示使用方法,从而减少病人用错药的可能性。

(4)家庭应用

在社区老人家中架设无线传感器网络,用以监测独居老人的生活环境状态。其中的传感器地板会感知地面活动,如果老人走出房屋或摔倒,传感器会立即感知到并通知诊所或老人亲属;水龙头长时间没有关闭导致水池中的水溢出来,忘记关闭炉灶火源,WSNs 中的水淹传感器和测温传感器会将水溢出和用火超时信息自动传送给社区服务站。此外,WSNs 中铺设的电源传感器、温湿、气体、烟雾传感器还可以用来监测环境信息。

使用嵌入式物联网网关设备,可以将智能家具和家电中的传感器以及执行单元组成的无线网络与 Internet 连接在一起,为人们提供远程监控环境。用户可以更加舒适、方便地对家电进行远程操作,如在下班前遥控家里的电饭锅、微波炉、热水器、空调、计算机、窗帘等,按照自己的意愿完成相应的煮饭、烧菜、热水、降温、下载网络视频、采光等工作,在到达门口时通过手机自动开门,到家即可舒适地享受科技带来的人性化居家服务。

(5)工业应用

WSNs 可以记录设备操作过程,跟踪车辆的运营状态,在线诊断机械的故障,监控工业生产线,监测建筑物的状态等。将 WSNs 和有源 RFID 技术融合,是实现高速公路多路径信息识别的绝好途径。

在一些危险的工作环境空间,如煤矿、爆破、石油钻井、核电厂等场所,利用无线传感器网络可实时采集工作现场的一些重要数据。

在机械故障诊断方面,Intel 公司曾在其芯片制造设备上安装过数百个传感器节点,用来监控设备的振动情况,并在测量结果超出规定时自动地向采集节点发送提示信息。美国贝克特营建集团公司已经在伦敦的地铁系统中部署了无线传感器网络,对地铁的车辆及轨道等相关运营设施进行实时监测。

采用 WSNs 营建智能楼宇、安防系统及桥梁感知系统,已经不是新鲜事,WSNs 在这些领域经过多年的成熟应用,甚至有行业组织牵头制定了相应的技术标准,如英国的一家博物馆就利用无线传感器网络设计并运行了一个庞大的预警与安防系统。

(6)其他应用

除上述应用以外,无线传感器网络还应用在生活的各个方面。在体育运动方面,德国某研究机构正在利用 WSNs 为足球裁判研制一套辅助判决系统,以降低足球比赛中越位和进球的误判率。在网球、F1 赛车的比赛中也都采用了一定的 WSNs 技术采集现场数据来帮助科研人员研判并寻找提高竞技水平、改进运动装备的新方法。

在商务方面,WSNs 可用于大型商场的商品、物流和供应链的管理。WSNs 在大型工程项目、防范大型灾害方面也有着良好的应用前景,如西气东输、青藏铁路、海啸预警等。

1.3 ZigBee 技术

ZigBee 技术是一种近距离、低复杂度、低功耗、低数据速率、低成本的双向无线通信技术,主要适合近距离无线传感器节点的组网通信及远程自动控制领域,可以嵌入多种设备中,同时支持室内定位功能。ZigBee 的名字来源于蜂群使用的赖以生存和发展的通信方式,蜜蜂通过跳 ZigZag 形状的舞蹈传递信息,向同伴发布新发现的食物源的位置、距离和方向等信息,该技术就以此(ZigZag+Bee)作为新一代无线通信技术的名称。

ZigBee 过去又称为"HomeRF Lite""RF-EasyLink"或"FireFly"无线电技术,目前统一称为 ZigBee 技术。根据市场和应用的实际需要,在 OSI 七层模型的基础上,定义了 ZigBee 标准的分层架构。ZigBee 协议标准的体系结构划分为 4 层:物理层、MAC 层、网络层和应用层。

美国电气与电子工程师协会 IEEE 于 2000 年 12 月成立了 802.15.4 工作组,这个工作组负责制定 ZigBee 的物理层和 MAC 层协议;2002 年 8 月成立了开放性组织——ZigBee 联盟。ZigBee 联盟负责 MAC 层以上高层协议的制定和应用推广工作,对其网络层协议和 API 进行了标准化。IEEE 802.15.4 标准正式版本已于 2003 年 5 月发布,2004 年 12 月,ZigBee 联盟确定了 ZigBee 协议的正式版。2006 年 6 月,ZigBee 联盟发布了 ZigBee 协议 2006 版。

1.3.1 IEEE 802.15.4 标准

在业界将大量精力放在如何提高网络传输速率与计算能力时,IEEE 802 无线工作组已率先把焦点定位在实现低能耗、低成本、低速率网络设备的连接以及无线协议尚未定义的应用上。IEEE 标准化协会的 802.15 工作组致力为低速低功耗网络制定物理层(PHY)和媒体访问控制子层(MAC)的标准,实现个人操作空间(Personal Operating Space,POS)内的无线通信设备以统一的协议标准互相通信,其中 IEEE 802.15.4 标准也称为低速无线个人局域网络(Low-Rate Wireless Personal Area Networks,LR-WPANs)标准,由任务组 TG4 负责制定,该标准是 ZigBee 网络实施的基础规范标准。

IEEE 802.15.4 从频段占用、设备类型、层定义与层结构、帧格式、通信原语、服务模型、调制技术等方面给出了 PHY 层与 MAC 层具体标准的描述。

1. 频段

IEEE 802.15.4 的频段分配主要面向工业科学医疗(ISM)频段,其中定义了两个物理层,即 2.4 GHz 频段和 868/915 MHz 频段物理层,如表 1-4 所示。免许可证的 2.4 GHz ISM 频段在全世界范围都可以使用,而 868 MHz 和 915 MHz 的 ISM 频段分别只在欧洲和北美范围内使用。此外,根据中国无线电管理的相关政策,还添加了 314～316 MHz,430～434 MHz,779～787 MHz 频段的定义。为了兼顾日本及无源标签技术的应用,还加入了 950～956 MHz 频段的定义。

表 1-4　802.15.4 频段分配

PHY (MHz)	频段(MHz)	扩频参数		数据参数		
		码片速率(kchip/s)	调制方式	比特率(kbit/s)	符号速率(ksymbol/s)	符号调制
780	779～787	1 000	O-QPSK	250	62.5	16-ary orthogonal
780	779～787	1 000	MPSK	250	62.5	16-ary orthogonal
868/915	868～868.6	300	BPSK	20	20	Binary
	902～928	600	BPSK	40	40	Binary
868/915 (可选)	868～868.6	400	ASK	250	12.5	20-bit PSSS
	902～928	1 600	ASK	250	50	5-bit PSSS
868/915 (可选)	868～868.6	400	O-QPSK	100	25	16-ary orthogonal
	902～928	1 000	O-QPSK	250	62.5	16-ary orthogonal
950	950～956	—	GFSK	100	100	Binary
950	950～956	300	BPSK	20	20	Binary
2450 DSSS	2 400～2 483.5	2 000	O-QPSK	250	62.5	16-ary orthogonal

注:UWB sub-gigahertz,2450 CSS,UWB low band 以及 UWB high band 频段的定义,请自行参考"IEEE Std 802.15.4-2011(IEEE-SA Standards Board):IEEE Standard for Local and metropolitan area networks—Part 15.4:Low-Rate Wireless Personal Area Networks (LR-WPANs)"标准文档。

在 IEEE 802.15.4 标准中,总共为常用的 3 类 ISM 频段分配了 27 个具有 3 种速率的信道:在 2.4 GHz 频段有 16 个速率为 250 kbit/s(或 62.5 ksymbol/s)的信道;在 915 MHz 频段有 10 个 40 kbit/s(或 40 ksymbol/s)的信道;在 868 MHz 频段有 1 个 20 kbit/s(或 20 ksymbol/s)的信道。

2. 设备类型

IEEE 802.15.4 网络是指在一个 POS 内使用相同无线信道并通过 IEEE 802.15.4 标准相互通信的一组设备的集合,又称为 LR-WPAN 网络。只有两类设备可以参与 802.15.4

网络的构建：全功能设备（Full-Function Device，FFD）与精简功能设备（Reduced-Function Device，RFD）。FFD 设备可以作为协调器（Coordinator）或 PAN 协调器（Personal Area Network Coordinator）；RFD 设备主要用于简单的控制应用，如灯的开关、被动式红外线传感等，传输的数据量较少，对传输资源和通信资源占用不多，这样 RFD 设备可以采用非常廉价的实现方案。

FFD 设备与 RFD 设备具有不同的通信能力，FFD 设备之间以及 FFD 设备与 RFD 设备之间都可以通信。RFD 设备之间不能直接通信，只能与 FFD 设备通信，或者通过一个 FFD 设备向外转发数据。这个与 RFD 相关联的 FFD 设备称为该 RFD 设备的协调器。

IEEE 802.15.4 网络中称为 PAN 协调器的 FFD 设备，是 LR-WPAN 网络中的主控制器。PAN 协调器除了直接参与应用以外，还要为其他设备提供同步信息、完成成员身份管理、链路状态信息管理以及分组转发等任务。

3. 层定义

为了简化协议标准的表示方式，IEEE 802.15.4 架构采用分块（blocks）的形式来定义，这些块也称为"层"。每一个层都分别负责 IEEE 802.15.4 标准中的一部分功能，同时为上层提供相应的服务。

IEEE 802.15.4 标准中只定义了两个层：物理层（Physical Layer）与 MAC 子层（MAC Sublayer）。

（1）物理层的概念

物理层分配可用的通信频段，这在前面的表 1-4 中已经列出。此外，物理层还负责提供两项服务：PHY 数据服务、PHY 管理服务。PHY 数据服务是指通过物理射频信道传送和接收物理层协议数据单元（PHY Protocol Data Units，PPDUs），这属于物理层特性中的"透过物理媒质的数据包收发"业务。

PHY 管理服务主要包括以下几个类型：

- 开/关射频收发器
- 能量检测（Energy Detection，ED）
- 链路质量指示（Link Quality Indication，LQI）
- 信道选择
- 空闲信道评估（Clear Channel Assessment）
- 数据过滤

（2）MAC 子层的概念

MAC 子层也负责提供两项服务：MAC 数据服务与 MAC 管理服务，分别通过通用部分子层服务接入点（MAC Common Part Sublayer Service Access Point，MCPS-SAP）与管理实体服务接入点（MAC SubLayer Management Entity Service Access Point，MLME-SAP）进行访问。MAC 数据服务是指透过物理数据服务来传送和接收 MAC 层协议数据单元（MAC Protocol Data Units，MPDUs）。

MAC 管理服务主要包括以下几个类型：

- 信标管理（Beacon Management）
- 信道接入（Channel Access）
- GTS 管理（GTS Management）

- 帧验证（Frame Vlidation）
- 确认帧的传送（Acknowledged Frame Delivery）
- 连接与分离（Association ＆ Disassociation）
- 数据过滤
- 提供实施面向应用安全机制的接口
- 避免冲突的载波侦听多路访问（Carrier Sense Multiple Access with Collision Avoidance，CSMA-CA）

4. 层结构

IEEE 802.15.4 的层结构定义了层与层之间的接口，实现层间的逻辑连接，如图 1-5 所示。在层结构中，从底层到高层逐层提供相应服务，层间的交互通道称为服务接入点（Service Access Point）。

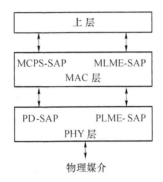

图 1-5　LR-WPAN 设备的层结构

（1）物理层接入点

- 物理层数据服务接入点（PD-SAP）：负责物理层与 MAC 层的数据传输与交换，支持两个对等的 MAC 层实体间传输 MAC 协议数据单元（MPDU）。PD-SAP 支持 3 种服务原语：PD-DATA. request、PD-DATA. confirm 和 PD-DATA. indication。
- 物理层管理实体服务接入点（PLME-SAP）：负责物理层与 MAC 层之间管理命令的交换。PLME-SAP 支持 5 类原语：PLME-CCA、PLME-ED、PLME-GET、TPLME-SET-TRX-STATE、PLME-SET。

（2）MAC 子层接入点

- MAC 层通用部分子层服务接入点（MCPS-SAP）：提供 MAC 层与上层的数据交换服务接口。接收上层的协议数据单元，并向上层报告数据服务效果。MCPS-SAP 支持两类服务原语：MCPS-DATA 和 MCPS-PURGE。
- 管理实体服务接入点（MLME-SAP）：提供调用 MAC 层管理功能的管理服务接口，同时还负责维护 MACPAN 信息库（MACPIB）。MLME-SAP 支持 MLME-ASSO-CIATE、MLME-DISASSOCIATE、MLME-ORPHAN、MLME-SCAN 等类型服务原语。

5. 帧结构

IEEE 802.15.4 协议定义了 3 种数据传输模型：从设备到协调器、从协调器到设备以及对等节点间的传输。在每一种数据传输模型中，都有相应的传输机制，其中数据需要封装为一定格式的帧结构进行交互传输。帧结构的设计,一方面要保持最低限度的复杂性,另一方面,在噪声信道传输时还要保持充分的健壮性。在层间相续传递时,每一个协议层都会在接收到的帧结构中再添加各自层的帧头与帧尾。在 IEEE 802.15.4 协议规范中定义了 4 类MAC 帧结构。

- 信标(Beacon)帧:由协调器发起,向网络中的所有路由节点及终端节点发送信标,使其保持与协调器的同步。
- 数据(Data)帧:用于所有设备的数据传输。
- 确认(Acknowledgment)帧:用于接收设备向发送设备确认已经正确地接收帧信息。
- MAC 命令(MAC Command)帧:用于处理所有 MAC 对等实体的控制命令传输。

所有的 MAC 帧都将传送到物理层,成为物理层服务数据单元(PHY Service Data U-nit,PSDU),也称为 PHY 包负载(PHY Payload),如图 1-6 所示。

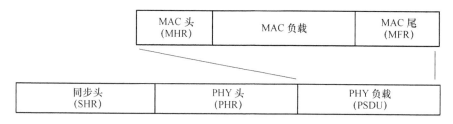

图 1-6　物理层协议数据单元的结构

通用的 MAC 帧结构、信标帧结构、数据帧结构、确认帧结构、MAC 命令帧结构的具体格式请参考"Part 15. 4:Wireless Medium Access Control(MAC)and Physical Layer(PHY)Specificationsfor Low-Rate Wireless Personal Area Networks(LR-WPANs)"技术手册。

6. 服务原语

服务原语的概念与层定义及层结构机制是紧密相连的。在 IEEE 802.15.4 协议规范及 ZigBee 协议规范里面,相邻层之间都需要通过 SAP 传递各类信息。无疑,层结构使协议模块界线清晰、易于实现、便于管理;层间信息也都是按具体的格式进行封装传递,这使得规范形式严整,在应用领域具有普适性。

信息在层间是怎样流动的呢? 由谁来驱动信息的流动呢? 什么时候由谁来触发信息的流动呢? 它们是否能够进行格式化、规范化的表示呢? 对这些问题的逐一回答,最终会引出IEEE 802.15.4 规范中的另一个新的概念——服务原语。

首先,信息在层间通过 SAP 进行流动,这在"层结构"部分已经介绍过了。

其次,信息的流动需要由"服务"来驱动。"服务"也可以称为"层服务",是指由相邻下层(N-服务)通过建立功能函数来满足相邻上层(N-用户)的能力需求。这一概念如图 1-7 所示,当对等的 N-用户(N+1 层实体)之间通信时,需要借助相邻下层(N-服务)提供的"层服务"才能实施。从图中的箭头符号可以看出,服务的过程中产生了 N-用户与 N-服务间的信息流,所以说,信息的流动由"服务"来驱动,或者说,"服务"可以由信息流来详细描述。

再次,从"层服务"的概念定义可以知道,信息的流动由 N-用户在提出 N-服务需求时触发。

图 1-7　服务原语的概念

最后,信息流能够以格式化、规范化的形式表示。信息流可以表述为一系列的离散、即时的事件模型,这些事件模型完整刻画了层服务各个阶段、各个层次的服务标准。信息流的事件模型统一为"服务原语",既每一个事件模型都包含了一个"服务原语"。因此,可以说,服务原语就是指通过向 N-服务调用特定的功能函数来向 N-用户传递需要信息的事件模型。

服务原语与服务的具体实现方法无关,只表示抽象的可提供服务,每个服务都可以由带 0 个或多个参数的若干服务原语来描述。服务原语都是发送给相邻层的服务实体,在 N-用户与 N-服务之间传递。层与层之间的服务原语可以分为 4 类。

- 请求(Request):请求原语用于请求发起一个源端的 N-服务。
- 指示(Indication):指示原语用于向目的端的 N-用户告知已建立的内部事件。
- 响应(Response):响应原语用于响应目的端的指示原语,表示由前面指示原语所调用的程序已经执行完毕。
- 确认(Confirm):确认原语用于向源端的 N-用户传递前面提出的一个或多个请求原语的处理结果。

7. 超宽带(UWB)实时定位服务

IEEE 802.15.4 特定的物理层建立了支持测距功能的基础,同时,MAC 层定义了相应的行为与协议,提供测距服务功能接口。以双向测距为例,UWB 物理层支持这一功能的实施,并且支持测距功能的 UWB 设备称为测距功能设备(Ranging-Capable Devices, RDEVs)。在 UWB 物理层的 PHR(PHY Header)信息段中单独有一个测距位,用来向接收设备表明传送的 UWB 帧用于测距,故而该 UWB 帧也称作测距帧(Ranging Frame, RFRAME)。

测距帧既可以作为数据帧,也可以作为确认帧。就测距而言,测距帧中的 PHR 部分的第一个脉冲是非常关键的信号,该脉冲用来作为测距标志(Ranging Marker,RMARKER)。IEEE 802.15.4 协议标准主要支持的就是通过计算传播时间进行 RDEVs 间的双向测距。

UWB 定位服务中的一些关键技术如下所示。

(1)基于单向传输的坐标感知

首先,实现基于单向传输的坐标感知需要依赖一套多节点的 RDEVs 基础设施,并且需要一些措施保障建立起 RDEVs 设备间通行的时间定义(物理层、MAC 层不涉及)。

其次,所有独立测距计数器(Ranging Counter)的计数值需要统一汇聚到一个计算节点(物理层、MAC 层不涉及)来计算 RDEVs 设备间的距离。

然后,PHY 层的测距计数器运行后,一旦接收到 RFRAME,物理层会通知 MAC 层传送 MCPS-DATA. indication 原语给上层,提示接收到达的测量值。

为什么 PHY 层通知 MAC 层发送原语，PHY 层不能够处理么？如果 PHY 层的处理速率太慢，跟不上 RFRAME 传送的频率时，需要通知上层，由应用层部分来处理，应用层可以从 PIB 中获取处理时间信息 phyRFRAMEProcessingTime。

（2）测距计数器

测距计数器只是物理层的一个功能，并不是真实存在的硬件设备。事实上，测距计数器能表示的时间最小间隔非常小，相应的计数器需要运行到 64 GHz 才能达到要求，目前，在低成本、电池供电的设备上还实现不了 64 GHz 的硬件计数器。

（3）标记信号到达时间

信号在信道中经过多径传输，RMARKER 信号混叠在一起，需要标记出有效的 RMARKER 信号的前沿。具体的技术实现超出了 IEEE 802.15.4 协议的范围。

（4）晶振偏移的管理

通过光速计算精确的距离，离不开精确的时间计量，在 UWB 物理层提供对晶振偏移的管理，以提高距离测量的精确性。

（5）标记内部传播路径

在测算两个 RDEVs 的距离时，理想情况是获取电波在两个设备间精确的空中传播时间，可以认为信号一到达天线就触发测距计数器的数值记录事件。事实上，信号需要经过馈电天线的阻抗匹配网络传输到设备上，IEEE 802.15.4 协议中提供校准（CALIBRATE）机制，使用 MLME 原语通知应用层调用 PHY 层功能，标记内部传播路径与时间，从而计算出真正的空中传播时间，校准时间的测量值。

（6）时间戳报告

两个测距（开始与停止）计数值、测距 FoM 值，两个描述晶振偏移的值，这些值一起组成一个时间戳报告。

（7）保密测距

在一些应用中，测距数据是网络中分发的关键信息，需要实施保密措施。协议中提供基于时间戳报告加密与基于动态同步选择（Dynamic Preamble Selection，DPS）的测距数据保护机制。

UWB 定位服务中的应用包括时间估算、测距、定位等，其中，每一类应用都可以用多种应用算法来实现。

① 时间估算：包括利用信道测量的到达时间估算（Time-of-arrival Estimation from Channel Sounding）法与非视距传播条件下的到达时间估算（Time-of-arrival Estimation in Non-line-of-sight）法。

② 异步测距（Asynchronous Ranging）：包括双向测距（Two-Way Ranging，TWR）法与对称双边双向测距技术（Symmetric Double-Sided Two-Way Ranging，SDS-TWR）法。

③ 定位：分为利用测距数据估算定位法与网络定位算法（Network Location Algorithms）两大类。

- 利用测距数据估算定位：包括到达时间（Time of Arrival）法与到达时间差（Time Difference of Arrival）法。

- 网络定位算法：包括 Ad hoc 算法、集中式算法（Centralized Algorithms）、凸优化（Convex Optimization）算法、多路经延迟的定位估算法（Location Estimation Using

Multipath Delays)等。

8. 调制与扩频技术

IEEE 802.15.4—2011 版本对 2006 版本进行了修订,其中一项改变引入了新的物理层标准定义,从已有的 4 个物理层标准升级到 7 个物理层标准。不同的物理层标准都分别采用了不同的调制与扩频技术,提供非常灵活的频带与数据率搭配方案。下面给出各个物理层标准应用的调制与扩频技术类型。

- QPSK PHY:采用偏移正交相移键控(Offset Quadrature Phase-Shift Keying,O-QPSK)调制与直接序列扩频(Direct Sequence Spread Spectrum,DSSS)技术,可应用于 780 MHz、868 MHz、915 MHz、2.4 GHz 频段。
- BPSK PHY:采用二进制相移键控(Binary Phase-Shift Keying,BPSK)调制与 DSSS 技术,可应用于 868 MHz、950 MHz、915 MHz 频段。
- ASK PHY:采用幅移键控(Amplitude Shift Keying,ASK)及 BPSK 调制技术、并行序列扩频(Parallel Sequence Spread Spectrum,PSSS)技术,可应用于 868 MHz、915 MHz 频段。
- CSS PHY:采用差分正交相移键控(Differential Quadrature Phase-Shift Keying,DQPSK)调制与线性调频扩频(Chirp Spread Spectrum,CSS)技术,可应用于 2.4 GHz 频段。
- UWB PHY:同时采用突发位置调制(Burst Position Modulation,BPM)与 BPSK 调制技术,可应用在千兆赫以下(sub-gigahertz)频段或 3~10 GHz 频段。
- MPSK PHY:采用 M 进制相移键控(M-ary Phase-Shift Keying,MPSK)调制技术,可应用于 780 MHz 频段。
- GFSK PHY:采用高斯频移键控(Gaussian Frequency-Shift Keying,GFSK)调制技术,可应用于 950 MHz 频段。

有一些在市场上流通的无线应用微控制器,如 Atmel 公司的 AT86RF212 芯片,内部同时支持多个物理层标准,这使得设计上层协议更加方便,更利于开发不同标准的无线应用。

1.3.2 ZigBee 技术规范

1. ZigBee 规范

ZigBee 联盟于 2005 年公布了第一份 ZigBee 规范《ZigBee Specification V1.0》。ZigBee 规范是 ZigBee 技术的核心规范,它定义了智能型、低成本、低功耗的 ZigBee Mesh 网络的形成与运行方式。ZigBee 协议规范使用了 IEEE 802.15.4 定义的物理层(PHY)和媒体介质访问层(MAC),并在此基础上定义了网络层(NWK)和应用层(APL)架构。

ZigBee 规范指导冗余的、低成本、低功耗,甚至是无电池的节点设备如何进行自动组网,并且实现了 ZigBee 网络的自动配置、自动修复以及扩展能力,使得 ZigBee 网络不仅易于使用,还具备了独特的灵活性、机动性。

ZigBee 规范还包括 ZigBee PRO 规范。与 ZigBee 规范相比,ZigBee PRO 规范优化了电源消耗,提供大规模网络的组网,还推出了"Green Power"技术,以支持能量收集及自供电节点设备。

2. ZigBee IP 规范

ZigBee IP 规范是首个面向基于 IPv6 的、完整无线 Mesh 网络解决方案的开放标准,依据 6LoWPAN、IPv6、PANA、RPL、TCP、TLS 和 UDP 等标准互联网协议,为控制低成本、低功耗的设备提供无缝的网络连接。

ZigBee IP 规范将各类不同的设备连接成为一个统一的控制网络,并且也为即将发布的《ZigBee Smart Energy 2.0》提供特别的支持。

ZigBee IP 规范加入了网络层和安全层及应用框架,使 IEEE 802.15.4 标准更加完善。ZigBee IP 提供了一个具有端到端 IPv6 联网能力的可扩展架构,无须使用中间网关,从而为物联网的发展奠定了基础。在安全方面,采用 TLS1.2 协议来保证成熟的端到端安全性,使用 AES-128-CCM 算法来保证链路层数据帧的安全性,并通过标准 X.509 v3 证书和 ECC-256 加密套件为关键的公共基础设施提供支持。

3. ZigBee RF4CE 规范

ZigBee RF4CE 规范的全称是 ZigBee 消费设备射频规范(ZigBee Radio Rrenquency for Consumer Electronic Devices),定义了简单的、抗干扰能力强的遥控(Remote Control)通信网络。

与提供全功能的 Mesh 网络能力的 ZigBee 规范不同,ZigBee RF4CE 规范是为简单的双向设备到设备(Device-to-Device,D2D)控制应用而制定的规范。ZigBee RF4CE 规范对设备硬件资源的需求更低,并且设备到设备(D2D)的拓扑结构更为简单,这使得基于 ZigBee RF4CE 规范的设备的性价比更高,开发方式更简易,开发周期也更短。

ZigBee RF4CE 规范在 IEEE 802.15.4 标准的基础上添加了一个简单的网络层和一个标准的应用层,构建了 ZigBee RF4CE 规范的系统框架,该规范主要支持以下的应用特性:

- 继承 IEEE 802.15.4 标准,工作在 2.4 GHz 频段;
- 基于 3 个信道的频率捷变方案;
- 为各种类型的设备制定了具体的节能机制;
- 支持具备完整应用程序认证(Full Application Confirmation)的发现机制;
- 支持具备完整应用程序认证(Full Application Confirmation)的配对机制;
- 支持多星状拓扑(Multiple Star Topology)与内网(PAN)间通信组态;
- 支持单播(Unicast)、多播(Multi-cast)等多种传送选项;
- 内置密钥产生机制;
- 采用了具有工业标准的 AES-128 安全方案;
- 制定了面向 CE 产品的简单遥控设备描述集(Profile);
- 支持 ZigBee 联盟工业标准或制造商的特定设备描述集(Profiles)。

1.3.3　ZigBee 技术的特点

ZigBee 技术将其角色定位于射频识别和蓝牙之间,是一种新兴的短距离、低功耗、低速率无线网络技术,其相关规范与标准一经发布就得到了广泛的响应与支持,在理论与实践领域都获得了巨大的关注。ZigBee 技术的成功当然与其固有的技术特点是分不开的,代表了一类极具吸引力的无线通信技术,因此,在这里列出其最流行的若干技术特点,内容如下所示。

（1）低功耗

ZigBee 在设计之初,就考虑了高效、充分利用电池能源的问题。特别是在 ZEDs 设备上,优势表现得尤为突出。在典型的 ZEDs 产品上,使用一般的碱性电池,可以维持设备持续工作数年,甚至对于低于 1% 的超低占空比的应用,如自动抄表系统,电池可以维持节点运行 10 多年,当然在使用中,这还要受限于电池自身的储存年限。相比较,蓝牙能工作 1～7 天,WiFi 可工作 0.5～5 天,ZigBee 技术可以称得上是超低功耗技术。

（2）低成本

通过大幅简化协议(不到蓝牙的 1/10),降低了对通信控制器的要求,按预测分析,以内置 80C51 核心的 8 位微控制器为例测算,全功能的主节点需要 32 KB 代码,子功能节点少至 4 KB 代码,而且 ZigBee 免协议专利费。每块芯片的价格大约为 2 美元。

（3）低速率

ZigBee 工作在 20～250 kbit/s 的较低速率,分别提供 250 kbit/s（2.4 GHz）、40 kbit/s（915 MHz）和 20 kbit/s（868 MHz）的原始数据吞吐率,满足低速率传输数据的应用需求。

（4）近距离

传输范围一般为 10～100 m,在使用 RF 功率放大器后,通信距离可增加到 1～3 km。这指的是相邻节点间的距离。如果通过路由和节点间通信的中继,传输距离将可以更远。

（5）短时延

ZigBee 的响应速度较快,典型的搜索设备时延 30 ms,休眠激活的时延是 15 ms,活动设备信道接入的时延为 15 ms,进一步节省了电能。相比较,蓝牙需要 3～10 s,WiFi 需要 3 s。

（6）高容量

ZigBee 可采用星型、树型和 Mesh 型网络结构,由一个主节点管理若干子节点,最多一个主节点可管理 254 个子节点;同时主节点还可由上一层网络节点管理,最多可组成 65 535 个节点的庞大网络。

（7）高安全

ZigBee 提供了三级安全模式,包括无安全设定、使用接入控制清单（ACL）,防止非法获取数据以及采用高级加密标准（AES 128）的对称密码,以灵活确定其安全属性。

（8）免执照频段

采用直接序列扩频（DSSS）技术使用工业科学医疗（ISM）频段,可以在 2.4 GHz（全球）、915 MHz（美国）和 868 MHz（欧洲）3 个免许可证频段免费使用,自由度高。

1.3.4 ZigBee 联盟工业标准

以 ZigBee 技术为基础,针对不同的行业与领域,ZigBee 联盟不断推出各种特色鲜明的工业级标准,到目前为止,共发布了 11 项得到业界广泛认同的 ZigBee 全球标准。

1. ZigBee 楼宇自动化

ZigBee 楼宇自动化（ZigBee Building Automation）是能够对商业楼宇系统进行安全可靠监视与控制的互操作性产品的全球标准,它是 BACnet 唯一认可的商业楼宇无线网状网络标准。使用 ZigBee 楼宇自动化标准的产品,利用其低功耗无线运作的优势,楼宇业主和运营者能够控制更多楼宇类型,包括以前覆盖不到的房间或敏感区域。此外,ZigBee 楼宇自动化还可以满足可持续建筑场所、能源和大气环境以及室内环境质量方面的发展需求。

2. ZigBee 遥控

ZigBee 遥控(ZigBee Remote Control)也称为 ZigBee 遥控标准,是首个专门针对 ZigBee RF4CE 规范的公共应用标准,提出了面向先进遥控装置的全新全球性标准。ZigBee 遥控标准建议用射频(RF)控制技术代替已有 30 年历史的红外(IR)技术,并定义了具体的指标指导生产商制作可互操作的遥控器产品,在电子设备与遥控装置之间实现先进的通信功能,达到非视距操作、双向通信、延长遥控距离及电池寿命等应用目标。

3. ZigBee 智能能源

ZigBee 智能能源(ZigBee Smart Energy)是首个也是唯一一个面向世界推出的先进计量基础设施(Advanced Metering Infrastructure)标准。实施 ZigBee 智能能源标准,可以更方便有效地对水及能源的供给与使用进行自动控制、自动测量及信息交互等操作。ZigBee Smart Energy 1.1 版本新增了一些重要功能,包括增强型动态定价、其他协议隧道、预付功能、空中下载更新以及与已获认证的 ZigBee Smart Energy 1.0 版产品之间的向后兼容性。ZigBee 智能能源标准使得公用事业公司和政府能很容易地部署那些可靠、易于安装、可互操作的智能家庭解决方案。

4. 智能能源纲要

智能能源纲要(Smart Energy Profile 2)是针对在无线家庭局域网络(HAN)领域实施智能能源自动化应用的新一代管理协议,是 ZigBee Smart Energy 1.1 版本的演进版。智能能源纲要新引入了对插电式混合动力电动汽车(PHEV)充电,多住宅单元的家庭局域网部署,在单栋建筑物内接入多种能源服务,基于 IETF IP 规范协议的传输等新功能的支持。Smart Energy Profile 2 的发布并不是要取代 ZigBee Smart Energy 1.1 版本,而是为公用事业集团及能源服务供应商构建智能家庭局域网络提供了一种全新的便捷选择。

5. ZigBee 医疗保健

ZigBee 医疗保健(ZigBee Health Care)也称为 ZigBee 医疗保健标准,是互操作无线设备的全球开放标准,可安全监测及管理慢性疾病、肥胖、老化这类非重大、低危险病症的保健服务。ZigBee 医疗保健标准为医疗保健无线产品提供智能易实现的方案,可以使医学专业人士随时在线,实时地监控客户的健康信息。

6. ZigBee 家庭自动化

ZigBee 家庭自动化(ZigBee Home Automation)提供了用于家电、照明、环境、能源使用和安全领域的控制标准。该标准能够控制采暖通风空调(HVAC)系统、电源插座、机动设备、门铃、机动百叶窗和安全装置等。ZigBee 家庭自动化的目标在于为每一个家庭创建更智能、安全及节能的生活环境。

7. ZigBee 输入装置

ZigBee 输入装置(ZigBee Input Device)也称为 ZigBee 输入装置标准,是用于消费电子产品和计算机配件的人机接口设备的全新全球标准。该标准是针对 ZigBee RF4CE 规范特别设计的第二个标准。应用 ZigBee 输入装置标准后,能在更远距离使用鼠标、触摸板、键盘、扫描笔或遥控指针,使它们更灵敏并能够提供比目前设备更多的功能。更重要的是,采用 ZigBee 输入装置标准的设备在其生命周期内使用的电池数量将有显著的减少,更加环保。

8. ZigBee 照明设备链接

ZigBee 照明设备链接(ZigBee Light Link)也称为 ZigBee 照明设备链接标准,使用 Zig-Bee Light Link 标准生产的节能灯泡、LED 灯具、传感器、定时器、遥控器和开关能方便地接入同一个网络,无须专用装置进行转换。消费者将能够轻松安装这类产品,并在照明网络中添加额外的装置。和所有使用 ZigBee 标准的其他产品一样,ZigBee Light Link 设备可通过计算机、平板电脑和智能手机进行联网控制。消费者将能体验到无线照明控制的诸多优势,并且能够将不同品牌的产品结合在一起。

9. ZigBee 零售服务

ZigBee 零售服务(ZigBee Retail Services)也称为 ZigBee 零售服务标准,为零售业提供了新的管理与运营方式。一方面,销售方可以依托 ZigBee 技术建立的无线网络有效地自动监控供应链,使用零售服务标准内置的功能统计消费行为,优化结算系统,加强客户沟通,提高效率,降低物品价格。另一方面,消费者可以获得新的购物体验,使用手持设备快速查找需要的商品,最后可选择多种安全便捷的结账方式,提高购物效率。

10. ZigBee 电信服务

ZigBee 电信服务(ZigBee Telecom Services)标准将为移动网络运营商和企业带去种类繁多的新型增值服务。凭借 ZigBee 电信服务,消费者可使用其手机为产品和服务付费,创造各自的游戏与通信网络,收取零售商家的产品促销信息以及折扣或优惠券,同时无须 GPS 即可确定各自的位置并获取方位信息或有关室内商场及其他场所中公共空间的信息。在企业中,员工可管理其存取办公服务和进入受限区域的认证与权限。ZigBee 电信服务针对各种服务界定了一种标准的方法,其中包括信息投递、定位信息服务、安全的移动付款、移动游戏、语音、P2P 数据共享、移动设备办公管理和控制。

11. ZigBee 网络设备

目前,ZigBee 网络设备(ZigBee Network Devices)标准中只包含了 ZigBee 网关(ZigBee Gateway)这一个标准。ZigBee 网络设备标准旨在协助和扩大基于 ZigBee PRO 的网络的设备系列,目前面向网桥和范围扩展器设备而开发的标准即将推出。ZigBee 网关提供与互联网网络之间的连接,并且设计了面向消费者的各种云和智能电话服务的应用接口,使通信运营商、企业和个人消费者有机会将这些设备连接到 ZigBee 网络,甚至连接至互联网。

利用 ZigBee 联盟标准和规范开发的产品,是否能达到 ZigBee 要求的质量标准? 只有满足 ZigBee 严格质量标准的产品,才能便捷可靠地连接起来,实现智能化的工作。因此,ZigBee 产品在发布前必须进行 ZigBee 认证,测试其功能性与互操作性是否标准、规范,这也是 ZigBee 产品开发过程中的关键部分。

1.3.5　ZigBee 关键技术

ZigBee 技术以 IEEE 802.15.4 技术规范为基础,主要制定了网络层和应用层等上层相关的协议与标准(规范)。

ZigBee 网络(NWK)层主要提供不同拓扑结构的建立、维护命名和绑定服务,由此协同实现寻址路由和多跳通信连接功能,同时 NWK 层还需要负责数据通信的安全任务。

ZigBee 应用(APL)层包括应用支持子层(APS)、ZigBee 应用对象(ZDO)和 ZigBee 应用。ZDO 负责整个设备的管理,APS 提供对 ZDO 和 ZigBee 应用的服务。

ZigBee 关键技术主要是面向 NWK 层应用的路由算法和同时面向 MAC 层、NWK 层及 APL 层应用的安全机制。

1. 路由算法

ZigBee 网络是一种具有强大组网能力的新型无线个域网,其中的路由算法作为网络层的核心功能之一,它的设计与开发直接影响着网络的性能,这也是整个协议开发的重点和难点。

网络的拓扑结构不同,如星型、树型、Mesh 型网络,对应的有效路由算法也不尽相同。同时,在网络路由结构中,存在着 Coordinator、RN+、RN− 和 RFD(RN:Routing Node; RFD:Reduced Function Device)4 种路由节点,在传输数据时,不同类型的节点承担不同的功能(其中 Coordinator 的处理机制与 RN+ 相同)。因此,网络层路由的设计可以分为 RN+、RN− 和 RFD 3 个模块,其内嵌的路由算法也存在差异。

目前,研究与应用中主要涉及的算法有 AODV 算法、AODVjr 算法、Cluster-Tree 算法以及 Cluster-Tree+AODVjr 算法等,根据不同的网络拓扑结构及网络路由节点,选择不同的路由算法机制。这里给出几种算法的简要介绍。

- AODV(Adhoc On-demand Distance Vector)算法:AODV 是一种按需路由协议,它根据业务需求建立和维护路由,是 DSDV(Destination-Sequenced Distance-Vector)协议和 DSR(Dynamic Source Routing)协议的结合。
- AODVjr 算法:AODV junior 是一种简化版本的 AODV 算法。与 AODV 算法相比,并没有使用目的节点序列号,不存在先驱节点列表(Precusor List),在数据传输中如果发生链路中断采用本地修复,不发送 HELLO 分组。
- Cluster-Tree 算法:适合于由网络协调器展开生成树状网络的拓扑结构,属于静态路由,不需要存储路由表,一般用于 RN-模块的路由实现中。
- Cluster-Tree+AODVjr 算法:Cluster-Tree+AODVjr 算法汇聚了 Cluster-Tree 算法与 AODVjr 算法的优点。

为了实现路由算法,至少需要具备两项路由功能,分别是路由的建立功能与路由的维护功能,此外,还涉及路由命令与路由表格的设计,如表 1-5 所示。

表 1-5　路由命令与路由表格的设计

路由命令	路由表格
路由请求命令	路由表
路由响应命令	路由发现表
路由记录命令	路由记录表
路由出错命令	邻居节点发现列表

在选择与应用路由算法时,考虑 ZigBee 设备有限的硬件配置以及利用电池供电的低功耗需求,要求路由算法尽量简单、高效,通常从网络性能、链路成本、平衡节点能量、应用方便性等方面给出其性能指标的评估,对路由算法不断地进行改进。

2. 安全机制

ZigBee 安全机制保证网络中数据传输的私密性,在 MAC 层、网络层、应用层都有相应的安全机制部署。ZigBee 协议在设计时划分不同的安全模块来实现安全机制,包括服务模块、模式模块、组件模块、属性模块、密钥模块、信任中心模块等,它们之间有机统一,逻辑结构清晰。从模块的功能模型出发,安全机制的处理流程可以表述为:通过信任中心分派不同的安全密钥,根据使用的安全模式选择相应的安全组件与安全属性,按照 ZigBee 安全实施步骤,提供安全服务。

(1) 安全服务

ZigBee 协议标准提供 4 种安全服务类型,实际上,协议上层通过接口调用协议下层提供的安全服务,层层调用之后最终由 MAC 层来落实安全服务。4 种安全服务如下所示。

- 接入控制:每个设备通过维护一个接入控制表(ACL)来控制其他设备对自身的访问。
- 数据加密:采用基于 128 位 AES 算法的对称密钥方法保护数据。在 ZigBee 协议中,信标帧净载荷命令帧净载荷和数据帧净载荷要进行数据加密。
- 数据完整性:数据完整性使用消息完整码 MIC(Message Integrity Code),可以防止对信息进行非法修改。
- 序列抗重播保护:使用 BSN(信标序列号)或者 DSN(数据序列号)来拒绝重放的数据的攻击。

(2) 安全模式

ZigBee 协议栈中提供了 3 种安全模式。

- 非安全模式:在 MAC 层中,该模式为缺省安全模式,不采取任何安全服务。
- 接入控制(ACL)模式:该模式仅仅按照接入控制表的设置,作为一个简单的过滤器,只接收来自特定节点发来的报文。
- 安全模式:同时使用接入控制和帧载荷密码保护,提供较完善的安全服务。

(3) 安全组件与安全属性

IEEE 802.15.4 在 MAC 层提供了 8 种可选的安全组件,根据需要可以选择安全组件中的任意 1 种,每个安全组件提供不同类型的安全属性和安全保证,如表 1-6 所示。

表 1-6　ZigBee 安全组件表

标识	安全级子域	安全组件	安全属性	安全服务				完整性代码
				数据加密	帧完整性	接入控制	序列更新	
0x00	000	NO	NO	OFF	NO	NO	NO	0
0x01	001	AES-CBC-MAC-32	MIC-32	OFF	YES	YES	NO	4
0x02	002	AES-CBC-MAC-64	MIC-64	OFF	YES	YES	NO	8
0x03	003	AES-CBC-MAC-128	MIC-128	OFF	YES	YES	NO	16
0x04	004	AES-CTR	ENC	ON	NO	YES	YES	0
0x05	005	AES-CCM-32	ENC-MIC-32	ON	YES	YES	YES	4
0x06	006	AES-CCM-64	ENC-MIC-64	ON	YES	YES	YES	8
0x07	007	AES-CCM-128	ENC-MIC-128	ON	YES	YES	YES	16

（4）安全密钥

ZigBee 设备在网络中利用一个 128 位的对称密钥提供安全服务,其中在数据加密过程中可以使用 3 种基本密钥:主密钥(Master Key,MK)、链接密钥(Link Key,LK)和网络密钥(Network Key,NK)。MK 用来制定 LK,也可以作为一般的 LK 使用,维护 MK 的保密性与正确性很重要;LK 用来保证一组应用层对等实体间的单播通信安全;NK 用来保证一个网络中的广播通信安全,可以被 ZigBee 的 MAC 层、NWK 层及 APL 层使用。

密钥的应用基础包括密钥的获得方式、密钥的派生及密钥的可用性。

设备获得链接密钥可以通过密钥传输、密钥制定或者预安装等方式中的任意一种。而主密钥、网络密钥通过密钥传输或者预安装的方式获得。

在一个安全的网络里有多种安全性服务可用,为了避免不同安全性服务的密钥重复利用,可以使用链接密钥的单向函数得到无关联密钥,这样可以保证不同安全协议在执行时逻辑上是相互独立的。这些无关联密钥(除了数据密钥)都需要对应消息验证码的密钥哈希函数的计算而派生得到。

主密钥只用于高安全模式(High Security,HS)下的 APL 层;链接密钥用于高安全模式和标准安全模式(Standard Security,SS)下的 APL 层;网络密钥可以用于 HS 与 SS 模式下的 MAC 层、NWK 层及 APL 层。

（5）信任中心

ZigBee 为了实现安全性,定义了一个信任中心的角色。一个网络中只能有一个信任中心,且被网络中的所有设备识别和信任。

由信任中心履行的功能可以细分成 3 个部分:信任管理器(Trust Manager)、网络管理器(Network Manager)、配置管理器(Configure Manager)。一个设备通过它的信任管理器来识别其他设备是网络管理器还是配置管理器;网络管理器负责网络并给它管理的设备分配和维护网络密钥;配置管理器负责两个 ZigBee 设备的应用,还需为它管理的两个 ZigBee 设备间的端对端通信提供安全性措施。

（6）各层的安全措施

ZigBee 技术针对不同的应用,提供了不同的安全服务。这些服务分别施加在 MAC 层、NWK 层和 APL 层上。

MAC 层负责本层帧的安全处理,但是应由上层决定使用哪个安全级别。对于 MAC 层,安全组件应该选用 CCM* 模式,通过执行 AES-128 加密算法来对数据保密。

当来自 NWK 层的帧(输出帧)需要保护,或者某个来自更高层帧(输入帧)在网络信息库(NIB)中的属性为 TRUE 时,ZigBee 使用帧保护机制,提供 NWK 层的输入/输出帧保护。无论输入、输出帧,NIB 中的属性参数都应该给出应用于 NWK 帧的安全级别参数。

在 APL 层中,APS 子层提供建立和保持安全关系的服务,APS 提供的安全服务有密钥建立、密钥传输、设备管理等服务。密钥建立通过发起设备和响应设备实体,经过交换临时数据、使用临时数据获取密钥和确认链接密钥正确性 3 个步骤实现;密钥传输服务包括密钥传输、密钥请求和密钥交换等服务;设备管理服务提供设备更新和设备删除服务。

1.3.6　ZigBee 开发环境

ZigBee 的开发环境包括硬件开发环境、协议栈、集成开发环境、硬件仿真器及工具软件等。

1. 硬件开发环境

目前 ZigBee 硬件开发环境主要以 ZigBee 开发套件或 ZigBee 模块的形式提供,其实现方案有 3 种方式。

- MCU 和 RF 收发器分离的双芯片方案:TI CC2420＋MSP430 系列、FreeScale MC13202＋MC9S08GT60、MICROCHIP MRF24J40＋PIC MCU。
- 集成 RF 和 MCU 的单芯片 SOC 方案:TI CC2530、ST STM32W108 系列、FreeScale MC13224、EMBER EM357。
- ZigBee 协处理器和 MCU 双芯片方案:TI CC2480＋MCU、NXP(JENNIC)JN516x ＋MCU、Silicon Labs(EMBER)EM260＋MCU。

这里选择第二种方案,采用 TI CC2530 模块作为基础的硬件开发环境。

2. ZigBee 软件协议栈

ZigBee 软件协议栈有开源的、半开源的、精简的、商用的等多种类型,其中,有一些协议栈只针对特定系列的芯片而设计开发。常用的 ZigBee 软件协议栈有:

- Freakz 协议栈＋Contiki 操作系统(开源)
- MsstatePAN 协议栈(开源,精简版 ZigBee 协议栈)
- EmberZNet 协议栈(半开源,针对 ST 系列芯片)
- EmberZNet Pro 协议栈(商用,针对 Silicon Labs 系列芯片)
- BeeStack 协议栈(商用,针对 FreeScale 系列芯片)
- SimpliciTI 协议栈(商用,针对 TI 系列芯片)
- Z-Stack 协议栈＋OSAL 操作系统(商用,针对 TI 系列芯片)
- TinyOS 操作系统

这里选择针对 TI CC2530 芯片的 Z-Stack 协议栈作为 ZigBee 应用协议栈。

3. 集成开发环境及工具

根据前面选择的硬件开发环境及软件协议栈,在这里,相应的集成开发环境(IDE)只能采用 IAR Embedded Workbench for MCS-51 开发软件。

同时,需要安装配置的工具软件有:Z-Tool. exe(上位机串口控制工具)、Z-Network. exe (查看简单的网络拓扑结构)、ZOAD. exe(用于无线下载模式的工具)、Packet Sniffer(协议数据包分析)、SmartRF Flash Programmer/Chipcon Flash Programmer(用于 Flash 编程,修改 IEEE 地址)、ZigBee Sensor Monitor(用于 ZigBee 网络传感器数据监测)等。

CC2530 的硬件仿真器使用 TI CC Debugger;ZigBee 协议及无线数据的探测分析需要使用 SmartRF 协议软件包监听器 CC2531 USB Dongle。

此外,TI 还提供 IEEE 802. 15. 4 Medium Access Control(MAC)software stack(TI-MAC)、符合 RF4CE 规范的协议栈(REMOTI)、符合 SimpliciTI 的协议堆栈(SIMPLICITI) 等软件库。

1.3.7　ZigBee 技术的发展

ZigBee 技术伴随着传感器网络的发展而出现。早在 20 世纪 70 年代,就出现以微控制器为核心,连接传统传感器,进行点对点传输的传感器网络的雏形,称得上是第一代传感器

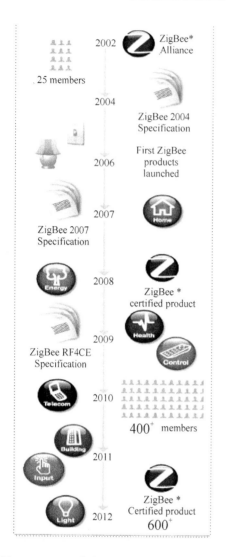

图 1-8　ZigBee 技术的发展（来自 zigbee. org）

网络；随着科技的发展和进步，传感器网络能够获取多种信息信号，并通过网间的传感控制器的互联，组成了具有信息综合处理能力的传感器网络，这算得上是第二代传感器网络；从 20 世纪末开始，现场总线技术开始应用于传感器网络，可以用其组建智能化传感器网络，同时大量运用多功能传感器，并使用无线技术连接，无线传感器网络逐渐形成。ZigBee 技术在这种背景下发展与成长起来，如图 1-8 所示，特别适用于传感控制（sensor and control）领域。

ZigBee 技术相关的基础问题在 IEEE 802. 15 工作组中提出，并成立了 TG4 工作组，同时制定了 IEEE 802.15.4 规范。

2002 年 8 月，ZigBee 联盟（ZigBee Alliance）成立。

2004 年，发布了 ZigBee V1.0 版本规范，它是 ZigBee 的第一个规范。但由于推出过于仓促，存在一些错误。

2006 年，重新推出了 ZigBee 2006 版本。该版本的技术指标比较完善，新增了 ZCL（ZigBee Cluster Library）、组设备（Group Device）、多播（Multicast）、OTA（Over The Air）组态配置等项目，同时移除了 KVP（Key Value Pair）信息格式。此时，出现了第一个 ZigBee 产品。

2007 年年底，再次推出了 ZigBee 2007 新版本。该版本中移除了 Cskip 的地址分配（Address Assignment）法，不再支持 1.1 版中的树状路由（Tree Routing）算法，同时增加了新的机制，如随机地址分配（Stochastic Address Assignment）、多对一的路由（Many to One Routing）、源路由选择（Source Routing）、频率捷变（Frequency Agility）、封包拆解（Fragmentation）及重组（Reassembly）、组寻址（Group Addressing）等，此外也将安全性机制区分为标准安全与高度安全两种模式。

2009 年 3 月，发布了 ZigBee RF4CE 规范，该规范为计算机周边产品以及家电产品带来了更灵活的设计方案和远程控制能力。

从 2009 年开始，ZigBee 采用了 IETF 的 IPv6 6LoWPAN 标准作为新一代智能能源 Smart Energy 2（SEP 2.0）的标准，致力形成全球统一的易于与互联网集成的网络，实现端到端的网络通信。

1.3.8　ZigBee 技术的应用领域

ZigBee 技术已经渗入到各个应用领域,能在很大程度上满足各类控制需求,同时,Zig-Bee 联盟也重视归纳行业应用的特点,不断推出 ZigBee 联盟工业标准,提供全球推广 Zig-Bee 技术的基础,打造 ZigBee 技术的简易性。如今,ZigBee 技术越来越成熟,相关应用也呈现出枝繁叶茂的势头,经过 ZigBee 联盟认证的产品已有 600 多个。ZigBee 联盟及产品通过认证后的标志如图 1-9 所示。

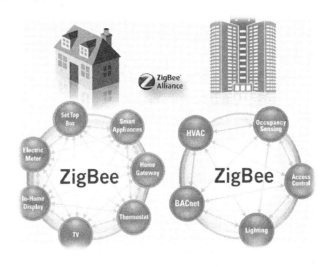

图 1-9　ZigBee 标志及应用项目案例(图片来自 zigbee.org)

在图 1-9 中同时展示了智能楼宇与智能家庭的应用,其中照明、供暖与空调、能源、安防等控制都通过 ZigBee 技术统一联网,帮助用户节约生活能源,降低了用户的消费支出,进而也会使环境质量不断改善。这只是 ZigBee 技术成功应用的项目中的一部分。

目前,在以下领域集中了 ZigBee 技术应用的热点:智能电网需求响应;先进计量基础设施;自动抄表系统;照明控制系统;HVAC 控制系统;暖通控制系统;无线烟雾与 CO 监测系统;家庭安防系统;百叶窗、窗帘及遮光帘控制系统;医用传感及监视系统;娱乐设备遥控系统;室内定位系统;移动设备广告服务。

本 章 小 结

本章概述了无线传感器网络(WSNs)的概念。无线传感器网络技术与物联网存在密切的关系,WSNs 在物联网中扮演重要角色。随着微电子技术、微机电技术的发展,当前的WSNs 技术也经历了重大变革,并且出现了 WSNs 操作系统、微型的 WSNs 芯片,实施WSNs 的方法得到了极大的简化,成本也非常低廉。在这样的背景下,本章分三部分介绍WSNs 的概念。第一部分,与物联网相结合,依次介绍了物联网的概念、物联网的特点、WSNs 与物联网的关系,引出了 ZigBee 技术。第二部分,针对无线传感器网络,依次介绍

WSNs 体系结构、WSNs 拓扑结构、WSNs 的关键技术与特点。第三部分,面向 ZigBee 技术,介绍了 IEEE 802.15.4 标准(包括频段分配、设备类型、层定义与结构、帧结构、服务原语、超宽带实时定位服务、调制与扩频技术等概念),ZigBee 的技术规范、关键技术与开发环境。

习　　题

1-1　简述物联网的概念。

1-2　目前有哪些常用的短距离无线通信技术?

1-3　简述无线传感器网络的概念。

1-4　WSNs 体系结构中包括哪些重要的组成部分?

1-5　请列举出常见的 WSNs 拓扑结构类型。

1-6　WSNs 具有什么特点?

1-7　WSNs 应用了哪些关键技术?

1-8　简述 ZigBee 的概念。

1-9　IEEE 802.15.4 定义了哪些分层的标准?

1-10　IEEE 802.15.4 定义了 LR-WPAN 网络的设备类型有哪些?

1-11　在 ZigBee 协议架构中定义了哪些分层?

1-12　ZigBee 技术有哪些特点?

1-13　ZigBee 网络中应用了哪些关键技术?

1-14　试着使用网络搜索工具,了解目前常用的无线传感器网络应用的微处理器以及开源的 WSNs 操作系统软件。

第2章　CC2530 与 STM32W108 微处理器

CC2530 是美国德州仪器公司推出的一款基于 SimpleLink 解决方案的无线应用单片机系统。与传统的 80C51 核单片机不同,CC2530 内置了射频收发器,具有无线通信能力,更进一步考虑,CC2530 还有以下特点:

(1) 从支持的协议栈方面来看,CC2530 提供了一种满足 2.4 GHz 应用的第二代片上系统解决方案,支持 IEEE 802.15.4 标准、ZigBee 协议及 RF4CE 标准协议;

(2) 从实际的应用方面来看,CC2530 芯片内部集成了射频收发器以及一个增强的 8051 单片机,内建了 32/64/128/256 KB 的 FLASH ROM 空间以及 8 KB 的 RAM 存储器空间,方便用户的开发;

(3) 从设备的低功耗发展方面来看,CC2530 可以在 5 种工作模式间快速切换,最小电流可达到 0.4 μA,能实现超低功耗的应用需求。

除了上述介绍的组网能力、通用开发能力以及低功耗性能以外,CC2530 还提供数据安全业务,具备无线传输数据的加密能力。通过综合分析 CC2530 的芯片资源、器件能力与运行性能,将选用 CC2530 作为构建无线传感器网络的核心设备。

与 CC2530 类似,STM32W108 是意法半导体公司推出的一款系统级(SoC)的无线应用微处理器系统。STM32W108 除了支持与 CC2530 一样的 ZigBee PRO 规范、ZigBee RF4CE 规范和 IEEE 802.15.4 规范以外,还支持 IPv6、6LoWPAN 无线嵌入式互联网解决方案协议。

本章首先介绍 CC2530 芯片的器件特性与结构、应用电路的设计与调试,接着介绍 STM32W108 芯片的特性。

学习目标
- 了解 CC2530 芯片的主要特性。
- 了解 CC2530 的应用电路设计。
- 了解 STM32W108 芯片的主要特点。

2.1　CC2530 芯片的器件特性

2.1.1　CC2530 芯片的特性概览

(1) 射频与封装
- 具有满足 2.4 GHz IEEE 802.15.4 标准的射频收发器。

- 高灵敏的接收特性。
- 针对干扰的高健壮性。
- 高达 4.5 dBm 的可编程输出功率。
- 射频电路所需外围器件非常少。
- 异步网络仅需共用一个时钟晶振。
- 采用 6 mm×6 mm 的 QFN40 封装。

（2）低功耗
- 主动接收模式(CPU 空闲):24 mA。
- 主动发送模式(1 dBm,CPU 空闲):29 mA。
- 低功耗模式 1(4 μs 唤醒):0.2 mA。
- 低功耗模式 2(仅休眠定时器运行):1 μA。
- 低功耗模式 3(外部中断):0.4 μA。
- 电源电压:2～3.6 V。

（3）内置 MCU
- 内置高性能低功耗的 80C51 核 MCU(带指令预取功能)。
- 片内集成可编程 FLASH ROM 存储器空间。
- 片内集成 8 KB RAM 存储器空间。
- 支持硬件仿真器调试。

（4）片内外设
- 内置 5 通道的 DMA 控制器。
- 内置高性能运算放大器与超低功耗比较器。
- 具有 IEEE 802.15.4 MAC 定时器以及通用定时器(一个 16 位,两个 8 位)。
- 具有 IR 遥控发生电路。
- 内置带捕获功能的 32 kHz 休眠定时器。
- 内置载波侦听多路访问/冲突避免(CSMA/CA)硬件单元。
- 具有数字化的 RSSI/LQI 单元。
- 具有测温传感器单元。
- 内置 8 通道可配置的 12 位 ADC 模块。
- 内置 AES 加密协处理器。
- 具有两个增强的串行通信接口(支持 SPI 与 UART 接口协议)。
- 具有 21 个通用输入/输出管脚(带载电流能力:19 个 4 mA,2 个 20 mA)。
- 内置开门狗定时器。

（5）应用选择

CC2530 系列目前有 CC2530F32、CC2530F64、CC2530F128、CC2530F256 4 个型号,分别对应内置的 FLASH ROM 存储器空间大小为 32 KB、64 KB、128 KB、256 KB。在应用时,需要注意选取相应存储空间的 CC2530 芯片。
- ZigBee 系统(内嵌 Z-Stack 协议栈):选用 CC2530F256 型号。
- RF4CE 遥控系统(内嵌 RemoTI 协议栈):选用 CC2530F64 型号及以上。
- 2.4 GHz IEEE 802.15.4 系统:按实际需求选择型号。

- 低功耗无线传感器网络:按实际需求选择型号。
- 其他应用系统:按实际需求选择型号。

2.1.2　CC2530 的功能结构

CC2530 的显著特点是提供自控制的无线射频通信功能,即由内置的 MCU 核心编程调控无线射频模块的工作,不仅如此,一些依托于 MCU 核心的基础控制,如定时、计数、串行通信、模拟量采集、中断控制等也需要作为程序开发的组成部分熟练掌握。

CC2530 整体功能可以通过观察其内部功能结构加以了解,如图 2-1 所示。

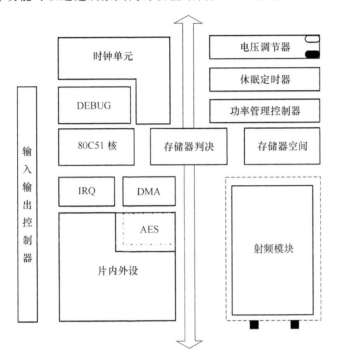

图 2-1　CC2530 的内部功能结构示意图

（1）时钟单元

时钟单元包含时钟源、复位电路与开门狗定时器 3 个主要模块。时钟源有 4 个时钟输入,分别是内部的高速时钟（16 MHz）、内部的低速时钟（32 kHz）、外部的高速时钟（32 MHz）、外部的低速时钟（32.768 kHz）。时钟源通过复用器选择欲使用的输入时钟,由谐振电路起振后送给 CPU 及片内外设等功能单元。

CC2530 的复位电路可由外置复位管脚的低电平触发复位,也可以由开门狗定时器计时溢出触发复位。

（2）存储器空间

存储器空间包含 RAM 空间、FLASH ROM 空间及 FLASH ROM 控制模块。CC2530 系列芯片的 RAM 空间是一致的 8 KB;FLASH ROM 空间按不同的型号提供 32/64/128/256 KB 的选择;FLASH ROM 控制模块负责 FLASH ROM 的读出—擦除—写入操作对应的控制时序。

（3）片内外设

片内外设是"集成于芯片内部的外部设备控制器"的简称，也是一组外围电路接口控制器的统称，主要是完成外部通信协议编码、时序控制、模数转换控制等功能。CC2530 的片内外设包含：

- 片内运算放大器；
- 8 通道的 12 位 ADC 转换模块；
- 两路增强功能的串行通信接口（支持 SPI 与 UART 接口协议）；
- TIMER1、TIMER2、TIMER3、TIMER4 4 个定时器。

（4）射频模块

CC2530 的射频模块是满足 IEEE 802.15.4 标准的收发器，提供了内置 MCU 与射频前端的接口，其中包含射频寄存器、CSMA/CA 探测处理器、射频数据接口、调制器、合成器（数字）、解调器、AGC、频率合成器（模拟）、接收/发送通道、FIFO 与 FRAME 控制器等单元，不仅能发布命令、获取状态、自动化/序列化射频事件，还能实现包过滤及地址识别功能，提供有效的无线数据传输服务。

2.1.3 CC2530 射频模块的特性指标

射频模块是 CC2530 应用中的重要部分，该模块内部由数字电路、数/模混合电路、模拟电路 3 个类型的电路组成。在射频模块中，调制/解调模块以内的电路是数字电路，射频前端部分只能由模拟电路实现，中间部分则属于数/模混合电路。

射频模块的特性指标主要涉及接收特性、发送特性、工作频段、传输速率以及操作 CC2530 中非易失性存储器等指标，具体的特性指标可参见表 2-1 所列出的各项指标数据。

表 2-1　CC2530 射频模块的相关特性指标

参　数	最小值	典型值	最大值	单　位	说　明
射频频段	2 394		2 507	MHz	可编程调频步长 1 MHz，频道中心间距 5 MHz
射频波特率		250		kbit/s	
射频码片速率		2		Mchip/s	
Flash 擦除周期			20	kcycles	
Flash 页大小		2		KB	
接收器灵敏性		−97	−92	dBm	
最大饱和输入功率		10		dBm	
输出功率	0	4.5	8	dBm	
输出功率范围		32		dBm	可编程设定

注：数据来源于 www.ti.com 网站的编号为 SWRS081B 的参考资料。

2.2　CC2530 的应用电路设计

2.2.1　CC2530 的管脚分布

CC2530 芯片外部共引出 40 个管脚,采用塑料四边扁平无引脚封装,具体的引脚分布与 PCB 封装管脚分布示意图如图 2-2 所示。

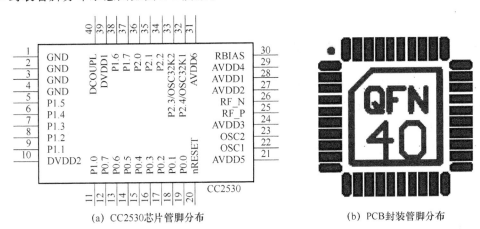

(a) CC2530芯片管脚分布　　　　　　　　(b) PCB封装管脚分布

图 2-2　CC2530 的管脚分布

从图 2-2 来看,CC2530 芯片的管脚基本上分为电源类型、通用输入输出类型、射频类型、时钟类型、复位类型及校准类型等,具体的管脚描述如表 2-2 所示。

表 2-2　CC2530 芯片的管脚描述

管脚名称	编　号	描　述
AVDD1,AVDD2,AVDD3, AVDD4,AVDD5,AVDD6	28,27,24,29,21,31	模拟电源 3.3 V
DCOUPL	40	1.8 V 数字电源去耦输出
DVDD1,DVDD2	39,10	数字电源 3.3 V
GND	1,2,3,4	电源地信号
P0.0,P0.1,P0.2,P0.3, P0.4,P0.5,P0.6,P0.7	19,18,17,16,15,14,13,12	通用输入输出(GPIO)接口
P1.0,P1.1	11,9	GPIO 接口,带 20 mA 驱动
P1.2,P1.3,P1.4, P1.5,P1.6,P1.7	8,7,6,5,38,37	通用输入输出(GPIO)接口
P2.0,P2.1,P2.2	36,35,34	通用输入输出(GPIO)接口
P2.3/OSC32K2	33	GPIO 接口/外部 32 kHz 晶振
P2.4/OSC32K1	32	GPIO 接口/外部 32 kHz 晶振
RBIAS	30	参考电流用精密偏置电阻

管脚名称	编 号	描 述
nRESET	20	复位管脚,低电平有效
RF_N	26	射频(LNA-PA)负端
RF_P	25	射频(LNA-PA)正端
OSC1	22	32 MHz 晶振/外部时钟输入
OSC2	23	32 MHz 晶振

2.2.2 CC2530 的应用电路设计

为 CC2530 配置的外围电路用到的元器件非常少,电路简单明了,相应地,CC2530 无线通信模块的电路板尺寸可以设计得尽可能小,以便于嵌入其他电路系统中使用。这里参考 TI 公司编号为 TIDR231 资料中给出的电路设计样图,根据应用实际要求,略作修改,重新绘制了 CC2530 无线通信模块的电路设计原理图,如图 2-3 所示。

在图 2-3 给出的 CC2530 无线通信模块设计中,存在以下功能电路与扩展接口。

（1）电源与复位电路

模拟电源与数字电源共用外接的电源信号,由电池或外部主板电源提供 3.3 V 电源电压,通过扩展口 1 的 S1.6 接线柱引入;复位电路在外部主板上实现,通过扩展口 2 的 S2.2 接线柱引入。

（2）晶振电路

CC2530 芯片具有内置的 RC 高频振荡器与 RC 低频振荡器,在使用时只需要外接一个 32 MHz 晶振到 OSC1 与 OSC2 管脚即可,但是,考虑 RC 振荡器输出时钟频率（由外接的 32 MHz 经过 977 分频）有一定的温漂效应,并且受到芯片电源电压改变的影响,输出频率也有一定的漂移,因此,在 OSC32K1 与 OSC32K2 管脚上外接了一个独立的 32.768 kHz 晶振,这样,即使使用电池供电,也能得到更精确的时钟信号。

（3）GPIO 接口

外置的 32.768 kHz 晶振占用了两个 GPIO 接口,将余下的 19 根 GPIO 接口线通过扩展口 1 与扩展口 2 的接口线引出,以便于扩展 CC2530 模块的功能。

（4）射频通路

射频通路属于高频的模拟电路,在设计的模块中,应注意电路板的板厚、屏蔽地、走线距离、线间距及对称布线等设计问题,尽量地减少辐射干扰。

在使用非对称天线（unbalanced antenna）,如外接单极天线时,需要使用平衡-不平衡变换器（balun）优化射频前端电路的性能;在使用对称天线,如外接折叠偶极子天线时,可以不使用平衡-不平衡变换器来作射频优化。

根据图 2-3 所示原理图布板的 CC2530 无线通信模块的 PCB 设计版图,以及制作的 PCB 电路板实物图如图 2-4 所示。

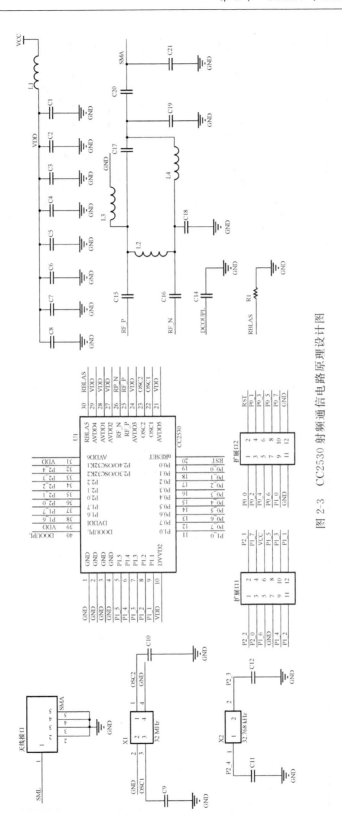

图 2-3　CC2530 射频通信电路原理设计图

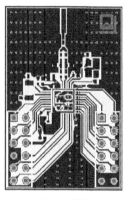
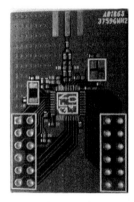

(a) PCB设计图　　　　　　(b) PCB实物图

图 2-4　CC2530 无线通信模块 PCB 布板图示

2.2.3　CC2530 应用电路调试

（1）检测 PCB 电路板的质量

对照电路原理图,逐点测量各个焊盘的电气连接,检测是否存在短路与断路的焊接点,特别地,需要仔细测量电源、地及与敷铜间距小的焊盘间电气连接是否准确,必要时测量空板焊盘间阻值加以确认。挑选出质量达标的电路板。

（2）使用回流焊机焊接元器件

准备好需要的贴片元器件、锡浆、回流焊机(这里使用 T200F 小型台式)等器件与设备,按正确的工艺流程操作,焊接电路板。贴片元器件焊接完毕后,手工焊接双排针接口。最后,检测各个元器件的焊接质量,挑选出质量达标的电路板。

（3）应用电路测试

将调试器 SmartRF04EB 通过 DLOADER 板连接到 CC2530 无线通信模块上,下载测试应用程序,按测试工单要求的顺序依次测试 CC2530 模块的各个功能。

2.3　STM32W108 简介

2.3.1　STM32W108 芯片概览

（1）片内集成单元

• 32 位 ARM Cortex-M3 处理器。

• 2.4 GHz IEEE 802.15.4 射频收发器。

• 128/192/256 KB Flash 存储器。

• 8/12/16 KB RAM 存储器。

• AES128 硬件加密单元。

- 片内外设等。

（2）内置 MCU

- 32 位 CPU。
- 支持 Thumb-2 指令集。
- 可选的 6 MHz、12 MHz 或 24 MHz 主频。
- 支持嵌套中断的控制器。

（3）低功耗

- 接收功率（w/CPU）：27 mA。
- 发送功率（w/CPU，+3dBmTX）：31 mA。
- 休眠电流（保留 RAM 和 GPIO）：400 nA/800 nA。
- 内部低频 RC 振荡器，可以作为维持低功耗状态的系统时钟。
- 内部高频 RC 振荡器，可用于快速从休眠状态启动。
- 单电压操作：2.1~3.6 V。
- 内部提供 1.8 V 与 1.25 V 稳压器。

（4）片内外设

- 1 个 SPI 通信接口。
- 1 个 USART 通信接口，带硬件流控制。
- 1 个 IIC 通信接口。
- 通用定时器。
- 可配置的 GPIO 模块（24 个接口）。
- 4 个外部中断。
- 6 路模拟输入通道。

（5）射频

- 射频数据速率：250 kbit/s。
- 通常模式下的链路预算高达 102 dB，可配置到 107 dB。
- RX 灵敏性：−99 dBm（1% 收包错误率），可配置为 −100 dBm（1% 收包错误率（PER），20 B 数据包）
- 通常模式下输出功率为 3 dB，最高可配置为 +8 dBm。

（6）芯片时钟与封装

- 可选的 32.768 kHz 晶振。
- 24 MHz 晶振。
- 6 mm×6 mm 的 40 引脚封装。
- 7 mm×7 mm 的 48 引脚封装。

2.3.2　STM32W108 芯片的特性

STM32W108 是一款系统级（SoC）芯片，整合最优异的 IEEE 802.15.4 射频性能与 32 位 ARM Cortex-M3 处理器。

STM32W 系列的软件包括支持最新的 ZigBee PRO 规范、ZigBee RF4CE 规范和 IEEE

802.15.4 MAC 的软件库以及 6LoWPAN 无线嵌入式互联网解决方案协议。

类似于 ARM R 系列与 ARM A 系列微处理器支持不同的操作模式,STM32W108 芯片内部集成的 Cortex-M3 微处理器支持两种不同的操作模式:特权模式与用户模式。这种体系结构带来指令执行的高效率,可以从应用程序代码中分离出网络堆栈,划定存储空间与寄存器空间的临界区域或保护区域,防止不必要的更改,增加系统运行的稳定性与可靠性。

STM32W108 芯片的射频收发器采用新的高效率架构,动态范围高于 15 dB,优于 IEEE 802.15.4—2003 标准,同时,STM32W108 芯片内部集成的接收通道滤波器,可用于 2.4 GHz 频段的多个通信标准,如 ZigBee、IEEE 802.11 以及蓝牙。该芯片的射频工作模式可以通过软件设置,灵活应用于不同类型的无线通信领域。

ZigBee 与 IEEE 802.15.4 标准协议的底层时序要求严格,STM32W108 芯片直接将大多数 MAC 功能以硬件单元的形式实现出来。片内的 MAC 硬件功能单元可以自动处理发送与接收 ACK、自动退避延时、清理信道评估以及过滤接收到的数据包,特别是 MAC 硬件单元中还集成了一个数据包跟踪接口,可以捕获所有的射频数据包。

STM32W108 芯片内部集成了低压差稳压器与环路滤波器,可以简化外部电源电路的设计,减少板载芯片的数量,提供小体积的应用设计。

2.3.3 STM32W108 芯片的应用领域

STM32W108 芯片与 CC2530 芯片的应用领域基本相同,根据 SoC 芯片的特性以及支持电池供电的低功耗特性,主要应用的领域有智能电网、建筑物自动化控制、家庭自动化控制、安全与监控系统、ZigBee Pro 无线传感器网络、RF4CE 产品与遥控设备。

本 章 小 结

CC2530 芯片是设计与实现 ZigBee 无线传感器网络的重要芯片之一,基于 Z-Stack 协议开发 CC2530 芯片,将 CC2530 设计为无线传感器网络节点,比较实用,也相对比较简单。首先,应该了解 CC2530 的固有特性,包括硬件资源、内部功能结构与特性指标,接着,在了解管脚分布的基础上,分析电路设计原理图、天线连接,掌握 CC2530 模块的调试过程。

STM32W108 芯片是另外一种设计与实现无线传感器网络的重要芯片之一,与 CC2530 不同的是,利用 STM32W108 芯片更易于实现 IPv6、6LoWPAN 无线传感器网络标准协议。了解 STM32W108 芯片的硬件资源、技术特点,也是设计与实现无线传感器网络应用系统的主要基础。

此外,还应该了解 CC2530 芯片与 STM32W108 芯片的应用领域。

习 题

2-1 CC2530 芯片采用多少伏的电源电压? 最高的工作主频是多少?

2-2　CC2530 芯片内置了几个定时器？分别用作什么功能？

2-3　应用 Z-Stack 协议栈设计 ZigBee 网络节点,需要选用哪个系列的 CC2530 芯片？

2-4　CC2530 芯片内部主要包括哪些功能单元？

2-5　CC2530 芯片内部的射频收发器由哪些功能单元组成？

2-6　CC2530 芯片有多少个引脚？采用什么封装？

2-7　CC2530 芯片的射频管脚通过什么电路连接天线？

2-8　CC2530 芯片提供了一种满足 2.4 GHz 应用的第二代片上系统解决方案,主要支持哪些协议或标准？

2-9　STM32W108 芯片采用多少伏的电源电压？最高的工作主频是多少？

2-10　STM32W108 芯片内部集成了哪些片内外设？

2-11　STM32W108 芯片主要支持哪些无线射频通信协议或标准？

2-12　STM32W108 芯片支持哪些操作模式？

2-13　STM32W108 芯片内部集成的接收通道滤波器可用于哪些通信标准？

2-14　简述 CC2530 射频模块的调试过程。

第3章 802.15.4 MAC层协议

IEEE 802.15.4 规范中定义的 MAC 层主要负责提供无线信道接入服务,即终端设备向协调器发起接入请求,请求建立连接,从而形成一个 PAN 网络。与此同时,MAC 层会根据不同的网络模式给出不同的接入机制及数据传输方式。为了保障设备间的通信质量与安全,MAC 层还扩展了可靠性连接服务、能量管理服务及数据加密服务等应用服务。

IEEE 802.15.4 规范是无线传感器网络中最重要的技术规范之一,是构建无线网络的基础,也是进一步了解 Zigbee 协议的基础。

在应用中,目前存在多种 IEEE 802.15.4 规范的实现代码,既有开源代码,又有半开源代码,还有基于库的 API 调用接口(函数)。这里选择 TIMAC-1.5.1 软件包作为分析 IEEE 802.15.4 MAC 层标准协议的实践示例。

学习目标

- 了解 IEEE 802.15.4 MAC 层的标准协议。
- 了解 IEEE 802.15.4 MAC 层的组网方式。
- 了解 IEEE 802.15.4 MAC 层的相关操作。

3.1 IEEE 802.15.4 MAC层协议

IEEE 802.15.4 规范对照 OSI 七层模型(ISO/IEC 7498-1:1994),按业务类型划分了物理层与 MAC 子层的结构布局。相应地,IEEE 802.15.4 规范中制定了低速无线个域网(LR-WPANS)的 MAC 子层标准,由 MAC 子层负责处理以下任务:物理无线信道接入;协调器生成网络信标;网络信标同步;PAN 连接请求(association、disassociation);设备安全;CSMA/CA 信道接入机制;处理与维护 GTS 机制;对等 MAC 实体的可靠性连接。

3.1.1 FFD 设备与 RFD 设备

IEEE 802.15.4 MAC 层的主要任务是在建立 WPAN 网络时,负责提供无线信道接入服务,在这个过程中,进行组网的设备有两类:全功能设备(FFD)与精简功能设备(RFD)。FFD 设备可以在 WPAN 网络中充当3种角色:协调器、路由器以及终端。RFD 设备只可以在 WPAN 网络中充当终端设备。

协调器一般是首个初始化的 FFD 设备充当的,在 LR-WPAN 中协调器可以初始化、终止网络,是 PAN 网络中的主要控制器。协调器设备都具有关联应用能力,也可以退化为路由器或终端设备使用。

路由器能实现终端设备的关联接入、数据转发,与协调器作为网络的发起者或组织者不同,路由器仍需请求关联到协调器进入网络。

终端的功能仅限于数据的传输,不能转发其他节点的消息与数据。

FFD 可以与 PAN 网络中的 RFD 设备及其他 FFD 设备主动通信,在 LR-WPAN 网络中至少应包含一个 FFD 设备,并且仅有一个作为协调器起作用。RFD 设备只能同 FFD 设备通信,且作为终端设备起作用。无论是 FFD 设备还是 RFD 设备,在 802.15.4 网络中,传输的数据量都不大,能够以低成本、简单结构、低功耗的方式维护简单、灵活的无线网络协议,特别是 RFD 设备,占用更少的系统资源及存储器容量,特别倾向于用来设计照明开关、IrDA 传感器等简单应用型设备。

FFD 设备及 RFD 设备在接入网络时,每次只能同网络中的首个 PAN 协调器设备关联,从而实现网络变更或规模扩展。FFD 设备及 RFD 设备属于低功耗的近场通信设备,一般情况下有效覆盖半径在 10 m 以内即可,但是,在无线传感器网络中,仍无法预定义有效通信覆盖区域。首先,传播特性是动态的,具有不确定性,设备微小的位置或方向变化都有可能在通信链接的信号质量方面造成巨大影响。其次,无论 FFD 设备或 RFD 设备是固定的,还是移动的,由于移动物体也能对通信传播产生影响,无线网络的覆盖范围仍是无法预先精确划定的。

3.1.2 网络拓扑结构

IEEE 802.15.4 LR-WPAN 具有两种类型的网络拓扑结构:星型与点对点型拓扑,如图 3-1所示。FFD 设备与 RFD 设备均以这两种网络结构为基础进行组网。

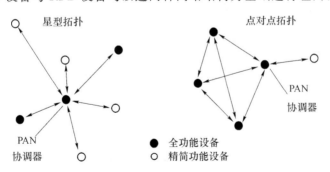

图 3-1 星型与点对点网络拓扑结构

在星形网络中,各个终端节点只与唯一的 PAN 协调器通信;在点对点网络中,也有一个 PAN 协调器,与星形网络不同的是,点对点网络中的设备可以任意与其他设备通信。

在网络中的每个设备都有唯一的一个 64 位地址,该地址用于在 LR-WPAN 网络中各设备间直接通信时使用;如果设备通过向 PAN 协调器请求关联后加入网络,协调器会为每一个设备分配一个短地址。

PAN 网络也将自建一个 ID 值,称为 PAN ID,PAN ID 机制允许网络内的设备使用短地址进行通信,同时也为网络间的数据传输提供了条件。

实际上,不同形式的网络拓扑结构都是由更上层的任务实现的,特别指出,点对点拓扑可以构建簇树网络,设置邻居表,记录相邻节点的信息,相邻的簇树网络又可以形成一个更大的网络,即 Mesh 网络。讨论两种基本拓扑结构以外的网络拓扑结构的组建,这已经超出了 MAC 层定义的范围了。

3.1.3 MAC 层规范

IEEE 802.15.4 架构如图 3-2 所示,LR-WPAN 设备的物理层包含了基于底层控制机制的射频收发器,MAC 层为上层各类数据的传输提供访问物理层的通道。

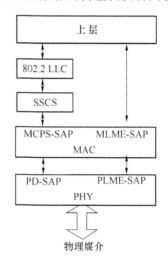

图 3-2 LR-WPAN 设备架构

在图 3-2 中,上层的数据传输通过 IEEE 802.2 Type 1 逻辑链路层(LLC),经由业务汇聚子层(SSCS)接入 MAC 层的数据接入点(MCPS-SAP),上层的管理指令直接接入 MAC 的管理服务接入点(MLME-SAM)。上层包括网络层与应用层,网络层负责提供网络配置、管理、信息路由等功能,应用层可以为用户提供应用设计功能,上层的设计已超出了 IEEE 802.15.4 的定义范围,后面将在 ZigBee 协议部分给出具体描述。

1. 超帧结构

IEEE 802.15.4 标准允许用户选择使用超帧(Super Frame),超帧的具体格式在应用时由协调器(路由器)负责定义。超帧的结构概貌如图 3-3 所示,超帧包含 16 个等长的通信时隙,由协调器发送的网络信标作为其边界,设备通过竞争接入每一个传输时隙,这些竞争时隙信道在图 3-3 中称为竞争接入时段(CAP)。超帧可以划分为活动部分与休止部分两个不同属性的时隙组块,设备进入休止部分时隙后,也就是进入了低功耗状态模式。每个超帧的第一个时隙槽用于传输信标帧,这里信标可以描述超帧的结构、同步附属设备,还用来唯一标定一个 PAN 特征。如果协调器不再使用超帧,关闭信标传输即可关闭超帧。

任何有通信需求的设备,在两个信标帧间的 CAP 区提出请求后,需要使用带时槽的 CSMA-CA 机制竞争使用信道时隙,一旦竞争获得某个信道,所有的业务应该在下一个网络

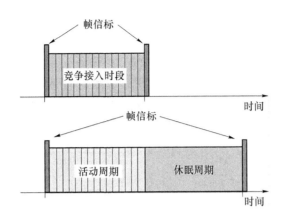

图 3-3 超帧的结构概貌(不带 GTS 部分)

信标到达之前全部完成。

对于一些即时传输的应用来说,竞争接入方案的时间延迟太长,也无法满足用户特定的数据带宽,为应对这些情况,采用带 GTS 的超帧,如图 3-4 所示。

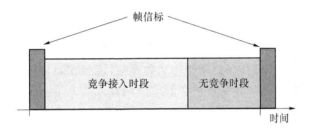

图 3-4 带 GTS 部分的超帧结构概貌

如图 3-4 所示,PAN 协调器会让出一部分 CAP 时隙,给即时数据传输使用,这些分出来的无须竞争的时隙称为保证时隙(Guaranteed Time Slots,GTS),GTS 占用的时段称为 CFP(Contention Free Period)时段。GTS 时隙位于超帧活动部分的后面,紧跟着 CAP 时段的下一个时隙出现。

PAN 协调器最多可以分配 7 个 GTS,每个 GTS 可以占用多个标准时隙。在超帧中仍要预留足够的 CAP 时段,给那些基于竞争加入机制的设备使用,包括希望加入网络的新设备或者其他网络设备。设备的所有竞争型业务访问应该在 CFP 时段开始之前处理完毕,而每个占用 GTS 时段传输的设备,应该在下一个 GTS 之前或 CFP 结束之前处理完所有的数据业务。

2. 数据传输模型

MAC 层的数据传输业务有 3 种类型:设备数据传送给协调器、协调器传送数据给设备、对等设备实体间的数据传送。在 MAC 层网络中,星形网络只用到了前两类数据传输形式,因为设备只能与 PAN 协调器交换数据,而在点对点网络中,3 类数据传输形式对可以使用。

按照网络是否支持信标传输,这 3 类数据传输每个又可以划分出基于信标 PAN 网络与基于无信标 PAN 网络的数据传输机制。信标 PAN 网络用于有同步需求或是支持低延迟的设备,无信标 PAN 网络不使用信标,按一般模式传输数据。然而,在搜寻网络时,网络发现业务仍需要信标标志。

（1）设备数据传送给协调器

信标 PAN 网络中的设备向协调器传送数据时,设备先侦听网络信标,设备发现信标后,与超帧进行同步。在适当的时隙,设备使用带时隙的 CSMA-CA 机制将数据帧传送给协调器。协调器成功地接收到数据后,可以给设备传送确认帧,整个传输流程如图 3-5 所示。

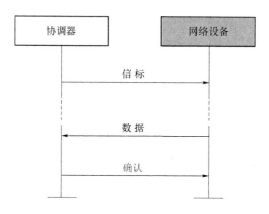

图 3-5　信标网络中设备向协调器传送数据

非信标 PAN 网络中的设备向协调器传送数据时,流程相对简单,设备直接使用不带时隙的 CSMA-CA 机制将数据帧传送给协调器。协调器成功地接收到数据后,可以给设备传送确认帧,整个传输流程如图 3-6 所示。

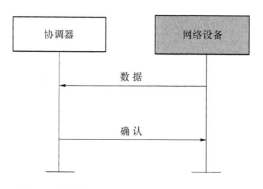

图 3-6　非信标网络中设备向协调器传送数据

（2）协调器传送数据给设备

在信标网络中,协调器传输数据给设备时,首先将数据送入队列等待处理,然后在网络信标中指示数据状态。相应地,设备会不断地循环侦听网络信标,一旦同步到超帧,设备使用带时隙的 CSMA-CA 机制,发送请求数据传输的 MAC 命令给协调器。协调器接收到数据请求指令后,向设备应答一个确认帧。接着,等待传输的协调器数据也采用带时隙的 CSMA-CA机制传送给设备。设备在成功接收数据后,可以传回一个确认帧给协调器。这就是协调器向设备传输数据的业务流程。该次数据传输业务结束后,信标中的相应消息也将从消息列表中删除,以上数据传输流程如图 3-7 所示。

与上例不同,无信标网络不再使用信标,协调器为可能提出数据请求的设备预先存储数

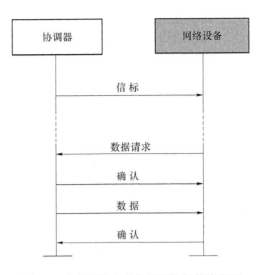

图 3-7　信标网络中的协调器数据传输流程

据,在等到设备提交了数据请求后,先给设备回复确认帧,紧接着便开始传输数据帧。如果协调器预先没有准备好要传输的数据,协调器将在确认帧中告知设备,也可能传送一个空数据负载的数据帧给设备。

　　如果设备正确地接收到数据,设备可以回传一个确认帧给协调器。在这个应用中,数据帧、确认帧都使用不带时隙的 CSMA-CA 机制进行传输,相应的业务处理流程如图 3-8 所示。

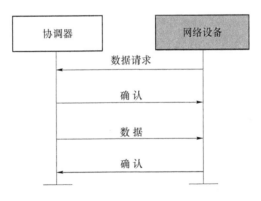

图 3-8　无信标网络中的协调器数据传输流程

　　在点对点网络中,设备之间可以在有效射频半径覆盖范围内相互通信,为了确保点对点网络中的设备能正常通信,各个设备都需要连续地接收同步信号,以保持彼此间的同步。但是,点对点网络中的数据量明显高于星形网络中的数据量,常使用不带时隙的 CSMA-CA 机制建立通信,以便于即时传输数据,在这种情况下,还需要采用更多的措施,以保证设备能获取同步信息,这就是设备的同步方案,IEEE 802.15.4 的 MAC 层规范中不涉及这项标准,这里就不再深入讨论。

3. 帧结构

　　MAC 层设计的帧结构一方面可以提高噪声信道中传输数据的健壮性,另一方面又考虑将实现帧结构的复杂性降到最低。数据或指令按帧结构打包后,在 IEEE 802.15.4 协议的各个层中依次传送,每个协议层都会在收到上层传来的帧结构上,附加本层特定的信息头与信息结尾数据,从而形成本层的帧结构,再依次向下层传送。IEEE 802.15.4 协议中定义了 4 种类型的帧结构:

- 信标帧,协调器用来传送信标;
- 数据帧,各类数据的传输;
- 确认帧,用于帧接收确认;
- MAC 命令帧,用于处理所有 MAC 节点实体的传输控制。

（1）信标帧

信标帧由 MAC 层产生,只有信标网络中的协调器能发出网络信标。信标帧由 MAC 头（MHR）、MAC 负载（MAC payload）、MAC 结尾（MFR）段组成,其中,MHR 包含了 MAC 帧控制域、信标序号（BSN）域、寻址域以及辅助安全头域;MAC 负载部分包含了超帧描述域、GTS 域、挂起地址域、信标负载域;MFR 包含了 16 位的帧校验序列。MAC 层信标帧的组成结构如图 3-9 所示。

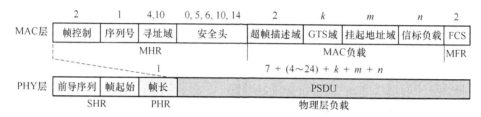

图 3-9　信标帧与 PHY 包结构

MAC 层信标帧将向物理层传送,在物理层,信标帧转变成物理层的服务数据单元（PSDU）,也就是物理层负载。PSDU 前面封装了同步头（SHR）字段与物理头（PHR）字段,形成了物理层的包结构。物理层的 SHR 包括了前导序列域与帧起始分界（SFD）域;PHR 包括了物理层负载的有效字长。前导序列与数据 SFD 的作用是使接收器能够获取码元同步。

（2）数据帧

与信标帧类似,MAC 层的数据帧仍由 MHR、MAC 负载及 MFR 三部分组成,位置关系是相同的,并且除了 MHR 字段中的信标序号（BSN）域转变为数据序号（DSN）域以外,MHR 与 MFR 内部的功能域也没有改变。但是,与上述信标帧不同的是,信标帧在 MAC 层产生,而数据帧的 MAC 负载部分可以由上层传送的数据负载充当,在这里也被称为 MAC 服务数据单元（MSDU）。因此,也可以认为 MAC 层对上层的数据负载重新封包得到了数据帧。MAC 层数据帧的组成结构如图 3-10 所示。

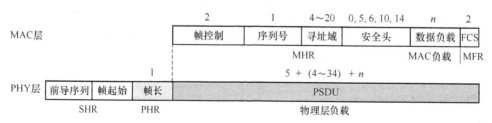

图 3-10　数据帧与 PHY 包结构

MAC 层的数据帧传输到物理层以后,仍然转变为 PSDU 作为物理层负载,物理层的封包机制及包结构,与上述信标帧部分相同,差别在于 PSDU 的字长不相同。

（3）确认帧

与信标帧一样,确认帧起源于 MAC 层。在结构上,再与数据帧比较,确认帧没有 MAC 负载,仅包含 MHR 字段与 MFR 字段,同时,MHR 字段也精简为只包含 MAC 帧控制域以及 DSN 域,其他方面与数据帧类似。MAC 层确认帧的组成结构如图 3-11 所示。

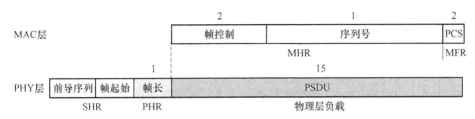

图 3-11　确认帧与 PHY 包结构

与上述两种类型的 MAC 层封帧一样,确认帧也作为 MPDU 传输到物理层,转变为物理层的 PSDU,充当物理层负载。这里,物理层的封包机制及包结构与上述两类封帧部分相同,差别在于 PSDU 的字长不相同。

（4）MAC 命令帧

与上述的信标帧、确认帧相同的是,MAC 命令帧也起源于 MAC 层。在结构上,仍与数据帧比较,MAC 命令帧的 MAC 负载部分由命令类型域、命令负载域构成,这一点与数据帧的 MAC 负载不同,而 MHR 字段与 MFR 字段的结构完全一致。MHR、MAC 负载、MFR 三部分构成了新的 MAC 命令帧,MAC 层命令帧的组成结构如图 3-12 所示。

图 3-12　命令帧与 PHY 包结构

与上述 3 种类型的 MAC 层封帧一样,确认帧也作为 MPDU 传输到物理层,转变为物理层的 PSDU,充当物理层负载。这里,物理层的封包机制及包结构与上述 3 类封帧部分相同,差别仍然只在于 PSDU 的字长不相同。

4. 可靠性传输

IEEE 802.15.4 LR-WPAN 应用了不同的机制提高传输的可靠性,这些机制分别是 CSMA-CA 机制、帧确认以及数据校验。

（1）CSMA-CA 机制

CSMA-CA 是指载波侦听多路访问/冲突避免（Carrier Sense Multiple Access with Collision Avoidance）协议。该协议解决多个设备共享信道的问题,多个网络设备在同一个媒体之上共享资源收发数据,为了避免两个或两个以上的网络设备同时传送数据时引起冲突,发送者在发送数据帧之前先对信道进行预约,获得响应后再传送数据。

IEEE 802.15.4 LR-WPAN 根据不同的网络配置,可以使用两种信道接入机制:无信标 PAN 网络采用无时隙 CSMA-CA 信道接入机制;信标 PAN 网络采用带时隙 CSMA-CA 信道接入机制。

在无信标 PAN 中,设备每次在传输数据帧或 MAC 命令时,先等待一个随机的时段,如果发现空闲信道,在随机退避之后,设备就开始数据传输;如果发现信道繁忙,在随机退避之后,设备再等待一个随机的时段,重新尝试接入信道。无论是数据帧还是 MAC 命令,在发送时不使用 CSMA-CA 机制。

在信标 PAN 网络中,采用带时隙 CSMA-CA 信道接入机制,其退避时隙与信标传输起始时刻一致,并且 PAN 中的所有设备的退避时隙都必须与 PAN 协调器的退避时隙一致。每次设备需要在 CAP 时段传输数据时,先定位下一个退避时隙的边界,在随后的若干个随机时隙中等待。如果信道繁忙,再重新等待若干个随机数量的退避时隙,然后再次尝试接入信道。如果信道空闲,设备在下一个可用的退避时隙边界开始进行传输。发送确认帧与信标帧时不使用 CSMA-CA 机制。

(2)帧确认

在成功接收与校验数据或 MAC 命令之后,帧确认机制向发送设备提供确认消息,无论出于什么原因,如果接收设备不能处理接收到的数据帧,帧确认机制将拒绝向发送设备应答确认消息。

另一方面,发送设备在一定时段内没有收到接收设备的确认消息,发送设备假定传输失败,尝试再次发起帧传输。如果仍然接收不到接收设备响应的确认消息,发送设备可以选择终止业务,也可以选择继续重试传送。在有些应用中,发送设备并不要求获取回应的确认消息,这使帧确认机制可以从数据传输业务中退出,不起作用。

(3)数据校验

MAC 层的数据校验主要负责检测帧传输中的位错误,在帧结构的 MFR 部分包含了帧校验序列(FCS)域,采用 16 位的 CRC 检测每一帧传输的位错误。

5. 能耗与安全

在许多基于 IEEE 802.15.4 标准实现的应用中,设备使用电池供电,并且客观环境条件不允许用户在相对短时间内更换电池或给电池充电,因此,能耗问题得到了明显的关注。IEEE 802.15.4 标准针对能力有限电源的使用及设备功耗的管理给出了相应的措施。电池供电设备将采用间断工作的方式以降低设备能耗,大多数时间,设备都处于休眠状态,并且定时唤醒去侦听射频信道,查看是否有消息已经在等待处理。这个机制允许应用设计在电池能耗与消息延迟之间找到平衡点。

在 IEEE 802.15.4 标准中规定了基于对称密钥加密算法实施的加密机制,密钥由上层进程提供。加密机制提供了以下安全服务的协同应用方案。

- 数据机密性:确保传输信息仅对预设对象公开。
- 数据可认证性:确保传输信息源的真实性,防止在传输时修改原有信息。
- 数据重放保护:确保能检测出重复信息。

实际使用的帧保护方案既适用于在逐帧基础上提供帧保护,又兼顾实行不同级别的数据认证(从而最小化传送帧的安全开销),还支持可选择使用的数据加密功能。MAC 层的安全机制允许使用对等设备间的链路密钥对帧进行加密保护,也可以使用群设备共享的群组密钥实现加密帧保护,这使得在设计加密保护时,总能在密钥存储与密钥维护成本间找到面向特定应用的、灵活的平衡方案。

3.2　MAC 层 的 数 据 与 管 理

3.2.1　数据接口与服务接口

MAC 子层提供了连接相邻上层与相邻下层,即特定业务汇聚层(SSCS)与物理层(PHY)的接口,这些接口称为服务接入点(SAP),按处理业务的不同,对应数据类服务接入点与管理类服务接入点。SSCS 层通过 MAC 层的 SAP 调用管理函数,处理数据业务与管理业务。

MAC 层的 SAP 是对外的服务接口,面向应用服务的 MAC 层内部结构成为 MAC 子层参考模型,其详细结构如图 3-13 所示。

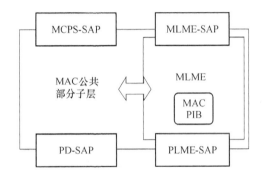

图 3-13　MAC 子层参考模型

从图 3-13 可以看出,MAC 子层参考模型由以下要件组成。
- 1 个数据库:MAC 层 PAN 信息数据库(MAC PIB)。
- 2 个实体:MAC 公共部分子层(MCPS)、MAC 层管理实体。
- 5 个接口:MCPS-SAP、MLME-SAP、PD-SAP、PLME-SAP、MCPS-MLME-SAP(MCPS 与 MLME 内部接口)。

MAC 层提供两类服务:MAC 层数据服务与 MAC 层管理服务。MAC 层数据服务面向物理层数据服务,定义了 MAC 协议数据单元(MPDU)的发送与接收操作机制,MAC 数据单元封包后向下传给物理层的数据接入点(PD-SAP);MAC 层管理服务面向 MAC 层管理实体(MLME),通过 MLME 的服务接入点(MLME-SAP)与相邻的上下层交流。基于这两类服务,MAC 层能进行信标管理、信道接入、GTS 管理、帧校验、确认帧发送、关联/取消关联,还预置了能实现安全机制的内部应用钩子(HOOK)调用。

3.2.2　数据服务

MAC 层的 MCPS-SAP 负责提供数据服务,支持本地 SSCS 层的数据单元(SPDU)与对等实体设备的 SSCS 层之间的数据传输。

MAC 层的数据服务对象有两个,分别是 MCPS-DATA、MCPS-PURGE 对象,相应的服务原语如表 3-1 所示。

表 3-1　MCPS-SAP 原语

MCPS-SAP 原语	Request	Confirm	Indication
MCPS-DATA	√	√	√
MCPS-PURGE	√	√	

1. MCPS-DATA 对象服务

(1) MCPS-DATA. request

设备的 MCPS-DATA. request 原语表示请求从本地的 SSCS 层传输一个数据 SPDU 到对等设备的 SSCS 层。MCPS-DATA. request 原语的描述如图 3-2 所示。

表 3-2　数据请求原语参数及收/发层示意

MCPS-DATA. request	源设备:地址模式
	目的设备:地址模式、PAN ID、地址
	数据单元描述:MSDU 字长、MSDU 数据、MSDU 句柄
	发送选项
	安全项
收发示意	Primitive From:本地 SSCS 层
	Primitive To:本地 MAC 层

(2) MCPS-DATA. confirm

设备的 MCPS-DATA. confirm 原语向请求原语报告数据传输的结果。MAC 层将收到的 SPDU 称为 MSDU,MSDU 被重新封装为 MPDU 传输给对等设备的 SSCS 层。MCPS-DATA. confirm 原语的描述如表 3-3 所示。

表 3-3　数据确认原语参数及收/发层示意

MCPS-DATA. confirm	数据单元描述-MSDU 句柄
	状态
	时间戳
收发示意	Primitive From:本地 MAC 层
	Primitive To:本地 SSCS 层

(3) MCPS-DATA. indication

设备的 MCPS-DATA. indication 原语从 MAC 层传到 SSCS 层,通知 SSCS 层,一个数据 MSDU 即将从 MAC 层传送到本层。MCPS-DATA. indication 原语的描述如表 3-4 所示。

表 3-4 数据指示原语参数及收/发层示意

MCPS-DATA . request	源设备：地址模式、PAN ID、地址
	目的设备：地址模式、PAN ID、地址
	数据单元描述：MSDU 字长、MSDU 数据、链接质量、DSN、时间戳
	安全项
收发示意	Primitive From：对等实体设备的 MAC 层
	Primitive To：对等实体设备的 SSCS 层

说明：MAC 层接收到数据帧时发出 indication 原语

（4）MCPS-PURGE.request

设备的 MCPS-PURGE.request 原语表示允许相邻上层从本层的业务队列中清除一个指定的 MSDU。MCPS-PURGE.request 原语的描述如表 3-5 所示。

表 3-5 数据清除请求原语参数及收/发层示意

MCPS-PURGE. request	数据单元描述：MSDU 句柄
收发示意	Primitive From：本地 SSCS 层
	Primitive To：本地 MAC 层

（5）MCPS- PURGE.confirm

设备的 MCPS-PURGE.confirm 原语用来通知相邻上层，其请求从本层的业务队列中清除指定 MSDU 的处理结果。MCPS-PURGE.confirm 原语的描述如表 3-6 所示。

表 3-6 数据清除确认原语参数及收/发层示意

MCPS-PURGE. confirm	数据单元描述：MSDU 句柄
	状态
收发示意	Primitive From：本地 MAC 层
	Primitive To：本地 SSCS 层

图 3-14 演示了在两个对等实体设备间成功进行数据传输的消息序列交互过程，从图中可以注意到，在数据帧发出之后，发起设备就可以向 SSCS 层提交确认原语了。

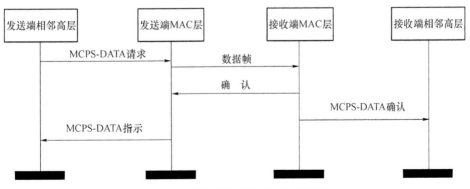

图 3-14 MAC 数据服务消息序列图

3.2.3 管理服务

MAC 层的 MLME-SAP 接口允许在相邻上层与 MAC 层的 MLME 单元之间传输管理命令。通过 MLME-SAP 接口,MLME 单元能提供的管理原语汇总于表 3-7 中。

表 3-7　MLME-SAP 支持的管理原语汇总表

MLME-SAP 原语	Request	Indication	Response	Confirm
MLME-ASSOCIATE	√	√	√	√
MLME-DISASSOCIATE	√	√		√
MLME-BEACON-NOTIFY		√		
MLME-GET	√			√
MLME-GTS	√	√		√
MLME-ORPHAN		√	√	
MLME-RESET	√			√
MLME-RX-ENABLE	√			√
MLME-SCAN	√			√
MLME-COMM-STATUS		√		
MLME-SET	√			√
MLME-START	√			√
MLME-SYNC	√			
MLME-SYNC-LOSS		√		
MLME-POLL	√			√

表 3-7 中共列出了 15 个管理型对象,其对应的管理服务并不相同,并且每一个管理对象对应的服务原语也不尽相同。下面将逐一给予介绍。

(1) MLME-ASSOCIATE. request

设备的 MLME-ASSOCIATE. request 原语表示允许一个设备请求与一个协调器进行关联。MLME-ASSOCIATE. request 原语的描述如表 3-8 所示。

表 3-8　关联请求原语参数及收/发层示意

MLME-ASSOCIATE. request	通道:逻辑通道、通道页
	协调器:地址模式、PAN ID、地址
	功能信息
	安全项
收发示意	Primitive From:待关联设备 SSCS 层
	Primitive To:待关联设备 MAC 层

说明:待关联设备首次收到 MLME-ASSOCIATE. request 原语后,更新 PHY 和 MAC 层 PIB 属性,并产生一个送往协调器的关联请求"命令"。

（2）MLME-ASSOCIATE. indication

设备的 MLME-ASSOCIATE. indication 原语被用来通知协调器 MAC 层已经收到一个关联请求"命令"，并且该命令将传给协调器 MAC 层的相邻上层。MLME-ASSOCI-ATE. indication 原语的描述如表 3-9 所示。

表 3-9　关联指示原语参数及收/发层示意

MLME-ASSOCIATE. indication	设备：地址
	功能信息
	安全项
收发示意	Primitive From：协调器 MAC 层
	Primitive To：协调器 SSCS 层

（3）MLME-ASSOCIATE. response

设备的 MLME-ASSOCIATE. response 原语被用来回应 MLME-ASSOCIATE. indication 原语，其相关的描述如表 3-10 所示。

表 3-10　关联响应原语参数及收/发层示意

MLME-ASSOCIATE. response	设备：地址
	关联短地址
	状态
	安全项
收发示意	Primitive From：协调器 SSCS 层
	Primitive To：协调器 MAC 层

说明：当协调器的 MAC 层收到 MLME-ASSOCIATE. reponse 原语后，MLME 单元产生一个关联响应"命令"，该命令帧使用间接传输方式传给待关联设备。

（4）MLME-ASSOCIATE. confirm

设备的 MLME-ASSOCIATE. confirm 原语被待关联设备用来告知相邻上层与协调器关联的结果，其相关的描述如表 3-11 所示。

表 3-11　关联确认原语参数及收/发层示意

MLME-ASSOCIATE. confirm	关联短地址
	状态
	安全项
收发示意	Primitive From：待关联设备 MAC 层
	Primitive To：待关联设备 SSCS 层

图 3-15 演示了在无信标网络中设备请求关联协调器的消息序列交互过程，从图中可以注意到，在收到关联请求命令回复之后，待关联设备等待一定的响应时长，使用查询方式，重新发起一个数据请求命令，在收到数据请求命令回复之后，就可以接收协调器发送的关联响应命令了。

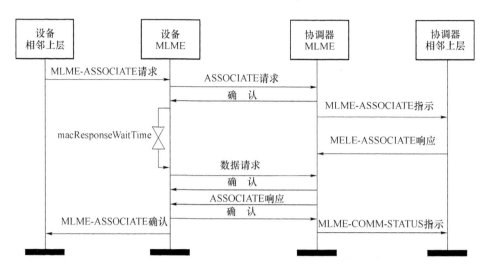

图 3-15　MAC 数据服务消息序列图

（5）MLME-DISASSOCIATE. request

设备的 MLME-DISASSOCIATE. request 原语被关联设备用来通知协调器其想要脱离 PAN 网络，其相关的描述如表 3-12 所示。

表 3-12　取消关联请求原语参数及收/发层示意

MLME-DISASSOCIATE. request	设备：地址模式、PAN ID、地址
	取消关联原因
	间接发送使能
	安全项
收发示意	Primitive From：关联设备 SSCS 层
	Primitive To：关联设备 MAC 层

说明：MLME 分析 PAN ID、地址模式、协调器地址无误后，向协调器传送取消关联命令。

（6）MLME-DISASSOCIATE. indication

设备的 MLME-DISASSOCIATE. indication 原语被协调器 MAC 层用来通知相邻上层已收到取消关联命令，MLME-DISASSOCIATE. indication 原语相关的描述如表 3-13 所示。

表 3-13　取消关联指示原语参数及收/发层示意

MLME-DISASSOCIATE. indication	设备：地址
	取消关联原因
	安全项
收发示意	Primitive From：接收设备 MAC 层
	Primitive To：接收设备 SSCS 层

（7）MLME-DISASSOCIATE. confirm

设备的 MLME-DISASSOCIATE. confirm 原语从关联设备的 MAC 层传给相邻上层，用来响应关联设备发出的 MLME-DISASSOCIATE. confirm 原语，告知取消关联请求的执行结果，该原语相关的描述如表 3-14 所示。

表 3-14　取消关联确认原语参数及收/发层示意

MLME-DISASSOCIATE. confirm	状态
	设备：地址模式、PAN ID、地址
	安全项
收发示意	Primitive From：关联设备 MAC 层
	Primitive To：关联设备 SSCS 层

由关联设备发起的取消关联请求，以及依序递进的消息序列交互过程如图 3-16 所示。

图 3-16　关联设备发起的取消关联消息序列图

（8）MLME-ORPHAN. indication

协调器的 MAC 层向相邻上层传送 MLME-ORPHAN. indication 原语，表示发现网络中存在一个掉线设备。MLME-ORPHAN. indication 原语相关的描述如表 3-15 所示。

表 3-15　掉线设备指示原语参数及收/发层示意

MLME-ORPHAN. indication	掉线设备地址
	安全项
收发示意	Primitive From：协调器 MAC 层
	Primitive To：协调器 MAC 层相邻上层

（9）MLME-ORPHAN. response

MLME-ORPHAN. response 原语表示协调器 MAC 层的相邻上层对 MAC 层 MLME-ORPHAN 指示原语的响应。MLME-ORPHAN. response 原语相关的描述如表 3-16 所示。

表 3-16　掉线设备响应原语参数及收/发层示意

MLME-ORPHAN. response	掉线设备地址
	短地址
	是否关联成员
	安全项
收发示意	Primitive From：协调器 MAC 层相邻上层
	Primitive To：协调器 MAC 层

图 3-17 演示了掉线设备发出掉线通知后的消息序列交互过程,图中演示了掉线设备重新接入 PAN 网络的步骤。相反地,如果掉线设备在发出掉线通知后,延迟一段预设的等待时间,接收不到协调器发送的重新连接命令,掉线设备将确信无法连接到附近的协调器。

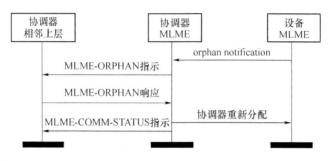

图 3-17 处理掉线通知的消息序列图

（10）MLME-GET. request

MLME-GET. request 原语用来请求获取一个给定的 PIB 的属性信息。MLME-GET. request 原语相关的描述如表 3-17 所示。

表 3-17 GET 请求原语参数及收/发层示意

MLME-GET. request	PIB:属性、属性索引
收发示意	Primitive From:MAC 层相邻上层
	Primitive To:MAC 层

（11）MLME-GET. confirm

MLME-GET. confirm 原语用来报告获取 PIB 属性信息的结果。MLME-GET. confirm 原语相关的描述如表 3-18 所示。

表 3-18 GET 确认原语参数及收/发层示意

MLME-GET. confirm	状态
	PIB:属性、属性索引、属性值
收发示意	Primitive From:MAC 层
	Primitive To:MAC 层相邻上层

（12）MLME-SET. request

MLME-SET. request 原语表示请求将给定的值写入 PIB 的属性信息。MLME-SET. request 原语相关的描述如表 3-19 所示。

表 3-19 SET 请求原语参数及收/发层示意

MLME-SET. request	PIB:属性、属性索引、属性值
收发示意	Primitive From:MAC 层相邻上层
	Primitive To:MAC 层

（13）MLME-SET. confirm

MLME-SET. confirm 原语用来报告为 PIB 属性信息赋值的结果。MLME-SET. confirm 原语相关的描述如表 3-20 所示。

表 3-20　SET 确认原语参数及收/发层示意

MLME-SET. confirm	状态
	PIB：属性、属性索引
收发示意	Primitive From：MAC 层
	Primitive To：MAC 层相邻上层

（14）MLME-RESET. request

MLME-RESET. request 原语表示由 MAC 层相邻上层通知 MLME 单元执行 MAC 重置操作。MLME-RESET. request 原语相关的描述如表 3-21 所示。

表 3-21　重置请求原语参数及收/发层示意

MLME-RESET. request	重置 PIB 默认值
收发示意	Primitive From：MAC 层相邻上层
	Primitive To：MAC 层

（15）MLME-RESET. confirm

MLME-RESET. confirm 原语用来报告 MAC 重置操作的结果。MLME-RESET. confirm 原语相关的描述如表 3-22 所示。

表 3-22　重置确认原语参数及收/发层示意

MLME-RESET. confirm	状态
收发示意	Primitive From：MAC 层
	Primitive To：MAC 层相邻上层

（16）MLME-SCAN. request

MLME-SCAN. request 原语用来在给定的信道列表上执行扫描操作。MLME-SCAN. request 原语相关的描述如表 3-23 所示。

表 3-23　信道扫描请求原语参数及收/发层示意

MLME-SCAN. request	扫描：类型、信道、时段
	信道页
	安全项
收发示意	Primitive From：MAC 层相邻上层
	Primitive To：MAC 层

（17）MLME-SCAN. confirm

MLME-SCAN. confirm 原语用于报告信道请求扫描操作的结果。MLME-SCAN. confirm 原语相关的描述如表 3-24 所示。

表 3-24 信道扫描确认原语参数及收/发层示意

MLME-SCAN. confirm	状态
	扫描类型
	信道页
	未扫描信道
	结果列表大小、能量检测列表、PAN 描述列表
收发示意	Primitive From：MAC 层
	Primitive To：MAC 层相邻上层

（18）MLME-BEACON-NOTIFY. indication

MLME-BEACON-NOTIFY. indication 原语表示将 MAC 层收到的信标帧中的参数传送给相邻上层。MLME-BEACON-NOTIFY. indication 原语相关的描述如表 3-25 所示。

表 3-25 信标通知指示原语参数及收/发层示意

MLME-BEACON-NOTIFY. indication	BSN（Beacon Sequence Number）
	PAN 描述
	PendAddrSpec
	地址列表
	sdu、sdu 字长
收发示意	Primitive From：MAC 层
	PrimitiveTo：MAC 层相邻上层

（19）MLME-SYNC. request

MLME-SYNC. request 原语表示请求通过追踪、获取信标帧与协调器取得同步，该原语相关的描述如表 3-26 所示。

表 3-26 同步请求原语参数及收/发层示意

MLME-SYNC. request	逻辑信道
	信道页
	信标追踪
收发示意	Primitive From：信标网络设备的 MAC 层相邻上层
	Primitive To：MAC 层

（20）MLME-SYNC-LOSS. indication

MLME-SYNC-LOSS. indication 原语有两重含义：在协调器异步事件中，由设备的 MAC 层向相邻高层发出失去同步指示；在 PAN ID 冲突事件中，由协调器的 MAC 层向相邻高层发出失去同步指示。MLME-SYNC-LOSS. indication 原语相关的描述如表 3-27 所示。

表 3-27 异步指示原语参数及收/发层示意

	失步原因
	PAN ID
MLME-SYNC-LOSS. indication	逻辑信道
	信道页
	安全项
收发示意	Primitive From：MAC 层
	Primitive To：MAC 层相邻上层

（21）MLME-START. request

MLME-START. request 原语允许 PAN 协调器启动一个新的 PAN 网络，或者开始使用新的超帧结构。MLME-START. request 原语相关的描述如表 3-28 所示。

表 3-28 启动请求原语参数及收/发层示意

	PAN：ID、协调器
	逻辑信道，信道页
MLME-START. request	启动时间
	BO，SO
	电池续航，协调器重置，信标安全项
收发示意	Primitive From：MAC 层相邻上层
	Primitive To：MAC 层

（22）MLME-START. confirm

MLME-START. confirm 原语给出尝试启用新的超帧配置的结果。MLME-START. confirm 原语相关的描述如表 3-29 所示。

表 3-29 启动确认原语参数及收/发层示意

MLME-START. confirm	状态
收发示意	Primitive From：MAC 层
	Primitive To：MAC 层相邻上层

（23）MLME-GTS. request

MLME-GTS. request 原语用以请求 PAN 协调器分配新的 GTS 时段，或者请求删除一个已存在的 GTS 时段。MLME-GTS. request 原语相关的描述如表 3-30 所示。

表 3-30 GTS 请求原语参数及收/发层示意

MLME-GTS. request	GTS 特性
	安全项
收发示意	Primitive From：MAC 层相邻上层
	Primitive To：MAC 层

（24）MLME-GTS. confirm

MLME-GTS. confirm 原语用以回应 MLME-GTS. request 原语，给出协调器分配或者删除 GTS 时段的结果。MLME-GTS. confirm 原语相关的描述如表 3-31 所示。

表 3-31　GTS 确认原语参数及收/发层示意

MLME- GTS. confirm	GTS 特性
	状态
收发示意	Primitive From：MAC 层
	Primitive To：MAC 层相邻上层

（25）MLME-GTS. indication

MLME-GTS. indication 原语表示协调器的 MAC 层向相邻上层通知 GTS 分配或删除的处理结果，如图 3-18 所示。MLME-GTS. indication 原语相关的描述如表 3-32 所示。

表 3-32　GTS 指示原语参数及收/发层示意

MLME- GTS. indication	设备地址
	GTS 特性
	安全项
收发示意	Primitive From：协调器的 MAC 层
	Primitive To：协调器 MAC 层的相邻上层

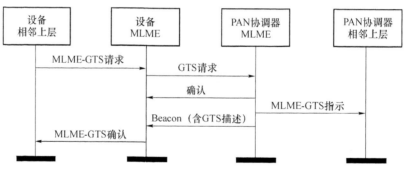

图 3-18　请求分配或删除 GTS 时段的消息序列图

（26）MLME-RX-ENABLE. request

MLME-RX-ENABLE. request 原语用于 MAC 层的相邻上层请求在特定的有限时段内使能接收器，或者请求关闭接收器。MLME-RX-ENABLE. request 原语相关的描述如表 3-33 所示。

表 3-33　接收使能请求原语参数及收/发层示意

MLME-RX-ENABLE. request	DeferPermit
	RxOnTime
	RxOnDuration
收发示意	Primitive From：MAC 层相邻上层
	Primitive To：MAC 层

（27）MLME-RX-ENABLE. confirm

MLME-RX-ENABLE. confirm 原语用于回应 MLME-RX-ENABLE. confirm 原语,报告使能或关闭接收器的结果。MLME-RX-ENABLE. confirm 原语相关的描述如表 3-34 所示。

表 3-34　接收使能确认原语参数及收/发层示意

MLME-RX-ENABLE. confirm	状态
收发示意	Primitive From：MAC 层
	PrimitiveTo：MAC 层相邻上层

（28）MLME-POLL. request

MLME-POLL. request 原语用于促使设备请求协调器传送数据。MAC 层收到 MLME-POLL. re-quest 原语后,MLME 单元产生并发送数据请求命令给协调器。MLME-POLL. request 原语相关的描述如表 3-35 所示。

表 3-35　数据 POLL 请求原语参数及收/发层示意

MLME-POLL. request	协调器：地址模式、PAN ID、地址
	安全项
收发示意	Primitive From：MAC 层相邻上层
	Primitive To：MAC 层

（29）MLME-POLL. confirm

MLME-POLL. confirm 原语回应 MLME-POLL. request 原语,报告请求协调器传送数据的结果。MLME-POLL. confirm 原语相关的描述如表 3-36 所示。

表 3-36　数据 POLL 确认原语参数及收/发层示意

MLME-POLL. request	状态
收发示意	Primitive From：MAC 层
	Primitive To：MAC 层相邻上层

（30）MLME-COMM-STATUS. indication

MLME-COMM-STATUS. indication 原语用来指示当前的通信状态,该原语常跟在 response 后面,由协调器的 MAC 层传送给相邻上层,如图 3-15、图 3-17 所示。MLME-COMM-STATUS. indication 原语相关的描述如表 3-37 所示。

表 3-37　通信状态指示原语参数及收/发层示意

MLME-COMM-STATUS. indication	PAN ID
	源设备：地址模式、地址
	目的设备：地址模式、地址
	状态
	安全项
收发示意	Primitive From：MAC 层
	Primitive To：MAC 层相邻上层

3.3 TIMAC 实现的 MAC 层协议

3.3.1 TIMAC 简介

TIMAC 是实现 IEEE 802.15.4 MAC 层协议的软件套件,该套件完全依据 IEEE 802.15.4—2006 规范,提供标准 MAC 层服务模型的无线协议应用接口,属于半开源代码,C 语言编写,易于移植应用。

TIMAC 在 IAR 集成开发环境(IAR Embedded Workbench for 8051 8.30.3)中进行编译,在软件结构上,其基于操作系统抽象层(OSAL)的消息处理机制,仅利用 PHY 层与 MAC 层实现 CC2530 的全面操作,也就是说,仅仅利用 IEEE 802.15.4 协议进行数据传输。熟悉 TIMAC 能够更深入地分析理解 IEEE 802.15.4 的 PHY 层和 MAC 层,了解相关协议及其程序实现。

TIMAC 特性如下所示:

- 低数据传输速率。
- 面向星形拓扑:无线一对一、一对多、数据集中器。
- 具有同步(信标)与异步(无信标)模式。
- 内置安全组件。
- 适于含电池供电节点及主电源供电节点网络。
- 支持确认与重传。
- 预置连接外部 MCU 或 MPU 的协处理器配置模式。

3.3.2 TIMAC 原理

1. MAC 层初始化

在 TIMAC 软件包中,MAC 层的操作函数是封装在 macLib_cc2530.lib 函数库中的,不开放源代码。在编程时,针对 MAC 层的操作都是调用的 MAC 层接口函数。

MAC 层的初始化,首先调用 MAC_Init()接口函数,设置 PIB、查询(Polling)队列、关联参数、安全项等基本数据,定义帧结构,加载常量。

然后,OSAL 操作系统将调用 macTaskInit()接口函数,创建 MAC 层的任务队列。同时,在应用层的任务初始化代码中,将初始化 IEEE 802.15.4 设备的 MAC 层参数。先调用 MAC 层设备 MAC_InitDevice()接口函数、MAC 层协调器 MAC_InitCoord() 接口函数设置设备特性;接着,调用 MAC_MlmeResetReq()函数重置 MAC 层的初始状态,调用 MAC_InitBeaconDevice()接口函数、MAC_InitBeaconCoord()接口函数设置 MAC 层的网络信标;最后,给 BeaconOrder 与 SuperFrameOrder 参数赋初始值。

在主程序中启动 OSAL 操作系统后,MAC 层的初始化操作就已经完成了。MAC 层的

操作开始转入应用层,由应用层的函数通过 MCPS-SAP 接口与 MLME-SAP 接口调用
MAC 层函数库中的代码实现,例如,应用层 msa.c 代码中的 MSA_ProcessEvent()函数,分
析接收到的事件,根据 MAC 层的原语事件消息,调用 MAC 层函数库中相应的接口函数,
实现网络管理、数据传输等应用。

2. 应用层的 MAC 接口调用

在启动 OSAL 操作系统后,用户可以修改 MAC 层的默认状态。由于用户的交互应用
仅限于在应用层实现,用户的按键、通信等操作会添加到 OSAL 的任务列表中,OSAL 按不
同的事件消息转发给对应的回调函数,包括应用层回调函数。

（1）初始化坐标参数

在应用层调用 MAC 层接口函数,可以实现 MAC 层的配置、设备的特性配置等修改操作,
也可以实现设备关联、信道扫描、通信状态检测、数据传输等应用型操作。这首先要初始化一
些必要的参数,不同的参数代表了不同的功能,这里按照坐标系的方法进行分类,如图 3-19
所示。

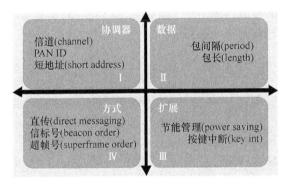

图 3-19　初始化坐标参数

（2）运行状态机制

TIMAC 基于 IEEE 802.15.4 规范实现了无线通信协议栈——MAC 层应用,在 MAC
层初始化后,OSAL 操作系统开始管理系统的运行。OSAL 接收并转发消息,通过回调函数
实现不同的功能。TIMAC 应用程序在传输数据时,OSAL 实时(极短的定时时长)监控按
键处理、电源管理、事件处理 3 个主要模块,在收到数据发送或数据请求事件消息时,监测信
道状态,根据当时的信道状态执行不同的操作。在 OSAL 系统中,基于消息响应机制,数据
的传输可以不断地往复循环执行。数据传输的运行状态机制如图 3-20 所示。

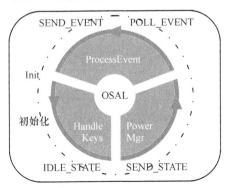

图 3-20　MAC 层运行状态机制图

3.3.3 TIMAC 的应用实践

1. 实践目标

(1) 掌握 TIMAC 的安装与使用。

(2) 了解 IEEE 802.15.4 设备组建无信标网络的过程。

(3) 了解关联设备间互传应用数据的方法。

2. 实践工具

(1) 硬件:ZCNET-CC2530F64 或 ZCNET-CC2530F256 开发板、SmartRF04EB。

(2) 软件:Windows 7 SP1 x86 系统、TIMAC 安装包、IAR Embedded Workbench (EW8051)、SmartRF Flash Programmer。

3. 实践内容

编译 TIMAC 软件,将生成的程序固化到至少 3 个 CC2530 模块中。首先初始化一个 CC2530 模块并将其配置为协调器,然后将其他 CC2530 模块配置为终端设备,接着这些 IEEE 802.15.4 设备会按标准协议组网,并且设备之间能够传输应用数据。

4. 实践参考资料

(1) 802.15.4 MAC User's Guide For CC2530/CC2533.

(2) 802.15.4 MAC Application Programming Interface.

(3) MAC Sample Application Software Design.

(4) Part 15.4:Wireless Medium Access Control(MAC) and Physical Layer(PHY) Specifications for Low-Rate Wireless Personal Area Networks(WPANs).

5. 实践原理

(1) 安装 TIMAC:从 TI 官网上下载 TIMAC-1.5.1 安装包,按提示进行安装。

(2) 了解 IAR 开发环境:使用 IAR 建立 TIMAC 工程,设置编译链接模式,执行调试操作等。

(3) 连接 SmartRF04EB 仿真器和 ZCNET-CC2530 模块:将 SmartRF04EB 仿真器直接插入 PC 的 USB 接口,将 SmartRF04EB 仿真器的 IDC10 接口通过 10 针连接电缆接到 ZC-NET-CC2530 开发模块的 JTAG 接口,打开模块电源。

(4) 添加 TIMAC 工程:选择 TIMAC 对应 CC2530 的应用样例工程,将其添加到 IAR 集成开发环境中。

(5) 编译工程,若有错误,按提示修改程序,然后再次编译。

(6) 将程序下载到 CC2530 模块,分别进行在线与脱机调试。

6. 实践步骤

(1) 通过 SmartRF04EB 将 CC2530 开发模块连接到 PC,设备上电,启动 IAR 集成开发环境。

(2) 在 IAR 中添加 TIMAC 样例工程。工程目录位于 C:\Texas Instruments\TIMAC 1.5.1\Projects\mac\sample\cc2530\IAR Project,如图 3-21 所示,双击其中的 msa_cc2530.eww 图标,即可在 IAR 中打开用于 CC2530 的 msa_cc2530 工程。

(3) 从工作空间面板的下拉框中选择 Normal 编译模式,如图 3-22 所示,表示按无安全应用、存储器空间不分组的模式编译工程。

图 3-21 启动 TIMAC 样例工程(应用于 CC2530 微控制器)

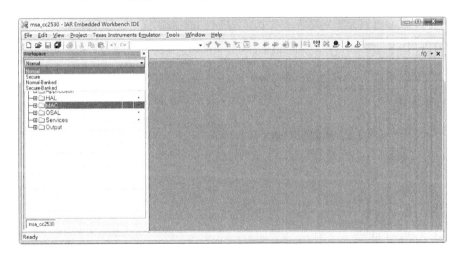

图 3-22 选择工程配置

(4) 打开"Project"菜单,单击"Rebuild All"项,如图 3-23 所示,重新编译工程。

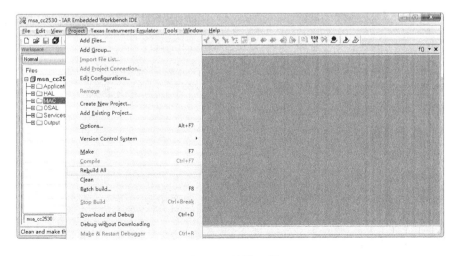

图 3-23 编译工程

（5）打开"Project"菜单，单击"Download and Debug"项，如图 3-24 所示，下载应用程序。

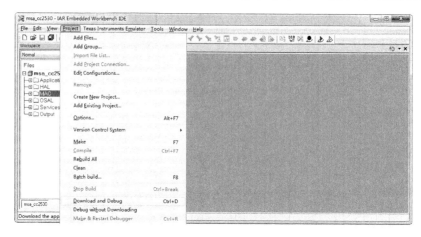

图 3-24　下载应用程序

（6）打开"Debug"菜单，单击"Stop Debugging"项，如图 3-25 所示，停止调试。

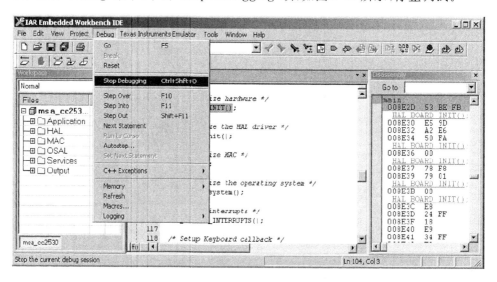

图 3-25　退出仿真器结束下载

（7）设备断电，从 SmartRF04EB 仿真器的 10 针下载电缆上拔下 CC2530 模块。

（8）重复上述步骤，下载程序到其他 CC2530 模块，这里至少需要 3 块 CC2530 模块来演示 TIMAC 样例工程运行效果。

7. 关键代码分析

（1）主程序源代码

```
//  源程序:msa_Main.c
//  说明:应用的主程序,包含按键处理及消息回调函数
//---------------- 1-INCLUDE -------------------- \\
#include "hal_types.h"
```

```
#include "hal_key.h"
#include "hal_timer.h"
#include "hal_drivers.h"
#include "hal_led.h"

#include "mac_api.h"              //MAC 层协议中的帧结构、常量、PIB、原语等定义

#include "msa.h"                  //应用程序中的 PAN ID、信道、信标、事件、函数原
                                  //型等定义

#include "OSAL.h"
#include "OSAL_Tasks.h"
#include "OnBoard.h"
#include "OSAL_PwrMgr.h"

//--------------- 2-FUNCTIONS PROTOTYPES ---------------\\
void MSA_Main_KeyCallback(uint8 keys, uint8 state);
void msaOSTask(void * task_parameter);
#define OSAL_START_SYSTEM() st(osal_start_system();)

//--------------- 3-MAIN ---------------\\
int main(void)
{
    HAL_BOARD_INIT();            // 时钟、指示灯、预取模式、P0 接口模式初始化

    HalDriverInit();             // 片内外设、I/O 设备及 AES 初始化

    MAC_Init();                  // 库接口调用,MAC 初始化

    osal_init_system();          //内存、消息队列、定时器、电源管理、系统任务等
                                 //初始化

    HAL_ENABLE_INTERRUPTS();
    // 映射按键事件及回调处理函数
    HalKeyConfig(MSA_KEY_INT_ENABLED, MSA_Main_KeyCallback);

    HalLedBlink (HAL_LED_4, 0, 40, 200);
```

```
  OSAL_START_SYSTEM(); // 程序进入 OSAL 任务系统的主循环部分
  return 0;
}


// ----------------- 4-SUB-FUNCTIONS -------------------- \\
void msaOSTask(void * task_parameter)
{
  osal_start_system();
}


void MSA_Main_KeyCallback(uint8 keys, uint8 state)
{
  if ( MSA_TaskId != TASK_NO_TASK )
  {
    MSA_HandleKeys (keys, state);
  }
}


void MSA_PowerMgr(uint8 enable)
{
  if (enable)
   osal_pwrmgr_device(PWRMGR_BATTERY);
  else
   osal_pwrmgr_device(PWRMGR_ALWAYS_ON);
}
```

（2）按键响应处理函数源代码

```
// 源程序:msa.c
// 说明:应用层程序,在 OSAL 层的消息处理机制下处理按键
// 调用 MAC 层库函数接口配置设备,管理网络,传输数据
// 按键处理函数
void MSA_HandleKeys(uint8 keys, uint8 shift)
{
if ( keys & HAL_KEY_SW_1 )
  {
    if (!msa_IsStarted)
    {
      msa_IsDirectMsg = MSA_DIRECT_MSG_ENABLED;
```

```
    if (msa_IsDirectMsg)
    {
      if (msa_BeaconOrder != 15)
        MSA_ScanReq(MAC_SCAN_PASSIVE, MSA_MAC_BEACON_ORDER + 1);
      else
        MSA_ScanReq(MAC_SCAN_ACTIVE, 3);
    }
    else
    {
      if (!msa_IsStarted)
      {
        msa_IsDirectMsg = FALSE;
        MSA_ScanReq(MAC_SCAN_ACTIVE, 3);
      }
    }
  }
}
(省略部分代码)
if ( keys & HAL_KEY_SW_2 )
  {
    if (msa_IsStarted)
    {
    if (msa_State == MSA_IDLE_STATE)
      msa_State = MSA_SEND_STATE;
    else
      msa_State = MSA_IDLE_STATE;

    osal_start_timerEx(MSA_TaskId, MSA_SEND_EVENT, 100);
    }
  }
}
```

（3）应用层调用 MAC 层功能函数源代码

```
//  源程序:msa.c
//  说明:应用层程序,在 OSAL 层的消息处理机制下处理按键
//  调用 MAC 层库函数接口配置设备,管理网络,传输数据
//  应用层事件处理函数
uint16 MSA_ProcessEvent(uint8 taskId, uint16 events)
```

```
    {
（省略部分代码）
    if（events & SYS_EVENT_MSG）
    {
        while（(pMsg = osal_msg_receive(MSA_TaskId)) != NULL）
        {
            switch（ * pMsg）
            {
                case MAC_MLME_ASSOCIATE_IND:
                    MSA_AssociateRsp((macCbackEvent_t * )pMsg);
                    break;

                case MAC_MLME_ASSOCIATE_CNF:
                    pData = (macCbackEvent_t * ) pMsg;

    if （((!msa_IsStarted) && (pData->associateCnf.hdr.status == MAC_SUCCESS))
                {
                    msa_IsStarted = TRUE;
                    msa_DevShortAddr = pData->associateCnf.assocShortAddress;
                    MAC_MlmeSetReq(MAC_SHORT_ADDRESS, &msa_DevShortAddr);
                    HalLedBlink(HAL_LED_4, 0, 90, 1000);
                    if （!msa_IsDirectMsg）
                    {
                        osal_start_timerEx(MSA_TaskId, MSA_POLL_EVENT, MSA_WAIT_PERIOD);
                    }
                }
                break;
（省略部分代码）
                case MAC_MLME_SCAN_CNF:
                    pData = (macCbackEvent_t * ) pMsg;
                    if （(((pData->scanCnf.resultListSize == 0) && (pData->scanCnf.
hdr.status == MAC_NO_BEACON)) || (! msa_IsSampleBeacon)）
                    {
                        MSA_CoordinatorStartup();
                    }
                    else if （(msa_IsSampleBeacon) && pData->scanCnf.hdr.status == MAC
_SUCCESS)
```

```
  {
    MSA_DeviceStartup();
    MSA_AssociateReq();
  }
  break;

case MAC_MCPS_DATA_CNF:
  pData = (macCbackEvent_t * ) pMsg;

  if ((pData->dataCnf.hdr.status == MAC_SUCCESS) ||
      (pData->dataCnf.hdr.status == MAC_CHANNEL_ACCESS_FAILURE) ||
      (pData->dataCnf.hdr.status == MAC_NO_ACK))
  {
    osal_start_timerEx(MSA_TaskId, MSA_SEND_EVENT, MSA_WAIT_PERIOD);
  }

  mac_msg_deallocate((uint8 **)&pData->dataCnf.pDataReq);
  break;

case MAC_MCPS_DATA_IND:
  pData = (macCbackEvent_t *)pMsg;

  if (MSA_DataCheck ( pData ->dataInd.msdu.p, pData ->dataInd.msdu.len ))
  {
    HalLedSet (HAL_LED_3, HAL_LED_MODE_TOGGLE);

    if (! msa_IsCoordinator)
    {
      if (MSA_ECHO_LENGTH >= 4)
      {
        msa_Data2[0] = pData->dataInd.msdu.p[0];
        msa_Data2[1] = pData->dataInd.msdu.p[1];
        msa_Data2[2] = pData->dataInd.msdu.p[2];
        msa_Data2[3] = pData->dataInd.msdu.p[3];
      }

      MSA_McpsDataReq(msa_Data2,
                  MSA_ECHO_LENGTH,
```

```
                                              TRUE,
                                              msa_CoordShortAddr );
                    }
                  }
               break;
            }
（省略部分代码）
         }
（省略部分代码）
      }
  if（events & MSA_POLL_EVENT）
  {
    MSA_McpsPollReq();
    osal_start_timerEx(MSA_TaskId, MSA_POLL_EVENT, MSA_WAIT_PERIOD);

    return events ^ MSA_POLL_EVENT;
  }

if（events & MSA_SEND_EVENT）
  {

    if（msa_State == MSA_SEND_STATE）
    {
      if（msa_IsCoordinator）
      {
        if（MSA_PACKET_LENGTH >= MSA_HEADER_LENGTH）
        {
          msa_Data1[0] = MSA_PACKET_LENGTH;
          msa_Data1[1] = HI_UINT16(msa_DeviceRecord[index].devShortAddr);
          msa_Data1[2] = LO_UINT16(msa_DeviceRecord[index].devShortAddr);
          msa_Data1[3] = sequence;
        }

        MSA_McpsDataReq((uint8 *)msa_Data1,
                       MSA_PACKET_LENGTH,
                       msa_DeviceRecord[index].isDirectMsg,
                       msa_DeviceRecord[index].devShortAddr );
```

```
        if ( ++ index == msa_NumOfDevices)
        {
            index = 0;
        }
    }
    else
    {
        if (MSA_PACKET_LENGTH > = MSA_HEADER_LENGTH)
        {
            msa_Data1[0] = MSA_PACKET_LENGTH;
            msa_Data1[1] = HI_UINT16(msa_CoordShortAddr);
            msa_Data1[2] = LO_UINT16(msa_CoordShortAddr);
            msa_Data1[3] = sequence;
        }
        MSA_McpsDataReq((uint8 * )msa_Data1,
                        MSA_PACKET_LENGTH,
                        TRUE,
                        msa_CoordShortAddr );


    }


    if (sequence ++ == 0xFF)
    {
        sequence = 0;
    }


    HalLedSet (HAL_LED_1, HAL_LED_MODE_BLINK);
    }


    return events ^ MSA_SEND_EVENT;
    }
    return 0;
}
```

8．执行效果

给每个已编程的 CC2530 模块上电,并按下 SW5 键复位模块,这时 LED1 开始闪烁,表示 TIMAC 已经执行,模块等待启动或加入一个网络。

(1)启动网络

选择一个 CC2530 模块,按下板上的 SW1 键,如果 LED1 停止闪烁,保持点亮,表示该模块已经作为协调器配置成功,可以启动新的网络了。如果 LED1 仍然处于闪烁状态,表示该模块发现并加入了已存在网络,不会再作为协调器启动新网络。这时应按下 SW5 键,复位模块再次重试。如果问题依旧,在 TIMAC 工程中更换信道,重新编译,下载后再重试。

(2)关联设备

在剩余的模块上,按下 SW1 键,板载的 LED1 开始闪烁,表示这些模块已经作为终端设备关联到协调器上,这样一个简单的星形网络就形成了,终端设备开始等待与协调器进行数据的交互传输。

(3)发送应用数据

组建星形网络后,按下协调器上的 SW2 键,协调器的 LED1 开始闪烁,表示其已经开始向终端设备传输数据了。相应地,终端设备上的 LED3 随后开始闪烁,表示终端设备已经接收数据。

再次按下 SW2 键,将停止数据传输。这时协调器的 LED1 将停止闪烁,相应地,终端设备上的 LED3 也不再闪烁。

反过来,按下终端设备上的 SW2 键,终端设备的 LED1 开始闪烁,表示其已经开始向协调器传输数据了。相应地,协调器上的 LED3 随后开始闪烁,表示协调器已经接收数据。

试着按下别的终端设备上的 SW2 键,协调器上 LED3 闪烁地更快了,表示协调器正在接收更多的数据。

(4)选择信道

IEEE 802.15.4 规范在 2.4 GHz 频段定义了 16 个信道,分别是 11～16 号信道。TI-MAC 默认使用第 11 号信道,应用程序需要重设信道时,可以修改 msa.h 中的 MSA_MAC_CHANNEL 的值,可选值为符号常量 MAC_CHAN_xx,其中 xx＝11,12,…,26 可选。

9．程序结构流程

TIMAC 的应用程序是基于消息机制实现的,操作系统抽象层(OSAL)将接管系统,执行无限循环,在其中不断查询任务队列,如果有新的任务,则将不同的任务消息映射到各自对应的回调函数中处理,否则进入休眠模式。这个程序中主要响应处理按键、网络关联、信道扫描以及数据传输等事件,TIMAC 的软件执行流程图如图 3-26 所示。

TIMAC 的主要流程结构是顺序结构,依次初始化板级电路、片内功能模块、MAC 层、HAL 层任务、MAC 层任务、应用层任务,使能了系统中断,设置了按键回调函数。在启动 OSAL 操作系统之后,应用系统开始进入消息映射状态,根据事件消息调用回调函数执行相应的操作。

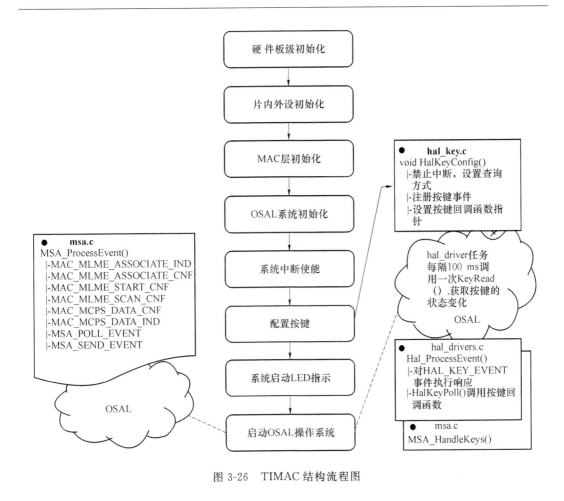

图 3-26　TIMAC 结构流程图

本 章 小 结

　　IEEE 802.15.4 规范是无线传感器网络技术的应用基础。IEEE 802.15.4 规范定义了物理层与 MAC 子层的标准,定义了全功能设备(FFD)与精简功能设备(RFD)。IEEE 802.15.4 LR-WPAN 支持星型与点对点型网络拓扑,引入了 PAN ID 机制,定义了超帧结构、信道访问机制与网络接入方案。IEEE 802.15.4 规范定义了数据服务与管理服务,引入了层与层之间的服务接入点的概念,这些措施方便用户设计、调用与管理不同的 API 函数。最后,针对 IEEE 802.15.4 规范进行实践操作。TIMAC 软件可以提供基于 IEEE 802.15.4 规范组建无线通信网络的功能,实现的 IEEE 802.15.4 设备可以在组建的无信标网络的互传应用数据。

习　　题

3-1　超帧号（super frame）可以大于信标号（beacon order）吗？试着给出解释。

3-2　可以在轮询设备上使用信标传输吗？试着给出解释。

3-3　怎样配置协调器配置代码、终端设备配置代码、通道设置代码？

3-4　IEEE 802.15.4 中的 MAC 子层主要处理哪些任务？

3-5　简述全功能设备在 WSNs 中的作用。

3-6　简述精简功能设备在 WSNs 中的作用。

3-7　IEEE 802.15.4 LR-WPAN 支持哪些类型的网络拓扑结构？

3-8　简述超帧的结构。

3-9　超帧的具体格式由 WSNs 中的哪个设备定义？

3-10　超帧包含多少通信时隙？由什么信号作为边界？

3-11　超帧的时隙组块可以分为哪两个部分？

3-12　IEEE 802.15.4 定义设备使用什么机制竞争使用信道时隙？

3-13　PAN 协调器最多可以分配多少个 GTS？每个 GTS 是否只能占用 1 个标准时隙？

3-14　IEEE 802.15.4 中 MAC 层的数据传输业务有几种类型？分别是什么？

3-15　在 IEEE 802.15.4 中 MAC 层的各类数据传输业务中，分别采用什么机制传输数据帧？

3-16　IEEE 802.15.4 LR-WPAN 应用哪些机制提高传输的可靠性？

3-17　MAC 子层参考模型的组成要件有哪些？

3-18　MAC 层提供哪两类服务？

3-19　简述 TIMAC 基于 IEEE 802.15.4 MAC 层协议组建无线通信网络的原理。

3-20　简述 TIMAC 软件的主要执行流程。

第4章　ZCL 与 ZigBee 家庭自动化应用

本章介绍基于 Z-Stack 协议栈的无线通信网络设计,主要是利用 Z-Stack 协议栈中的 ZCL 框架实现无线遥控应用工程。

因此,开篇首先介绍 ZCL 的概念、结构与软件资源。

接着,分析 ZCL 框架在应用 Z-Stack 协议栈组网中的原理与作用。在 Z-Stack 协议栈的软件包中,给出了 ZigBee 家庭自动化(HA)应用项目,HA 项目即应用 ZCL 框架实现的应用工程项目,结合 HA 项目分析组网原理,演示了 ZCL 应用工程的结构,归纳了工程中对于 ZCL 簇与 API 函数的调用方法,了解 ZCL 在 Z-Stack 协议栈中的重要作用。

最后,进行实践操作,采用 CC2530 微处理器实现服务器设备与客户端设备,分别作为灯控设备与遥控开关设备,控制灯具的打开与关闭,进一步熟悉利用 ZCL 框架实现 Z-Stack 应用工程的原理与方法。

学习目标
- 了解 ZCL 的概念、结构分层与 API 函数资源。
- 了解 ZCL 功能域在 Z-Stack 协议栈中的作用。
- 熟悉 ZCL 在 Z-Stack 消息处理中的功能原理。
- 掌握利用 ZCL 框架设计 Z-Stack 无线应用工程的方法。

4.1　ZigBee 簇库

4.1.1　ZigBee 簇库简介

ZCL(ZigBee Cluster Library)即 ZigBee 簇库,簇(Cluster)是指一系列属性与指令的集合,它定义了无线节点设备的通信接口,一系列的簇相应地形成了簇库。

ZCL 由基础层(Foundation Layer)和一系列功能域(Functional Domains)构成,可以为 Profile 层与应用层等高层提供可访问的应用接口函数。ZCL 的功能域包括通用域、窗帘控制域、HVAC 域、灯控域、感测域、安全域、智能能源域以及协议接口域。

实现 ZCL 接口的设备有两类:服务器(Server)设备与客户端(Client)设备。服务器设备实现了 ZCL 服务器端的簇接口,它在端点(Endpoint)的简单描述器(Simple Descriptor)

的输入簇列表中列出,能支持所有或大多数的簇属性;客户端设备实现了 ZCL 客户端的簇接口,它在端点(Endpoint)的简单描述器(Simple Descriptor)的输出簇列表中列出,通常发送操作相应服务器簇属性的指令。可以说 ZCL 的典型应用结构就是"客户端/服务器"结构。

用户可以自定义新的框架(Profile),在新的框架(Profile)中应该将相关的 ZCL 簇功能函数加入在内。

4.1.2 ZCL 层功能

应用框架(AF)接收到 ZCL 命令消息后,将该消息存放进基础层中的 ZCL 任务队列里,由 ZCL 任务解析;接着,ZCL 任务通过簇库处理回调函数将特定的簇命令转交给相应的簇(或簇功能域)处理;特定的簇(功能域)处理特定的簇命令,如果必要,还会通过命令回调函数通知高层的应用层或框架层,由高层来处理 ZCL 命令,ZCL 的层功能结构如图 4-1所示。

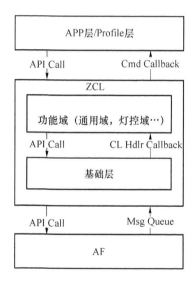

图 4-1　ZCL 层功能结构示意

ZCL 基础层可以为更高层提供应用任务、命令、函数以及属性列表。在建立或操作应用的属性列表(List)后,可以通过应用属性数据有效性回调函数(Function)计算数据的有效性。ZCL 基础层提供的应用任务(Task)用于接收未处理的基础层命令或应答消息。

簇的通用域和协议接口域向高层提供命令与函数类型的 API 资源,函数为应用命令回调函数。此外,ZCL 基础层、簇的通用域及协议接口域都提供各自的请求与应答命令(Command)。

4.1.3 ZCL 应用工程结构

创建一个新的 ZCL 应用工程,至少需要在工程中建立 4 个 ZCL 程序文档,它们分别如下所示。

- zcl_＜appname＞.h:包含应用工程的定义,应当特别注意的是,在其中给出应用端点(endpoin)的定义。
- zcl_＜appname＞_data.c:包含应用工程的数据定义和声明。
- zcl_＜appname＞.c:包含应用工程需要的所有函数与回调函数。
- OSAL_＜AppName＞.c:包含为应用工程需要的所有任务定义的任务列表。

在 Z-Stack 协议栈的安装路径 C:\Texas Instruments\ZStack-CC2530-2.3.0-1.4.0\Projects\zstack\HomeAutomation 下,存在两个工程:SampleLight 工程与 SampleSwitch 工程。如图 4-2 所示,这两个工程都是基于 ZCL 的应用工程,这些工程都是在 APP 层调用 ZCL 簇库实现的 ZCL 工程结构,都定义了这里指出的 4 个具体的 ZCL 程序文档。

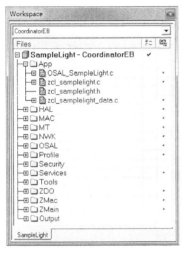

(a) SampleLight工程结构　　　　(b) SampleSwitch工程结构

图 4-2　ZCL 应用工程结构

其中,更详细地来说,zcl_＜appname＞_data.c 文档与 zcl_＜appname＞.c 文档里面还需要包含如下主要内容。

(1) zcl_＜appname＞_data.c 文档应该包含 4 种类型的声明,如下所示:

- 由应用支持的所有的簇属性(cluster attributes);
- 每个支持属性对应的 zclAttrRec_t 类型的入口所组成的属性表(attribute table);
- 输入簇 ID 表与输出簇 ID 表,这些表用于简单描述表,包含特定应用的输入簇 ID 或输出簇 ID;
- 应用程序简单描述表,该表是一个定义在 AF.h 头文件中的 SimpleDescriptionFormat_t 类型的表。

(2) zcl_＜appname＞.c 文档应该包含如下列出的 5 项内容:

- endPointDesc_t 类型的应用程序端点表(Endpoint Table)的声明;
- 创建所有的命令回调函数,这些回调函数用在命令回调表中,处理来自 ZCL 簇功能域的输入命令;
- 声明应用程序命令回调表(Command Callback Tables),用于处理 ZCL 功能域命令,对于通用域来说,该表为 zclGeneral_AppCallbacks_t 类型(在 zcl_general.h 中定义);

- 创建 void zcl＜AppName＞_Init（byte task_id）函数；
- 创建 uint16 zcl＜AppName＞_event_loop（uint8 task_id，uint16 events）函数，接收应用任务队列中的消息，处理消息并响应系统关键事件。

4.2　ZCL 基础层与常用功能域

4.2.1　ZCL 基础层

1. ZCL 基础层的基础功能

ZCL 基础层可以为更高层提供命令、函数、属性列表以及应用任务。ZCL 基础层主要是对基础的簇属性进行管理，实现 ZCL 簇属性的操作与访问、配置簇属性报告、获取簇属性报告的配置、发送属性报告、查找属性等基础函数功能，此外，还提供簇库处理回调函数，处理来自于 ZCL 基础层的簇消息。

ZCL 簇属性的操作与访问包括写簇属性、获取簇属性以及相应的操作应答。

配置簇属性报告是对将要发送或接收的簇属性报告进行配置；相反地，获取簇属性报告的配置则是了解属性报告的配置信息，包括配置的方向与属性 ID。

ZCL 基础层可以自发地提出请求与应答命令，由相应的 SEND＜功能名＞系函数完成，基本上都是 ZCL 基础层的基础功能，在服务器与客户端之间交换数据及信息。

2. ZCL 基础层的本层操作

ZCL 基础层的一些功能是在本层操作与实现的，包括注册属性列表、注册属性数据有效性的回调函数、注册簇库处理回调函数。

在 ZCL 中出现最多的概念就是属性（Attribute），它表示的是簇属性。ZCL 在功能域部分表现出不同的应用功能，针对不同的场景，如照明控制系统、HVAC 控制系统、安防系统等，会提供属于不同簇的一系列函数接口，完成特定场景中的应用。为了标识不同的簇，需要设置各自不同的簇属性与簇 ID，从而识别不同设备上的不同应用。

将属性列表注册给 ZCL 基础层本身，需要为新添加的属性列表数组指定绑定的设备端点（Endpoint），给出属性列表中的属性数量，以便分配内存空间。注册后簇属性将添加到 ZCL 基础层的 struct zclAttrRecsList 结构体属性链表（List）中。

注册簇库处理回调函数设置起始的簇 ID 与结束的簇 ID，在此簇 ID 范围内接收的消息，都由指定的处理函数进行处理。在 ZCL 基础层注册簇库处理回调函数是将用到的结构信息保存在 struct zclLibPlugin 结构体链表中。

总之，ZCL 基础层以管理、操作或处理与簇属性、簇消息有关的功能为主，既有为更高层提供的 API 接口，又有为高层或本层提供的 API 接口，ZCL 基础层是维护 ZCL 基本运行的功能层，是 ZCL 最不可或缺的组成部分。

ZCL 基础层的核心可以说是 ZCL 簇属性，在访问时，为了避免直接操作簇属性，一般通过簇属性报告来获取簇属性的信息，也可以说簇属性报告是 ZCL 基础层中 ZCL 簇属性的影子。ZCL 基础层的主要功能如图 4-3 所示。

图 4-3 ZCL 基础层的主要功能

4.2.2 ZCL 通用域

ZCL 通用域是 ZCL 常用的功能域,可以执行特定的通用功能控制。按照不同的应用领域以及不同的控制功能,在 ZCL 通用域中定义了不同的簇,如下所示:基本簇、能源配置簇、设备温感配置簇、确认簇、组(管理)簇、现场(管理)簇、开/关控制簇、开/关按键配置簇、档位控制簇、警报控制簇、定时控制簇、RSSI 指示簇。

前面提到通用域可以自发地提供请求与应答命令,但是在这里要区分不同的簇,只有基本簇、确认簇、组(管理)簇、现场(管理)簇、开/关控制簇、档位控制簇、警报控制簇、RSSI 指示簇可以提供自发命令。对这些可以执行自发命令的簇,按照通用域不同的簇类型、簇功能以及簇处理回调函数,通用域的主要功能可以归纳如表 4-1 所示。

表 4-1 通用域的主要功能

簇类型	功 能	簇处理回调函数
基本簇	重置出厂默认设置	属性数据有效性回调函数、注册应用命令回调函数、重置出厂默认设置回调函数
确认簇	确认、确认请求以及确认请求应答	确认回调函数、确认应答回调函数
组(管理)簇	添加组、查看组、获取组关系、移除组、移除所有组以及上述功能对应的应答	组应答回调函数
现场(管理)簇	添加现场、查看现场、移除现场、存储现场、重调现场、获取现场关系、移除所有现场及上述功能对应的应答	存储现场回调函数、重调现场回调函数、现场应答回调函数
开/关控制簇	开控制、关控制、反转控制	开/关/反转控制回调函数
档位控制簇	换档、连续换档、步进控制	换档回调函数、连续换档回调函数、步进控制回调函数
警报控制簇	警报、重置警报、重置所有警报、获取警报、重置警报记录	警报控制回调函数
RSSI 指示簇	设置绝对定位、设置设备配置、获取设备配置、获取定位数据、定位数据通知、精简的定位数据通知、RSSI PING	定位回调函数、定位应答回调函数

4.2.3 ZCL 协议接口域

ZCL 协议接口域也是 ZCL 常用的功能域,主要执行协议地址匹配与数据单元的传输,其中,数据单元的传输都通过 ZigBee 通道(Tunnel)在协议的网络层之间进行数据交换。

ZCL 协议接口域主要包括以下簇。

- 通用通道簇:当一个关联协议的特定通道希望发现通用通道(Generic Tunnel)服务器簇的 ZigBee 地址时使用,通用通道服务器是一个具有给定协议地址的特定协议设备。
- BACnet 协议通道簇:当一个 BACnet 网络层希望通过一个 ZigBee 通道传输 BACnet NPDU 给另一个 BACnet 网络层时使用。
- ISO/IEEE 11073 协议通道簇:当一个 11073 网络层希望通过一个 ZigBee 通道传输 11073 APDU 及关联的元数据给另一个 11073 网络层时使用。

ZCL 协议接口域中的通用通道簇、BACnet 协议通道簇、11073 协议通道簇提供的命令与属性的特点很明显。

(1) 通用通道簇提供建立协议通道需要的最精简的公共命令和属性,该簇支持的命令有匹配协议地址、匹配协议地址应答、广告协议地址。

(2) BACnet 协议通道簇提供建立 BACnet 协议通道需要的唯一的命令和属性:传输 NPDU。

(3) ISO/IEEE 11073 协议通道簇提供建立 11073 协议通道所需的命令和属性,该簇支持的命令有传输 APDU、传输 APDU 与元数据、传输元数据。

ZCL 协议接口功能域在位于系统路径 C:\Texas Instruments\ZStack-CC2530-2.3.0-1.4.0\Components\stack\zcl 下的 zcl_pi.c 和 zcl_pi.h 源代码文件中实现。

4.3 基于 ZCL 的灯控系统

4.3.1 SampleLight 工程

1. SampleLight 工程简介

(1) Z-Stack 协议栈的 SampleLight 应用工程

SampleLight 是基于 Z-Stack 协议栈应用 ZCL 设计的射频通信应用工程,运行 SampleLight 程序的无线传感器网络节点属于 ZCL Server 型设备节点,该节点可以接收 ZCL Client 型设备节点的控制命令,解析命令后按相关命令请求执行 LED 灯的打开与关闭控制。

SampleLight 应用工程的源代码软件包位于 Z-Stack 协议栈默认的安装路径 C:\Texas Instruments\ZStack-CC2530-2.3.0-1.4.0\Projects\zstack\HomeAutomation 下,如图 4-4 所示。

(2) 工程中的 ZCL 程序

前面 4.1 节中提到:ZCL 中的基础层以及一系列功能域为上层的 Profile 层与应用层提

供支持,在上层中可以调用 ZCL 的 API 接口函数实现 ZigBee 特定规范制定的功能。

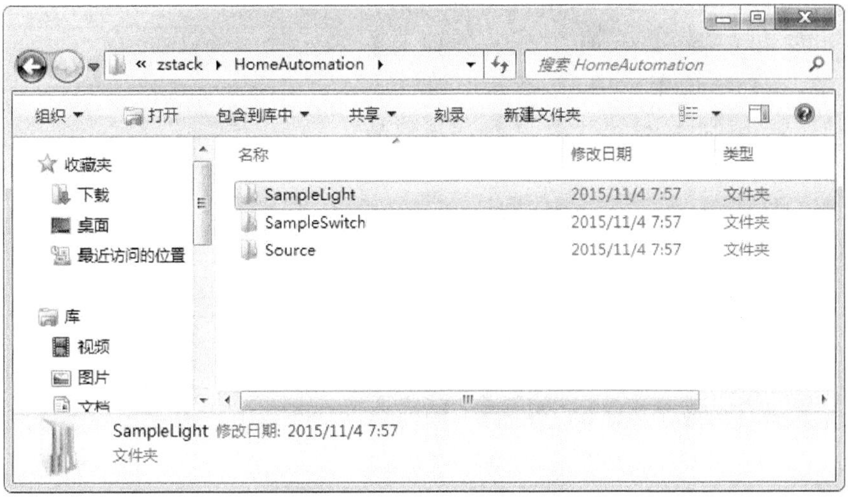

图 4-4　SampleLight 工程的位置

特定功能通常由特定的 ZCL 功能域实现出来,SampleLight 工程中主要应用的是 ZCL 的灯控功能域,不仅如此,作为 ZCL 应用的支撑,ZCL 基础层、通用域、协议接口域等也需要添加到工程中。

同样,在 4.1.3 节中介绍到:在 ZCL 工程的应用层(APP)中,应该定义 4 个 ZCL 程序源文件,具体到 SampleLight 应用工程,在 APP 层中的这 4 个 ZCL 源程序文件应该分别命名为 zcl_samplelight.h 头文件、zcl_samplelight.c 应用源文件、zcl_samplelight_data.c 数据源文件以及 OSAL_SampleLight.c 系统源文件。

此外,在 SampleLight 应用工程的 Profile 层下,选择添加了 ZCL 的 6 个源代码文件,包括 zcl.h 头文件、zcl.c 源文件、zcl_ha.h 头文件、zcl_ha.c 源文件、zcl_general.h 头文件、zcl_general.c 源文件。这些 ZCL 文件都是与 LED 灯控制相关的程序源代码文件,其中,zcl.h 与 zcl.c 文件对应 ZCL 基础层的实现,zcl_general.h 与 zcl_general.c 文件对应 ZCL 通用域的实现,这 4 个 ZCL 文件都是 Z-Stack 协议栈提供的 ZCL 源代码文件,通常位于系统的默认安装路径 C:\Texas Instruments\ZStack-CC2530-2.3.0-1.4.0\Components\stack\zcl 下。

另外,zcl_ha.h 与 zcl_ha.c 文件是应用在家庭自动化(Home Automation)项目的 ZCL 框架文件,不属于 Z-Stack 协议栈提供的 ZCL 源代码文件,通常位于 Z-Stack 系统安装路径下的 Projects\zstack\HomeAutomation\Source 目录中。

SampleLight 工程结构及 ZCL 程序在工程结构中的位置如图 4-5 所示。

(3)编译选项

使用 Z-Stack 的编译选项,一般需要按顺序执行 3 个步骤:选择逻辑设备类型、定位编译选项、应用编译选择。

首先,选择逻辑设备类型。

如图 4-5 所示,在 SampleLight 工程的工作空间(Workspace)下方的下拉框中,选择"SampleLight-CoordinatorEB"项,作为协调器类型设备(在本工程中成为服务器设备)。

然后,定位编译选项。

如图 4-6 所示,在 SampleLight 工程的工作空间的"SampleLight-CoordinatorEB"工程文件上单击鼠标右键,在弹出的菜单中,选择其中的"Options…"项。弹出 SampleLight 节点的选项对话框,如图 4-7 所示。

在图 4-7 中的"类别(Catogary)"文本框中,点选"C/C++ Compiler"项。在右边的选项卡中选择"Preprocessor"选项卡,从图 4-7 中可见,"Defined symbols:(one per line)"文本框中列出了该工程的编译选项。

这里工程默认的编译选项有:ZTOOL_P1、MT_TASK、MT_APP_FUNC、MT_SYS_FUNC、MT_ZDO_FUNC 以及 LCD_SUPPORTED = DEBUG。

以上是定位在 IAR 工程文件"SampleLight.ewp"中的编译选项。

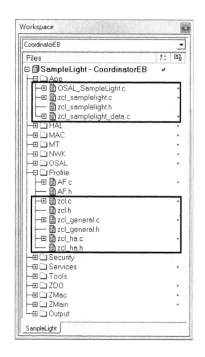

图 4-5　ZCL 程序在 SampleLight 工程结构中的位置

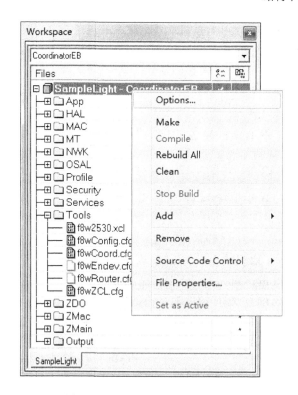

图 4-6　查看 IAR 工程的配置选项

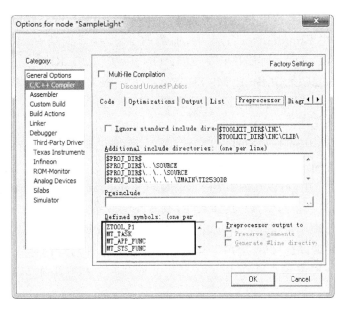

图 4-7　IAR 工程文件中编译选项的位置

如图 4-8 所示,在 Tools 文件夹中存在 6 个链接控制文件,这些文件中也包含有应用工程的编译选项。

通用的编译选项定义在"f8wConfig.cfg"文件,其中指定了通信信道与 PAN ID。特定设备的编译选项存放在"f8wCoord.cfg""f8wEndev.cfg"与"f8wRouter.cfg"文件中。协调器设备与提供 Z-Stack 协议栈通用功能的编译选项定义在"f8wCoord.cfg"文件中。与之类似,f8wEndev.cfg 与 f8wRouter.cfg 文件中定义了路由器与终端设备的编译选项。

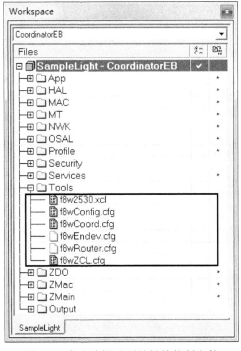

图 4-8　存在编译选项的链接控制文件

ZCL 编译选项定义在 ZCL 链接控制文件"f8wZCL. cfg"中,所有调用 ZCL 的应用工程都会用到该文件,在 SampleLight 工程中,加载的 ZCL 编译选项有:ZCL_READ、ZCL_WRITE、ZCL_BASIC、ZCL_IDENTIFY、ZCL_ON_OFF、ZCL_KEY_ESTABLISH、ZCL_LOAD_CONTROL、ZCL_SIMPLE_METERING、ZCL_PRICING 与 ZCL_MESSAGE 等。

以上是定位在 ZCL 链接控制文件中的编译选项。

最后,应用编译选项。

在链接控制文件中,可以针对特定类型的设备,选择工程 Tools 目录下相应的文件,添加新的编译项,或者通过注释"//"删除某个编译选项。

在 IAR 工程文件中,可以在图 4-7 所示的"Defined symbols:(one per line)"文本框中,将新的编译选项添加到新建参数行的条目中,或者在相应条目前添加"x",删除某个编译选项,如 xZTOOL_P1 表示从编译选项列表中删除 ZTOOL_P1 编译选项。

此外,添加新的编译选项后,应用工程中也可能需要添加对应的选项实现源程序文件,例如,添加 MT_NWK 编译选项后,应该在工程文件列表中相应添加 MT_NWK. c 源程序文件。

2. SampleLight 程序分析

(1) OSAL 操作系统的初始化

在 SampleLight 工程结构的 ZMain 文件夹中,ZMain. c 源程序文件里定义了系统应用程序的入口函数——main()函数。

在 main()函数体内,从 OSAL 禁止中断、硬件的板级初始化依次执行系统的重要功能设置函数,直到将对系统的控制权转交给 OSAL 操作系统。其中,在应用框架初始化 afinit()完毕后,将执行 OSAL 操作系统初始化 osal_init_system()函数。osal_init_system()函数的源代码如源代码 4-1 所示。

源代码 4-1 osal_init_system()函数—OSAL.c 文件—OSAL 层

```
uint8 osal_init_system( void )
{
  // Initialize the Memory Allocation System
  osal_mem_init();

  // Initialize the message queue
  osal_qHead = NULL;

  // Initialize the timers
  osalTimerInit();

  // Initialize the Power Management System
  osal_pwrmgr_init();

  // Initialize the system tasks
```

```
osalInitTasks();

// Setup efficient search for the first free block of heap
osal_mem_kick();

return ( SUCCESS );
}
```

在 OSAL 操作系统初始化 osal_init_system()函数中,通过执行 osalInitTasks()函数对系统任务进行初始化操作。OSAL 系统任务初始化函数 osalInitTasks()在 SampleLight 工程中 APP 文件夹下的 OSAL_SampleLight. c 源代码文件里定义,因此,这里需要跳转到用户自定义程序中继续分析。

OSAL 系统任务初始化函数 osalInitTasks()函数的源代码如源代码 4-2 所示。

源代码 4-2　osalInitTasks()函数 —OSAL_SampleLight.c 文件—APP 层

```
void osalInitTasks( void )
{
  uint8 taskID = 0;

  tasksEvents = (uint16 *)osal_mem_alloc( sizeof( uint16 ) * tasksCnt);
  osal_memset( tasksEvents, 0, (sizeof( uint16 ) * tasksCnt));

  macTaskInit( taskID++ );
  nwk_init( taskID++ );
  Hal_Init( taskID++ );
#if defined( MT_TASK )
  MT_TaskInit( taskID++ );
#endif
  APS_Init( taskID++ );
#if defined ( ZIGBEE_FRAGMENTATION )
  APSF_Init( taskID++ );
#endif
  ZDApp_Init( taskID++ );
#if defined ( ZIGBEE_FREQ_AGILITY ) || defined ( ZIGBEE_PANID_CONFLICT )
  ZDNwkMgr_Init( taskID++ );
#endif
  zcl_Init( taskID++ );
  zclSampleLight_Init( taskID );
}
```

OSAL 操作系统依次初始设置了 MAC 层、NWK 层、HAL 层、MT 层、APS 层、ZDAPP

层、ZCL 层、灯控等任务的 ID,任务 ID 号越小,任务优先级越高。很明显,在 osalInitTasks ()函数中 ZCL 层的任务优先级高于用户应用层任务 SampleLight 的优先级,因此,传送给应用程序的消息,将会在 ZCL 层过滤以后,再传送给应用层。这一点在分析 SampleLight 应用工程的 LED 控制原理时很重要。

与 OSAL 系统任务初始化顺序一致的各层的任务事件循环,定义在指针数组 tasksArr[] 中,具体的源代码如源代码 4-3 所示。

源代码 4-3　tasksArr[]——OSAL_SampleLight.c 文件——APP 层

```
const pTaskEventHandlerFn tasksArr[] = {
  macEventLoop,
  nwk_event_loop,
  Hal_ProcessEvent,
#if defined( MT_TASK )
  MT_ProcessEvent,
#endif
  APS_event_loop,
#if defined ( ZIGBEE_FRAGMENTATION )
  APSF_ProcessEvent,
#endif
  ZDApp_event_loop,
#if defined ( ZIGBEE_FREQ_AGILITY ) || defined ( ZIGBEE_PANID_CONFLICT )
  ZDNwkMgr_event_loop,
#endif
  zcl_event_loop,
  zclSampleLight_event_loop
};
```

总之,在 OSAL 操作系统的初始化阶段,SampleLight 应用工程的初始化操作关键在于自定义的用户事件循环与用户任务初始化函数的实现。这里的用户任务事件循环定义为 zclSampleLight_event_loop,任务初始化函数定义为 zclSampleLight_Init()。

(2) SampleLight 的任务初始化与事件循环处理

① 任务初始化

SampleLight 工程的应用层功能是基于 ZCL 的功能域函数实现的,在用户编程方面,主要体现在通用域与灯控域函数的调用与执行。另外,由于 SampleLight 工程是面向家庭自动化 Home Automation(HA)领域的应用,所以,可以直接采用 Z-Stack 协议栈中的 HA 框架(Profile)进行设计。

OSAL 系统在初始化各层任务时,SampleLight 工程的应用层调用 zclSampleLight_Init() 函数进行初始化,如前所述,该函数实际上是基于 ZCL 实现的关于 ZCL 通用域的初始化,依次执行了对 HA 框架的实例化,注册了绑定端点的 ZCL 簇响应回调函数,添加了绑定端点的 ZCL 属性列表,向系统注册了绑定 TaskID 的消息接收,最终建立了一套完整的 ZCL 应用层功能模型。zclSampleLight_Init()函数的定义如源代码 4-4 所示。

源代码 4-4　zclSampleLight_Init()函数—zcl_samplelight.c 文件—APP 层

```
void zclSampleLight_Init( byte task_id )
{
  zclSampleLight_TaskID = task_id;

  zclHA_Init( &zclSampleLight_SimpleDesc );

  zclGeneral_RegisterCmdCallbacks(SAMPLELIGHT_ENDPOINT,
                          &zclSampleLight_CmdCallbacks );

  zcl_registerAttrList( SAMPLELIGHT_ENDPOINT, SAMPLELIGHT_MAX_ATTRIBUTES,
                zclSampleLight_Attrs );

  zcl_registerForMsg( zclSampleLight_TaskID );

  RegisterForKeys( zclSampleLight_TaskID );

  afRegister( &sampleLight_TestEp );
}
```

对任务初始化 zclSampleLight_Init()函数的功能分析如表 4-2 所示。

表 4-2　任务初始化函数的功能分析

步　骤	ZCL API	功　能
第一步,HA 框架实例化	zclHA_Init()	通过简单描述符定义的端点、HA 框架 ID、设备 ID、输入簇列表、输出簇列表等信息,实例化一个 HA 框架
第二步,注册通用域命令回调函数	zclGeneral_RegisterCmdCallbacks()	属于通用域函数,注册指定端点的 ZCL 回调函数。如表 4-1 所示,不同类型的簇有各自不同的回调函数
第三步,注册 ZCL 属性	zcl_registerAttrList()	属于 ZCL 基础层函数,这里是将 ZCL 通用域簇的属性注册到 ZCL 基础层的 struct zclAttrRecsList 结构体属性链表中(可参见 4.2.1 小节)
第四步,向 ZCL 基础层注册 TaskID	zcl_registerForMsg()	属于 ZCL 基础层函数,将指定的 Task ID 注册到 ZCL 基础层,所有输入的未经处理的 ZCL 基础层命令或应答消息都传送给该任务处理
第五步,注册按键事件	RegisterForKeys()	将系统所有的按键事件都注册到指定 Task ID 对应的任务进行响应
第六步,注册测试端点	afRegister()	属于应用层函数,这里是在应用层定义一个空的测试端点

SampleLight 工程的任务初始化函数 zclSampleLight_Init()关键的作用是在 HA 框架的基础上，建立了 ZCL 应用，由 ZCL 直接执行功能域中固有的功能，处理一部分特定应用环境下的常用操作。

在表 4-2 中，执行前 4 个步骤即可实现 SampleLight 工程的 ZCL 应用模块，其通过声明相同的端点组织起完整的逻辑功能，原理如图 4-9 所示。

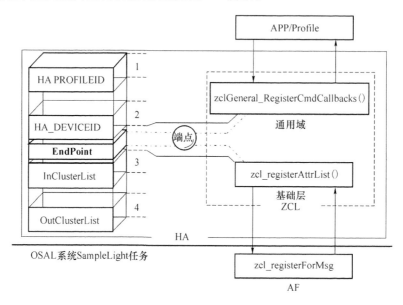

图 4-9　SampleLight 工程中 ZCL 应用模块的实现

如图 4-9 所示，一方面，可以认为 Server/Client 设备以端点（EndPoint）为核心在实例化 HA 框架的基础上建立了 ZCL 应用层功能模型，包括实例化 ZCL 基础层与添加通用域的簇回调函数。另一方面，可以知道，在处理 ZCL 命令或消息时，以 ZCL 模块为中心，分为"向下"与"向上"两个方向："向下"方向是 ZCL 基础层将通用域的功能函数以及本层自发的函数作为命令传送给 SampleLight 任务进行处理，"向上"方向是 SampleLight 任务将未处理的 ZCL 命令或消息传送给 ZCL 基础层，由 ZCL 基础层的本层函数执行响应或将命令（消息）转送给通用域，由通用域调用回调函数，在应用层执行响应。

图 4-9 的右侧结构与前面给出的图 4-1 的层功能结构是一致的，这里是以实际的代码通过实例实践了图 4-1 所包含的 ZCL 工作原理。

② 事件循环处理

事件循环处理函数 zclSampleLight_event_loop()是 SampleLight 工程应用程序中的另一个关键函数，该函数控制 SampleLight 工程的主体结构。

zclSampleLight_event_loop()函数是 OSAL 系统在初始化时指定的 SampleLight 任务处理函数，在 OSAL 托管系统后，即是应用层的无限循环处理函数，接收事件并对事件做出相应的响应。由于 SampleLight 工程选择采用 ZCL 设计，因此 zclSampleLight_event_loop()函数在实际上构成了一个 ZCL 通用域的事件循环处理器。

zclSampleLight_event_loop()函数的定义如源代码 4-5 所示。

源代码 4-5　zclSampleLight_event_loop() 函数—zcl_samplelight.c 文件—APP 层

```
1.  uint16 zclSampleLight_event_loop( uint8 task_id, uint16 events )
2.  {
3.    afIncomingMSGPacket_t *MSGpkt;
4.
5.    (void)task_id;     // Intentionally unreferenced parameter
6.
7.    if ( events & SYS_EVENT_MSG )
8.    {
9.      while ( (MSGpkt = (afIncomingMSGPacket_t *)osal_msg_receive \
10.           ( zclSampleLight_TaskID ) ) )
11.     {
12.         switch ( MSGpkt->hdr.event )
13.         {
14.           case ZCL_INCOMING_MSG:
15.           // Incoming ZCL Foundation command/response messages
16.         zclSampleLight_ProcessIncomingMsg( (zclIncomingMsg_t *)MSGpkt );
17.           break;
18.
19.           case KEY_CHANGE:
20.         zclSampleLight_HandleKeys( ((keyChange_t *)MSGpkt)->state, \
                                       ((keyChange_t *)MSGpkt)->keys );
21.           break;
22.
23.           default:
24.           break;
25.       }
26.
27.       // Release the memory
28.       osal_msg_deallocate( (uint8 *)MSGpkt );
29.     }
30.
31.     // return unprocessed events
32.     return (events ^ SYS_EVENT_MSG);
33.   }
34.
35.   if ( events & SAMPLELIGHT_IDENTIFY_TIMEOUT_EVT )
36.   {
```

```
37.      if ( zclSampleLight_IdentifyTime > 0 )
38.          zclSampleLight_IdentifyTime--;
39.      zclSampleLight_ProcessIdentifyTimeChange();
40.
41.      return ( events ^ SAMPLELIGHT_IDENTIFY_TIMEOUT_EVT );
42.    }
43.
44.    // Discard unknown events
45.    return 0;
46. }
```

所有向具有 zclSampleLight_TaskID 任务号的任务发送事件消息,或者那些已经注册到该任务的事件产生了消息,OSAL 操作系统都会自动调用 zclSampleLight_event_loop() 函数进行响应,处理相关的事件消息,具体的处理过程由用户自定义。

zclSampleLight_event_loop() 函数的功能基本上可以分为两类。

a. OSAL 系统默认的事件响应

在源代码 4-5 的第 7～34 行,响应并处理注册到 SampleLight 任务的系统事件消息。其中,在第 9 行代码处,OSAL 系统从 AF 层接收针对 zclSampleLight_TaskID 任务号的输入消息包,接着,第 12 行代码从 AF 输入消息包的 OSAL 事件头结构中解析事件类型。这里只处理解析出来的两种类型的系统事件消息,一种是 ZCL 基础层的命令或应答消息,如第 14 行所示;另一种是系统的按键消息,如第 19 行所示。

这两类事件消息在任务初始化时,已经使用注册函数注册到 OSAL 系统,因此,它们产生的事件消息将由 OSAL 系统默认响应与处理,都属于"SYS_EVENT_MSG"事件类型。

在第 16 行的代码中,由应用层的 zclSampleLight_ProcessIncomingMsg() 函数处理 ZCL 基础层的命令或应答消息。

在第 20 行的代码中,由应用层的 zclSampleLight_HandleKeys() 函数处理系统按键消息。在该函数中,仅定义了按键 2 的系统消息响应,在设备配置为终端设备类型时,向具有相同 HA 框架、端点的协调器设备请求绑定。绑定成功后,双方设备按绑定输入簇列表中的内容传输并执行特定簇类型的功能。

zclSampleLight_ProcessIncomingMsg() 函数与 zclSampleLight_HandleKeys() 函数的原型都定义在 zcl_samplelight.c 源文件中。

b. 主动向 OSAL 提交的 SampleLight 事件的响应

在源代码 4-5 的第 36 行,SAMPLELIGHT_IDENTIFY_TIMEOUT_EVT 类型的事件没有注册到 OSAL 系统,该事件是 ZCL 通用域的 IDENTIFY(确认)超时事件,不属于 ZCL 基础层,所以 OSAL 系统不能自动进行响应。

从第 38～40 行看,在确认时间仍有剩余时,继续消耗确认时间,然后调用 zclSample-Light_ProcessIdentifyTimeChange() 函数进行响应与处理。在该函数中,如果没有达到约定的确认时间,则启动定时器,定时时间设定为 1 s,每隔 1 s 就向 OSAL 系统发送一次 SAMPLELIGHT_IDENTIFY_TIMEOUT_EVT 消息,同时设定 LED4 为闪烁状态。

因此可知,OSAL 系统在 ZCL 设定确认时间或确认时间改变时,将会收到 SAMPLE-

LIGHT_IDENTIFY_TIMEOUT_EVT 消息并进行响应与处理。

对于 SAMPLELIGHT_IDENTIFY_TIMEOUT_EVT 消息，OSAL 系统会一直处理到确认时间耗尽，此时 zclSampleLight_ProcessIdentifyTimeChange() 函数将按灯控域的默认设定，控制 LED4 处于常亮或关闭状态，同时关闭定时器，不再触发 SAMPLELIGHT_IDENTIFY_TIMEOUT_EVT 事件消息。

zclSampleLight_event_loop() 函数的功能如图 4-10 所示。

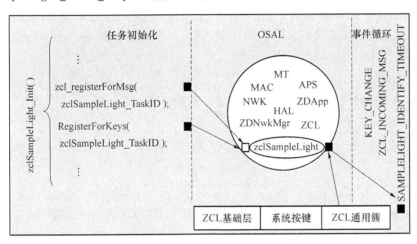

图 4-10　事件循环处理函数的功能与原理

在图 4-10 以及上面的程序分析中，并没有看到通过开关控制 LED 灯的代码操作，而实际上在 zcl_samplelight.c 源文件中，已经定义了灯控域的 zclSampleLight_OnOffCB() 簇回调函数，但是，无论是 zclSampleLight_Init() 函数还是 zclSampleLight_event_loop() 函数，在逻辑功能上都没有涉及通过按键开关控制灯光的函数调用与操作。这个问题在下面给出具体解释。

（3）SampleLight 的 LED 灯控制

在前述分析 SampleLight 工程的应用层函数与功能时，应用层事件回调处理函数中不存在主动的按键开关控制 LED 亮灭变化的系统事件，因此，可以确定该功能并非是在应用层实现的功能。进一步分析，开关控制 LED 灯的功能在控制逻辑中应该是存在的，并且具体执行灯控操作的回调函数 zclSampleLight_OnOffCB() 的功能已经实现，下一步需要找到系统与回调函数 zclSampleLight_OnOffCB() 之间的逻辑连接关系。

在应用层任务初始化之前，先对 ZCL 层任务进行了初始化，ZCL 任务的优先级在 OSAL 系统中高于应用层任务，并且在前面提到过"传送给应用程序的消息，将会在 ZCL 层过滤以后，再传送给应用层"，因此，这里可以从应用层任务的相邻上层任务——ZCL 任务层——进行分析。

首先，ZCL 通用域中开/关簇的回调函数可以执行 LED 的控制。

如表 4-1 所示，ZCL 通用域中包含开/关簇，通过"开/关/反转"回调函数可以执行 LED 的控制，该回调函数在 SampleLight 工程中定义为 zclSampleLight_OnOffCB() 函数，并且声明在 ZCL 通用域的回调函数表中。如前所述，ZCL 通用域的回调函数表又通过 ZCL 通用域命令回调函数表注册函数 zclGeneral_RegisterCmdCallbacks()，注册并绑定到了指定的端点 SAMPLELIGHT_ENDPOINT 上。因此，zclGeneral_RegisterCmdCallbacks() 函数成为分析灯控控制逻辑的下一个入口点。

其次,在 ZCL 基础层注册簇库处理回调函数。

分析 zclGeneral_RegisterCmdCallbacks()函数,该函数的原型定义在 zcl_general.c 源文件中,函数功能为注册 ZCL 通用域的命令回调函数表。

在 zclGeneral_RegisterCmdCallbacks()函数中,如下面代码所示,在注册命令回调函数表之前先调用了 ZCL 基础层 zcl_registerPlugin()函数,该函数定义在 zcl.c 源文件中,负责向 ZCL 基础层注册 Plugin(插件)。这里在注册的插件中声明了起始簇 ID 与结束簇 ID,并且声明了处理这些连续簇的默认的命令回调函数,这中间也包括 ZCL 通用域中的开/关簇 ID:ZCL_CLUSTER_ID_GEN_ON_OFF。

```
// Register as a ZCL Plugin
  if ( zclGenPluginRegisted == FALSE )
  {
    zcl_registerPlugin( ZCL_CLUSTER_ID_GEN_BASIC,
                        ZCL_CLUSTER_ID_GEN_LOCATION,
                        zclGeneral_HdlIncoming );
```

从 zcl_registerPlugin()函数的第 3 个参数可以知道,ZCL 通用域中的开/关簇命令将由 zclGeneral_HdlIncoming()函数进行处理。

在 ZCL 基础层注册插件后,将通用域的命令回调函数表添加的 ZCL 通用域命令回调函数列表 zclGenCBs 的末端,代码如下所示。

```
pNewItem->next = (zclGenCBRec_t *)NULL;
  pNewItem->endpoint = endpoint;
  pNewItem->CBs = callbacks;

  // Find spot in list
  if (  zclGenCBs == NULL )
  {
    zclGenCBs = pNewItem;
  }
  else
  {
    // Look for end of list
    pLoop = zclGenCBs;
    while ( pLoop->next != NULL )
      pLoop = pLoop->next;

    // Put new item at end of list
    pLoop->next = pNewItem;
  }
```

然后,继续深入分析 zclGeneral_HdlIncoming()函数。

① 关键的数据类型定义

ZCL 输入信息结构体的定义如表 4-3 所示。

表 4-3　ZCL 输入信息结构体类型

源程序文件	zcl. h
结构体 原型声明	typedef struct { 　afIncomingMSGPacket_t ∗ msg;　　　　// incoming message 　zclFrameHdr_t hdr;　　　　// ZCL header parsed 　uint8 ∗ pData;　　　　// pointer to data after header 　uint16 pDataLen;　　　　// length of remaining data 　void ∗ attrCmd;　　　　//pointer to the parsed attribute or command } zclIncoming_t;

应用框架层输入消息包结构体的定义如表 4-4 所示。

表 4-4　应用框架层输入消息包结构体类型

源程序文件	AF. h
结构体 原型声明	typedef struct { 　osal_event_hdr_t hdr;　　　/∗ OSAL Message header ∗/ 　uint16 groupId;　　　/∗ Message's group ID - 0 default ∗/ 　uint16 clusterId;　　　/∗ Message's cluster ID ∗/ 　afAddrType_t srcAddr;　　　/∗ Source Address ∗/ 　uint16 macDestAddr;　　　/∗ MAC header destination short address ∗/ 　uint8 endPoint;　　　/∗ destination endpoint ∗/ 　uint8 wasBroadcast;　　　/∗ TRUE if dest was a broadcast address ∗/ 　uint8 LinkQuality;　　　/∗ The link quality of the recv data frame ∗/ 　uint8 correlation;　　　/∗ The corr value of the rcv data frame ∗/ 　int8 rssi;　　　/∗ The received RF power in units dBm ∗/ 　uint8 SecurityUse;　　　/∗ deprecated ∗/ 　uint32 timestamp;　　　/∗ receipt timestamp from MAC ∗/ 　afMSGCommandFormat_t cmd;　　　/∗ Application Data ∗/ } afIncomingMSGPacket_t;

ZCL 帧头结构体中用到的 ZCL 帧控制域结构体的原型,如表 4-5 所示。

表 4-5　ZCL 帧控制域结构体类型

源程序文件	AF. h
结构体 原型声明	typedef struct { 　unsigned int type:2; 　unsigned int manuSpecific:1; 　unsigned int direction:1; 　unsigned int disableDefaultRsp:1; 　unsigned int reserved:3; } zclFrameControl_t;

ZCL 帧头结构体的定义如表 4-6 所示。

表 4-6　ZCL 帧头结构体类型

源程序文件	AF. h
结构体 原型声明	typedef struct { 　zclFrameControl_t fc; 　uint16　manuCode; 　uint8　transSeqNum; 　uint8　commandID; } zclFrameHdr_t;

② 过滤 ZCL 命令

zclGeneral_HdlIncoming() 函数的代码如下所示，它对 ZCL 命令进行过滤。

```
1. //函数原型:static ZStatus_t zclGeneral_HdlIncoming( zclIncoming_t * pInMsg );
2. if ( zcl_ClusterCmd( pInMsg->hdr.fc.type ) )
3. {
4.    // Is this a manufacturer specific command?
5.    if ( pInMsg->hdr.fc.manuSpecific == 0 )
6.    {
7.      stat = zclGeneral_HdlInSpecificCommands( pInMsg );
8.    }
9.    else
10.   {
11.     // We don't support any manufacturer specific command.
12.     stat = ZFailure;
13.   }
14. }
```

在上面的代码中，第 2 行判断 ZCL 输入消息结构体中的 ZCL 头——帧控制域的类型，如果是特定的命令类型，继续在第 5 行判断是否是帧控制域的制造商特定命令，如果不是，将 ZCL 输入消息转交给 zclGeneral_HdlInSpecificCommands() 函数处理。

接着，由 zclGeneral_HdlInSpecificCommands() 函数统一响应插件中簇群的命令。

在 zclGeneral_HdlInSpecificCommands() 函数中，先根据 ZCL 输入消息结构体中应用框架层输入消息包中的端点，查找相应的 ZCL 回调函数表，代码如下所示。

```
pCBs = zclGeneral_FindCallbacks( pInMsg->msg->endPoint );
if ( pCBs == NULL )
  return ( ZFailure );
```

如果 ZCL 回调函数表存在，继续判断 ZCL 输入消息中的簇 ID，根据簇 ID 调用相应的处理函数，ZCL 开/关簇对应的代码如下所示。

```
      switch ( pInMsg->msg->clusterId )
      {
          ...
          #ifdef ZCL_ON_OFF
              case ZCL_CLUSTER_ID_GEN_ON_OFF:
                  stat = zclGeneral_ProcessInOnOff( pInMsg, pCBs );
                  break;
          #endif // ZCL_ON_OFF
          ...
      }
```

由 zclGeneral_ProcessInOnOff()函数从 ZCL 回调函数表中索引相应的回调函数,执行 LED 灯的控制,zclGeneral_ProcessInOnOff()函数的代码如下所示。

源代码 4-6　zclGeneral_ProcessInOnOff()函数—zcl_general.c 文件—Profile 层

```
1. static ZStatus_t zclGeneral_ProcessInOnOff ( zclIncoming_t * pInMsg,
                                               zclGeneral_AppCallbacks_t  * pCBs )
2.  {
3.   if ( zcl_ServerCmd( pInMsg->hdr.fc.direction ) )
4.   {
5.    if ( pInMsg->hdr.commandID > COMMAND_TOGGLE )
6.      return ( ZFailure );    // Error ignore the command
7.
8.    if ( pCBs->pfnOnOff )
9.      pCBs->pfnOnOff( pInMsg->hdr.commandID );
10.  }
11.  // no Client command
12.
13.  return ( ZSuccess );
14. }
```

在代码 4-6 中,第 3 行代码判断 ZCL 输入消息是否是从客户端发给服务器的,LED 灯光控制只能在服务器端执行。如果方向正确,继续执行第 5 行代码,判断 ZCL 输入消息的帧头中的命令 ID 是否正确。如果是 ZCL 开/关簇的正确命令,开始从第 8 行执行,直接从 ZCL 回调表中索引处理函数入口,执行对 ZCL 开/关簇命令的响应处理。

最后,由 zclSampleLight_OnOffCB()函数具体执行 LED 灯光控制。

上面 zclGeneral_ProcessInOnOff()函数中第 9 行将调用到 zclSampleLight_OnOffCB()函数,具体执行 LED 灯光控制,zclSampleLight_OnOffCB()函数原型的代码如源代码 4-7 所示。

源代码 4-7　zclSampleLight_OnOffCB()函数—zcl_samplelight.c 文件—APP 层

```
1. static void zclSampleLight_OnOffCB( uint8 cmd )
2. {
3.    // Turn on the light
4.    if ( cmd == COMMAND_ON )
```

```
5.      zclSampleLight_OnOff = LIGHT_ON;
6.
7.    // Turn off the light
8.    else if ( cmd == COMMAND_OFF )
9.      zclSampleLight_OnOff = LIGHT_OFF;
10.
11.   // Toggle the light
12.   else
13.   {
14.     if ( zclSampleLight_OnOff == LIGHT_OFF )
15.       zclSampleLight_OnOff = LIGHT_ON;
16.     else
17.       zclSampleLight_OnOff = LIGHT_OFF;
18.   }
19.
20.   // In this sample app, we use LED4 to simulate the Light
21.   if ( zclSampleLight_OnOff == LIGHT_ON )
22.     HalLedSet( HAL_LED_4, HAL_LED_MODE_ON );
23.   else
24.     HalLedSet( HAL_LED_4, HAL_LED_MODE_OFF );
25. }
```

在 zclSampleLight_OnOffCB() 函数的代码中,从第 4~18 行判断 ZCL 开/关簇的命令类型,根据不同的类型设置控制变量 zclSampleLight_OnOff 的值。从第 21~24 行,再根据控制变量 zclSampleLight_OnOff 的值具体控制 LED4 灯的亮灭状态。

因此,可以概括地说:

- ZCL 灯控命令不在应用层的事件循环函数中处理,已经提前由 ZCL 层接收;
- ZCL 回调函数表注册到 ZCL 通用域的回调函数链表中,由 ZCL 基础层中插件的簇命令处理函数统一选择、调用与执行;
- ZCL 层接收到 ZCL 开/关簇命令,将自动进行响应与处理。

3. SampleLight 工程实践

任取两个 CC2530 模块,分别下载 SampleLight 工程代码程序与 SampleSwitch 工程代码程序,并命名为 Light 模块与 Switch 模块。在 Switch 模块上,按下 Key2 键,请求 Light 模块建立绑定。待绑定操作执行完毕后,在 Switch 模块上按下 Key1 键,开始向 Light 模块发送切换 LED 灯状态的命令。

Light 模块中运行的 SampleLight 工程程序在 ZCL 层时间循环函数将接收与响应该命令,zcl_event_loop() 函数的代码如下。

```
源代码 4-8　zcl_event_loop()函数—zcl.c 文件—Profile 层
1. uint16 zcl_event_loop( uint8 task_id, uint16 events )
2. {
3.   uint8 *msgPtr;
4.
5.   (void)task_id;   // Intentionally unreferenced parameter
6.
7.   if ( events & SYS_EVENT_MSG )
8.   {
9.     msgPtr = osal_msg_receive( zcl_TaskID );
10.    while ( msgPtr != NULL )
11.    {
12.      uint8 dealloc = TRUE;
13.
14.      if ( *msgPtr == AF_INCOMING_MSG_CMD )
15.      {
16.        zclProcessMessageMSG( (afIncomingMSGPacket_t *)msgPtr );
17.      }
     ...
```

在 zcl_event_loop()函数中的第 14 行,判断消息是 AF 层输入的消息,ZCL 继续调用消息处理函数 zclProcessMessageMSG()执行对输入消息包的响应。

zclProcessMessageMSG()函数的主要代码如下所示。

```
源代码 4-9　zclProcessMessageMSG()函数— zcl.c 文件—Profile 层
1. void zclProcessMessageMSG( afIncomingMSGPacket_t *pkt )
2. {
   ...
3.   // Find the wanted endpoint
4.   epDesc = afFindEndPointDesc( pkt->endPoint );
5.   if ( epDesc == NULL )
6.     return;   // Error, ignore the message
7.
8.   if ( pkt->clusterId == ZCL_INVALID_CLUSTER_ID )
9.     return;   // Error, ignore the message
10.  // 获取 ZCL 属性(Attribute)
11.  if ((epDesc->simpleDesc == NULL) || (zcl_DeviceOperational(pkt->end-
       Point, pkt->clusterId, inMsg.hdr.fc.type, inMsg.hdr.commandID, epDesc->
       simpleDesc->AppProfId) == FALSE))
12.  {
```

```
13.        return; // Error, ignore the message
14.    }
           ...
15.    // Is this a foundation type message
16.    if ( zcl_ProfileCmd( inMsg.hdr.fc.type ) )
17.    {
           ...
18.    }
19.    else  // Not ZCL foundation MSG,it must be specific to the cluster ID.
20.    {
21.        if (epDesc->simpleDesc == NULL)
22.        {
23.            pInPlugin = NULL;
24.        }
25.        else
26.        {
27.          // Find the appropriate plugin
28.    pInPlugin = zclFindPlugin ( pkt-> clusterId, epDesc-> simpleDesc->
       AppProfId );
29.        }
30.        if ( pInPlugin && pInPlugin->pfnIncomingHdlr )
31.        {
32.            status = pInPlugin->pfnIncomingHdlr( &inMsg );
       ...
```

在 zclProcessMessageMSG()函数中,第 4 行根据消息包中的端点查找端点描述,如果存在端点描述,继续执行;如果在第 8 行判断簇 ID 正确,并且在第 11 行能够获取正确的 ZCL 属性,才能够继续向下执行;在第 15 行判断消息包命令类型是否是 ZCL 基础层的命令,如果不是,就转入第 19 行开始执行;在第 21~32 行,如果判断端点描述中的简单描述结构体非空,接着通过消息包中的簇 ID 以及简单描述结构体中端点支持的框架 ID 查找 ZCL 插件。

在第 32 行代码中,针对输入的消息包,通过插件中的输入簇命令处理函数统一选择、调用与执行簇命令响应。到此,可以与前面介绍的"SampleLight 的 LED 灯控制"部分结合起来理解,Light 模块按照 Switch 模块的 ZCL 簇命令,控制板载的 LED4 灯的亮灭状态转变。

4.3.2 SampleSwitch 工程

1. SampleSwitch 工程简介

SampleSwitch 是基于 Z-Stack 协议栈应用 ZCL 设计的射频通信应用工程,运行 SampleSwitch 程序的无线传感器网络节点属于 ZCL Client 型设备节点,该节点可以向 ZCL Server 型设备节点发送控制命令,由 ZCL Server 设备解析命令后按相关命令请求执行 LED 灯的打开与关闭控制。

SampleSwitch 应用工程的源代码软件包位于 Z-Stack 协议栈默认的安装路径 C:\Texas Instruments\ZStack-CC2530-2.3.0-1.4.0\Projects\zstack\HomeAutomation 下,可以参见图 4-4,位置与 SampleLight 应用工程一样,它们形成了完整的 ZCL 应用项目。

2. SampleSwitch 程序分析

SampleSwitch 应用工程的程序结构与 SampleLight 应用工程的程序结构类似,同样也从 OSAL 操作系统的初始化、SampleSwitch 任务初始化及事件循环处理函数开始分析。由于 OSAL 操作系统的初始化部分的代码及工作原理基本一致,这里不再赘述。

首先,分析 SampleSwitch 工程的任务初始化函数。

SampleSwitch 工程的任务初始化函数 zclSampleSw_Init()原型定义在 zcl_samplesw.c 源文件中,如源代码 4-10 所示,属于应用层函数。

源代码 4-10　zclSampleSw_Init()函数—zcl_samplesw.c 文件—APP 层

```
1.   void zclSampleSw_Init( byte task_id )
2.   {
3.     zclSampleSw_TaskID = task_id;
4.
5.     // Set destination address to indirect
6.     zclSampleSw_DstAddr.addrMode = (afAddrMode_t)AddrNotPresent;
7.     zclSampleSw_DstAddr.endPoint = 0;
8.     zclSampleSw_DstAddr.addr.shortAddr = 0;
9.
10.    // This app is part of the Home Automation Profile
11.    zclHA_Init( &zclSampleSw_SimpleDesc );
12.
13.    // Register the ZCL General Cluster Library callback functions
14.    zclGeneral_RegisterCmdCallbacks( SAMPLESW_ENDPOINT, \
                                      &zclSampleSw_CmdCallbacks );
15.
16.    // Register the application's attribute list
17.    zcl_registerAttrList( SAMPLESW_ENDPOINT, SAMPLESW_MAX_ATTRIBUTES,
                            zclSampleSw_Attrs );
18.
19.    // Register APP to receive the unprocessed Foundation command/response MSG
20.    zcl_registerForMsg( zclSampleSw_TaskID );
21.
22.    // Register for all key events - This app will handle all key events
23.    RegisterForKeys( zclSampleSw_TaskID );
24.
25.    // Register for a test endpoint
26.    afRegister( &sampleSw_TestEp );
27.
28.    ZDO_RegisterForZDOMsg( zclSampleSw_TaskID, End_Device_Bind_rsp );
29.    ZDO_RegisterForZDOMsg( zclSampleSw_TaskID, Match_Desc_rsp );
30.  }
```

在源代码 4-10 中，zclSampleSw_Init()函数的代码与 SampleLight 工程的初始化函数基本相同，区别在于以下两点：

① 初始化目标地址，SampleSwitch 工程的初始化函数中添加了对目的地址的初始化，目标地址 zclSampleSw_DstAddr 的值默认设置为空；

② 注册 ZDO 消息，除 ZCL 基础层命令与应答消息、系统按键事件以外，在 SampleSwitch 工程的初始化函数中向任务号为 zclSampleSw_TaskID 的应用层任务注册了 ZDO 层消息响应，包括终端设备绑定应答消息与匹配描述应答消息。

其次，分析 SampleSwitch 工程的事件循环处理函数。

源代码 4-11 zclSampleSw_event_loop()函数—zcl_samplesw.c 文件—APP 层

```
1.   uint16 zclSampleSw_event_loop( uint8 task_id, uint16 events )
2.   {
3.     afIncomingMSGPacket_t *MSGpkt;
4.     (void)task_id;   // Intentionally unreferenced parameter
5.
6.     if ( events & SYS_EVENT_MSG )
7.     {
8.         while ( (MSGpkt = (afIncomingMSGPacket_t *)osal_msg_receive \
                                         ( zclSampleSw_TaskID ) ) )
9.         {
10.          switch ( MSGpkt->hdr.event )
11.          {
12.            case ZCL_INCOMING_MSG:
13.            // Incoming ZCL Foundation command/response messages
14.              zclSampleSw_ProcessIncomingMsg( (zclIncomingMsg_t *)MSGpkt );
15.              break;
16.
17.            case ZDO_CB_MSG:
18.              zclSampleSw_ProcessZDOMsgs( (zdoIncomingMsg_t *)MSGpkt );
19.              break;
20.
21.            case KEY_CHANGE:
22.                zclSampleSw_HandleKeys( ((keyChange_t *)MSGpkt)->state, \
                                   ((keyChange_t *)MSGpkt)->keys );
23.              break;
24.
25.            default:
26.              break;
27.          }
```

```
28.
29.        // Release the memory
30.        osal_msg_deallocate( (uint8 *)MSGpkt );
31.      }
32.
33.      // return unprocessed events
34.      return (events ^ SYS_EVENT_MSG);
35.  }
36.
37.  if ( events & SAMPLESW_IDENTIFY_TIMEOUT_EVT )
38.  {
39.    zclSampleSw_IdentifyTime = 10;
40.    zclSampleSw_ProcessIdentifyTimeChange();
41.
42.    return ( events ^ SAMPLESW_IDENTIFY_TIMEOUT_EVT );
43.  }
44.
45.  // Discard unknown events
46.  return 0;
47. }
```

SampleSwitch 工程的事件循环处理函数与 SampleLight 工程的事件循环处理函数的代码基本一致,可以对比源代码 4-5。这里主要的区别在于第 17～19 行,添加了处理 ZDO 层消息的函数 zclSampleSw_ProcessZDOMsgs(),该函数的功能是响应并处理 SampleSwitch 工程初始化函数中已经注册的两类 ZDO 消息,在该函数中可以实现:

① 响应终端设备绑定应答消息,在接收到 ZDO 层发送的输入信息后,对于终端设备绑定应答消息,解析 ZDO 输入信息,如果显示为绑定成功,控制 LED4 灯常亮,否则闪烁;

② 响应匹配描述应答消息,在接收到 ZDO 层发送的输入信息后,对于匹配描述应答消息,解析 ZDO 输入信息,如果显示为匹配成功并且计数值不为 0,控制 LED4 灯常亮,否则闪烁。

3. SampleSwitch 工程实践

与 SampleLight 应用工程不同的是,SampleSwitch 应用工程最终的功能不是 LED 灯的亮灭控制,而是表现在按键事件的触发与响应,所以,最后一步的分析应该定位于 zclSampleSw_HandleKeys() 函数,直接在应用层函数 zclSampleSw_HandleKeys() 中调用 ZCL API 发送函数执行按键的控制操作。

zclSampleSw_HandleKeys() 函数定义在 zcl_samplesw.c 源文件中,如源代码 4-12 所示,属于应用层函数。

源代码 4-12 zclSampleSw_event_loop()函数—zcl_samplesw.c 文件—APP 层

```
1.   static void zclSampleSw_HandleKeys( byte shift, byte keys )
2.   {
3.     zAddrType_t dstAddr;
4.     (void)shift;
5.
6.     if ( keys & HAL_KEY_SW_1 )
7.     {
8.   #ifdef ZCL_ON_OFF
9.     zclGeneral_SendOnOff_CmdToggle ( SAMPLESW_ENDPOINT, &zclSampleSw_DstAddr,
                                   false, 0 );
10.  #endif
11.    }
12.
13.    if ( keys & HAL_KEY_SW_2 )
14.    {
15.      HalLedSet ( HAL_LED_4, HAL_LED_MODE_OFF );
16.
17.      dstAddr.addrMode = afAddr16Bit;
18.      dstAddr.addr.shortAddr = 0;
19.      ZDP_EndDeviceBindReq( &dstAddr, NLME_GetShortAddr(),
                              SAMPLESW_ENDPOINT,
                              ZCL_HA_PROFILE_ID,
                              0, NULL,
                              ZCLSAMPLESW_BINDINGLIST, bindingOutClusters,
                              TRUE );
20.    }
21.
22.    if ( keys & HAL_KEY_SW_3 )
23.    {
24.    }
25.
26.    if ( keys & HAL_KEY_SW_4 )
27.    {
28.      HalLedSet ( HAL_LED_4, HAL_LED_MODE_OFF );
29.
30.      dstAddr.addrMode = AddrBroadcast;
31.      dstAddr.addr.shortAddr = NWK_BROADCAST_SHORTADDR;
```

```
32.        ZDP_MatchDescReq( &dstAddr, NWK_BROADCAST_SHORTADDR,
                            ZCL_HA_PROFILE_ID,
                            ZCLSAMPLESW_BINDINGLIST, bindingOutClusters,
                            0, NULL,FALSE );
33.      }
34.  }
```

Switch 模块的功能与 zclSampleSw_HandleKeys()函数中的代码对照分析,Switch 模块可以执行以下 3 种功能。

（1）发现服务器并进行匹配

在 Switch 模块上,按下 Key4 键,LED4 灯熄灭,开始广播描述配对请求消息,寻找使用相同 HA 框架 ID、输入簇与输出簇匹配的服务器设备端点链表,如代码第 26～33 行所示。如果匹配成功,LED4 灯点亮,表示服务器设备回传了描述配对请求应答,由 zclSampleSw_ProcessZDOMsgs()函数接收并为目标地址赋值。

（2）建立绑定

在 Switch 模块上,按下 Key2 键,LED4 灯熄灭,Switch 模块请求 Light 模块建立绑定,如代码第 13～20 行所示。如果绑定成功,服务器设备将回传终端设备绑定请求应答,由 zclSampleSw_ProcessZDOMsgs()函数接收并控制 LED4 灯点亮,给出提示。

（3）开/关 LED 灯的按键指令发送

待绑定操作执行完毕后,在 Switch 模块上按下 Key1 键,开始向 Light 模块发送切换 LED 灯状态的命令,如代码第 6～11 行所示。

Light 模块接收到 Switch 模块发送的 ZCL 命令时,由内部运行的 SampleLight 工程程序在 ZCL 层时间循环函数中接收与响应,控制 Light 模块上 LED4 灯亮灭状态的反转。

本 章 小 结

本章以 Z-Stack 软件包中的 HA 项目工程为例,分析了 ZCL 框架在 Z-Stack 协议栈中的应用。结合 HA 项目,首先,介绍了 ZCL 的概念,分析了 ZCL 的分层结构,了解了基础层与功能域实现的功能,这些都是概念层面的知识点。其次,分析了 HA 项目工程的结构,特别列出了应用层与 Profile 层的文件组织关系,这是应用 ZCL 创建工程应用的基础。最后,分析了 HA 工程的源代码,了解了无线数据发送与接收的原理,消息的触发、响应与处理过程,理解无线遥控灯具开关的效果与意义。

ZCL 提供对消息的触发响应与处理,与应用层的用户应用程序执行消息响应与处理有一些差别,最关键的差别在于,ZCL 隐藏在用户开发层面之下,并不是显式地提供相应功能,难以分析程序的执行流程。但是,只要首先明确一点,即 ZCL 任务的优先级高于应用层的优先级,ZCL 簇消息由 ZCL 优先响应与处理,从 ZCL 任务中查找与分析,即可把握消息的流向了。特别地,应该理解 ZCL 功能域的原理、接口函数与应用。

习　　题

4-1　简述 ZCL 的定义。

4-2　ZCL 由哪些部分组成？常见的功能域有哪些？

4-3　实现 ZCL 接口的设备定义为几种类型？都是什么类型？

4-4　创建一个新的 ZCL 应用工程,至少需要在工程中建立几个 ZCL 程序文档？它们分别是什么？

4-5　简述 ZCL 基础层的功能。

4-6　ZCL 簇属性的操作与访问包括哪些类型？

4-7　在 ZCL 通用域中定义哪些簇？

4-8　简述 HA 的 Switch 设备与 Light 设备怎样进行设备匹配？

4-9　简述 HA 的 Switch 设备与 Light 设备怎样进行绑定操作？

4-10　简述 HA 的 Switch 设备与 Light 设备的工作原理。

第5章　Z-Stack 协议栈组网

本章基于 Z-Stack 协议栈实现无线通信网络,主要是在应用层通过用户程序实现传感器测量数据的无线射频收发操作,这是 Z-Stack 协议栈组网的主要实现方法。

在 Z-Stack 协议栈的软件包中,给出了 SampleApp 应用项目,SampleApp 项目即在应用层实现的无线网络通信工程项目。本章首先结合 SampleApp 项目分析了工程的设计原理,并在 SampleApp 工程的基础上,定义连接传感器模块的接口协议,添加了温湿传感器数据的采集与传输功能。

最后,进行实践操作,采用 CC2530 微处理器实现协调器与终端设备,演示了温湿传感器数据的采集与传输功能。在实践的基础上进一步熟悉利用 Z-Stack 协议栈设计应用工程的原理与方法。

学习目标

- 了解 Z-Stack 协议栈的概念。
- 了解 Z-Stack 协议栈的软件架构。
- 了解 Z-Stack 协议栈的运行原理。
- 掌握 Z-Stack 协议栈软件的开发方法。

5.1　Z-Stack 应用基础

5.1.1　OSAL 任务

(1)初始化

OSAL 是开源的操作系统,OSAL 操作系统的函数可以在 Z-Stack 协议栈环境中由用户修改。OSAL 操作系统初始化任务时调用 osalInitTasks()函数,该函数由用户实现,定义在工程中指定的 OSAL_"Application Name".c(如 OSAL_GenericApp.c)源代码文件中。板级支持包(BSP)将 osalInitTasks()函数作为板级上电启动与 Z-Stack 初始化过程中的重要组成部分进行调用。

(2)组织

Z-Stack 协议栈中的每个主要子系统都作为 OSAL 任务运行。在应用程序中,用户至少需要创建一个 OSAL 任务,并将新创建的任务添加到任务数组(tasksArr[]定义在 OSAL_"Application Name". c 源文件中)。每个任务都在 osalInitTasks()函数中进行初始化。OSAL 操作系统提供分层协作的任务循环服务,处理不同的任务事件消息。

(3)任务优先级

任务按照在任务数组中的排列顺序依次执行,任务 ID 越小,优先级越高。

(4)系统服务

OSAL 与 HAL 系统服务已经定型,只有一个 OSAL 任务可以注册键盘通知与串口通知。这两个通知不可以同时注册在同一个任务,并且任意一个都不可以注册到 Z-Stack 任务中,它们由用户应用任务处理。

(5)应用设计

用户可以为每个实例化的应用对象创建一个任务,也可以只创建一个任务,服务所有的应用对象。

• 单个 OSAL 任务对多个应用对象

优点:①接收到按键或串口任务事件的执行行为简单;②节约了为 OSAL 任务结构保留的堆存储空间。

缺点:①响应输入 AF 消息或 AF 数据确认的执行行为繁琐;②通过匹配描述请求执行服务发现的处理比较繁琐。

• 单个 OSAL 任务对单个应用对象

优点:输入的 AF 消息或 AF 数据确认在协议栈的底层就已经得到解析,可以直接判定接收应用对象,调用相应函数处理。

缺点:①堆存储空间需求较大;②如果多个应用对象同时使用按键或串口,处理过程相当繁琐。

(6)必备的任务方法

任何 OSAL 任务都必须实现两个方法(函数):任务初始化方法与任务事件处理方法。

任务的初始化函数按"ApplicationName"_Init 格式命名,如 GenericApp_Init。执行任务初始化回调函数,主要实现以下功能:

① 应用对象的变量初始化,堆存储空间的分配;

② 应用对象的实例化,注册到 AF 层;

③ 注册使用的 OSAL 或 HAL 系统服务。

任务事件处理函数按"ApplicationName"_ProcessEvent 格式命名,如 GenericApp_ProcessEvent()。任何 OSAL 任务都可以定义多达 15 个事件。

(7)必备的系统事件

SYS_EVENT_MSG(0x8000)事件消息是设计 OSAL 任务时保留的必备事件消息类型。通过 SYS_EVENT_MSG 发送的全局系统消息都定义在 ZComDef. h 源文件中。任务事件处理函数至少应该处理以下全局系统消息的最小子集。

• AF_DATA_CONFIRM_CMD:OTA 数据请求结果指示。调用 AF_DataRequest() 函数,返回 ZSuccess 值确认数据请求指令已经成功地通过 OTA 传输给下一跳设备;如果设置了 AF_ACK_REQUEST 标志位,返回 ZSuccess 值确认请求消息已经由目标设备成功接收。

- AF_INCOMING_MSG_CMD:输入 AF 消息指示。
- KEY_CHANGE:按键动作指示。
- ZDO_STATE_CHANGE:网络状态变化指示。
- ZDO_CB_MSG:回调处理注册的 ZDO 应答消息(在任务初始化函数中调用 ZDO_RegisterForZDOMsg()函数注册)。

5.1.2　网络组建

配置为协调器的设备将发起网络的组建,启用由 DEFAULT_CHANLIST 指定的信道。协调器基于 IEEE 地址或 ZDAPP_CONFIG_PAN_ID(非 0xFFFF 值)建立 PAN ID。

配置为路由器或终端设备的节点在 DEFAULT_CHANLIST 信道上搜寻并加入协调器创建的网络。如果这两类设备的 ZDAPP_CONFIG_PAN_ID 的值不是 0xFFFF,只能加入 PAN ID 值相同的协调器创建的网络。如果在同一个信道上,两个协调器使用了相同的 PAN ID,新加入的协调器将持续改变直到获取一个新的 PAN ID 值。新加入的路由器或终端设备无法获取为避免冲突而建立的新的 PAN ID 值,它们仍将加入指定的 PAN ID 网络。

另一个问题是,信道掩码机制允许使用多个信道,PAN ID 冲突的协调器不能使用第 1 个信道,而路由器或终端设备加入指定 PAN ID 的网络后使用第 1 个信道。

(1)自动启动

作为 BSP 上电启动序列的一部分,设备将自动启动组网或加入网络的操作。如果设备在加入网络前,需要等待定时器或其他外部事件触发,应该在程序中定义 HOLD_AUTO_START,随后,可以选择调用 ZDOInitDevice()函数,手动启动入网操作。

(2)网络恢复

已经成功入网的设备在掉电后可以重新恢复网络,不必再通过 OTA 消息的交互重启加入网络操作。在编译选项中使能 NV_RESTORE 或 NV_INIT 参数即可自动实现网络恢复。

(3)入网通知

ZDO_STATE_CHANGE 消息用来向设备通知组建或加入网络的状态。

5.1.3　设备绑定与发现

1. 绑定请求(手动绑定)

调用 ZDApp_SendEndDeviceBindReq()函数启动设备的手动绑定操作,发出绑定请求。协调器将接收绑定请求。网络中的另一个设备,如果存在一个或多个输入簇,能与第 1 个请求设备的一个或多个输出簇匹配,满足输出簇匹配输入簇的条件,也必须调用 ZDApp_SendEndDeviceBindReq()函数。绑定请求应该在 APS_DEFAULT_MAXBINDING_TIME 微秒内发出。

优点:①绑定信息存留在协调器中,节约了目标设备的 RAM 存储空间;②协调器一直处于 RxOnWhenIdle 状态,保持监听网络。如果一个绑定设备广播自己的网络地址已改变,协调器即时接收并更新绑定表,这样,即使其他绑定设备一直休眠,协调器也能将信息准确地传送给地址改变的绑定设备。

　　缺点:①绑定多个设备的节点,不能向匹配设备中的一个设备或设备子集传送信息,协调器将向所有的绑定设备发送信息;②发送设备不能接收消息送达通知;③所有信息必须通过协调器转发,减少了网络带宽。

2. 匹配描述请求(自动发现)

依次执行以下步骤,执行匹配描述请求自动发现:

- 调用 ZDO_RegisterForZDOMsg()函数注册 ZDO 消息,处理输入的 ZDO 匹配描述应答信息;
- 调用 ZDP_MatchDescReq()函数,建立并向所有设备广播一条匹配描述请求,如果在输入/输出簇列表中存在匹配项,接收设备发出应答信息,表示匹配设备已出现;
- 处理输入的 ZDO 匹配描述应答消息,系统响应 ZDO_CB_MSG 系统消息,处理输入的 ZDO 匹配描述应答信息,解析消息中的源地址与设备 ID。

使用自动发现的优缺点如下所示。

缺点:①目标地址及其备份驻留在发现设备中,不仅需要 RAM 空间,还需要 NV 存储空间存储;②发现设备必须保持 RxOnWhenIdle 状态以适应改变网络地址的发现设备。

优点:①发现阶段接收的响应信息能被过滤而不保留,如果很多匹配响应保留在设备中,在发送 OTA 信息时,可以选择任意一个设备或设备子集传输;②发送设备可以接收到消息送达通知;③消息以最佳路径路由,节约网络带宽。

5.2　Z-Stack 应用程序流程

5.2.1　初始化操作

（1）初始化任务 ID

在 CC2530 系统上电初始化时,将调用 SampleApp_Init()函数,OSAL 操作系统通过函数参数分派 SampleApp 的任务 ID。

```
SampleApp_TaskID = task_id;
```

这个任务 ID 是 SampleApp 用于设置任务定时器、设置事件或发送 OSAL 消息的。当一个任务将大批量的工作划分为各个时隙可执行的微量工作时,也将影响 OSAL 任务设计的协作行为。

（2）初始化网络状态

保存设备网络状态的本地备份是很有用的,刚上电时网络状态是"未连接的"或 DEV_INIT。OSAL 任务在上电过程中不会收到默认状态的 ZDO_STATE_CHANGE 消息,网络状态必须进行本地初始化,如下所示:

```
SampleApp_NwkState = DEV_INIT;
```

设备获得新的网络状态后,任务将收到 ZDO_STATE_CHANGE 消息。如果设备使用

NV_RESTORE 参数进行编译,并且在电源重启前接入网络,ZDO_STATE_CHANGE 消息会很快在上电后接收到,由于"网络连接"状态已经从 NV 存储器中获取,此时还没有进行 OTA 消息传输。

（3）初始化目标地址

上电后 CC2530 设备按下列代码进行初始化,采用默认值,地址为 AddrNotPresent,表示消息按绑定消息进行传输,目标地址从绑定表中查找。如果不存在匹配的绑定信息,直接丢弃该消息。

```
SampleApp_DstAddr.addrMode = (afAddrMode_t)AddrNotPresent;
SampleApp_DstAddr.endPoint = 0;
SampleApp_DstAddr.addr.shortAddr = 0;
```

（4）实例化应用对象

在程序中通过注册端点的描述信息实现应用对象的实例化,如下列代码所示。通过注册应用对象的端点描述信息,AF 层可以将输入的消息包路由给 SAMPLEAPP_PROFID / SAMPLEAPP_ENDPOINT,通过发送 SYS_EVENT_MSG(AF_INCOMING_MSG_CMD) OSAL 操作系统事件消息给 SampleApp_TaskID 来实现。

（5）注册按键事件响应

注册按键通知的 exclusive 系统服务,代码如下所示。

```
RegisterForKeys(SampleApp_TaskID);
```

（6）初始化通信分组

将设备设置为分组设备,接收发送给分组的 Flash 控制消息,代码如下所示。

```
SampleApp_Group.ID = 0x0001;
osal_memcpy( SampleApp_Group.name, "Group1" );
aps_AddGroup( SAMPLEAPP_ENDPOINT, &SampleApp_Group );
```

5.2.2　事件处理

（1）事件处理函数

如果 OSAL 操作系统接收到注册到 SampleApp_TaskID 的事件消息,将自动调用 SampleApp_ProcessEvent()事件处理函数进行响应与处理,该函数的参数是一个 16 位掩码。每个任务应该仅响应一个事件,通常 SYS_EVENT_MSG 具有最高的优先级,代码如下所示。

```
if ( events & SYS_EVENT_MSG )
{
    MSGpkt = (afIncomingMSGPacket_t *)osal_msg_receive( SampleApp_TaskID );
    while ( MSGpkt )
    {
        ...
```

即使建议每次在调用任务处理函数时,一个任务仅响应多个挂起事件中的一个,但是,并不妨碍在同一 OSAL 时隙中处理所有可能提交的 SYS_EVENT_MSG 消息。

(2)解析消息类型

使用 switch-case 结构解析 SYS_EVENT_MSG 消息的类型,代码如下所示。

```
switch ( MSGpkt->hdr.event )
```

不同类型的 SYS_EVENT_MSG 消息划分为不同的最小子集在不同的任务中处理。

(3)按键事件响应

按键事件注册到 OSAL 操作系统后,任何按键动作都将触发 KEY_CHANGE 系统事件消息,触发过程分为 3 步:

① HAL 层检测按键动作状态;

② HAL 层 OSAL 任务检测按键状态变化并调用 OSAL 按键状态改变回调函数;

③ OSAL 按键状态改变回调函数向 SampleApp_TaskID 发送 OSAL 系统事件消息 KEY_CHANGE。

按键事件的响应与处理代码如下所示。

```
case KEY_CHANGE:
    SampleApp_HandleKeys( ((keyChange_t *)MSGpkt)->state,
    ((keyChange_t *)MSGpkt)->keys );
    break;
```

(4)OTA 数据发送

调用 AF_DataRequest()函数后返回"ZSuccess"值,表示消息已经由网络层接收,将转发到 MAC 层以 OTA 方式发送,"ZSuccess"状态将触发 AF_DATA_CONFIRM_CMD 系统事件消息,响应与处理代码如下所示。

```
case AF_DATA_CONFIRM_CMD:
// The status is of ZStatus_t type [defined in ZComDef.h]
// The message fields are defined in AF.h
afDataConfirm = (afDataConfirm_t *)MSGpkt;
sentEP = afDataConfirm->endpoint;
sentStatus = afDataConfirm->hdr.status; // sentStatus 是 OTA 发送的状态
sentTransID = afDataConfirm->transID; // sentTransID 用以标识消息
```

如果采用带 AF_ACK_REQUEST 的 AF_DataRequest()函数调用,ZSuccess 表示消息已经发送到目标设备;如果消息的寻址模式设置为转发,ZSuccess 表示消息已经发送到协调器。

(5)ZDO_STATE_CHANGE 消息

网络状态的改变触发 ZDO_STATE_CHANGE 系统事件消息,该消息将通知所有任务。在 SampleApp 应用工程中,设备加入网络后,作为 ZDO_STATE_CHANGE 消息的响应,将启动定时器,定时发送射频消息。设备入网后,还可以初始化自动发现操作,无须用户参与就可以绑定设备。ZDO_STATE_CHANGE 消息的响应与处理代码如下所示。

```
case ZDO_STATE_CHANGE:
    SampleApp_NwkState = (devStates_t)(MSGpkt->hdr.status);
    if ( (SampleApp_NwkState == DEV_ZB_COORD)
    ||(SampleApp_NwkState == DEV_ROUTER)
    ||(SampleApp_NwkState == DEV_END_DEVICE) )
    {
        // Update the LCD's network indicator
        // Start sending "the" message in a regular interval.
        osal_start_timer( SAMPLEAPP_SEND_PERIODIC_MSG_EVT,
        SAMPLEAPP_SEND_PERIODIC_MSG_TIMEOUT );
    }
    break;
```

（6）内存释放

在 OSAL 操作系统中,接收任务需要回收分配给消息的动态内存空间。对于未处理事件消息或不识别的事件消息,也将回收内存空间,代码如下所示。

```
// 释放内存
    osal_msg_deallocate( (uint8 *)MSGpkt );
```

（7）定时发送数据

SampleApp 在 SampleApp.h 源文件中定义了任务事件掩码,如下所示。

```
#define SAMPLEAPP_SEND_PERIODIC_MSG_EVT 0x0001
```

SampleApp 隐式地使用 SampleApp_TaskID 调用 osal_start_timer()函数,设置了一个响应 SAMPLEAPP_SEND_MSG_EVT 事件消息的定时器。前面,在设备加入网络后,触发 OSAL 操作系统的 ZDO_STATE_CHANGE 事件消息时,已经启动过这个定时器。现在,该定时器每次触发时,将调用 SampleApp_SendPeriodicMessage()函数请求发送消息,随后再次启动定时器,等待下一次循环。定时发送数据的代码如下所示。

```
if ( events & SAMPLEAPP_SEND_PERIODIC_MSG_EVT )
{
    // Send "the" message
    SampleApp_SendPeriodicMessage();
    // Setup to send message again
    osal_start_timer( SAMPLEAPP_SEND_PERIODIC_MSG_EVT,
    SAMPLEAPP_SEND_MSG_TIMEOUT );
    // return unprocessed events
    return (events ^ SAMPLEAPP_SEND_PERIODIC_MSG_EVT);
}
```

5.2.3 消息流

使用 OSAL 定时器，SampleApp 可以间隔发送消息 OTA，函数定义为 SampleApp_ SendPeriodicMessage()，代码如下所示。

```
voidSampleApp_SendPeriodicMessage( void )
{
    afAddrType_tdstAddr;
    dstAddr. addrMode = afAddrBroadcast;
    dstAddr. addr. shortAddr = 0xFFFF; // Broadcast to everyone
    dstAddr. endpoint = SAMPLEAPP_ENDPOINT;
    if ( AF_DataRequest( &dstAddr, &SampleApp_epDesc,
        SAMPLEAPP_PERIODIC_CLUSTERID,
        (uint8)sampleAppPeriodicCounter++,
        (uint8 *)&sampleAppPeriodCounter,
        &SampleApp_TransID, AF_DISCV_ROUTE,
        AF_DEFAULT_RADIUS ) == afStatus_SUCCESS )
    {
        // Successfully requested to be sent.
    }
    else
    {
        // Error occurred in request to send.
    }
}
```

OTA 消息的应用对象数据是一个简单的计数值，接收节点将把接收到的该计数值显示在 LCD 屏幕上。

调用 AF_DataRequest()函数，将把用户消息从应用层一直向 Z-Stack 协议栈的下层传送，最终目的是将消息通过 OTA 传送出去。如果函数的返回值为 ZSuccess，表示消息已经封装了网络层头信息、尾信息与可选的安全域信息，进入网络缓冲队列等待通过 OTA 发送。当 OSAL 任务循环调用网络任务再次运行时，网络缓冲队列中的消息依次向 MAC 层传送，新的消息包也得以移动。如果 AF_DataRequest()函数的返回值为 Failure，表示可能在协议栈的任一个分层中出现错误，通常大多数原因在于缺少足够的堆空间以缓存消息。

当网络层成功地将消息传送到 MAC 层，MAC 层继续传送消息，以 OTA 方式发送出去。消息经过逐跳路由，到达目标设备地址。目标设备接收到消息包后，低层剥离消息包中的可选的安全域，将应用对象数据负载传送给目标地址上的目标端点。目标设备接收到应用对象数据将触发系统事件消息 AF_INCOMING_MSG_CMD，在 SYS_EVENT_MSG 的消息解析部分响应与处理，代码如下所示。

```
case AF_INCOMING_MSG_CMD:
SampleApp_MessageMSGCB(MSGpkt );
break;
```

消息回调函数 SampleApp_MessageMSGCB()的原型声明如下所示。

```
voidSampleApp_MessageMSGCB( afIncomingMSGPacket_t * pkt )
{
    switch ( pkt->clusterId )
    {
        case SAMPLEAPP_PERIODIC_CLUSTERID:
            // Display and increment a counter on the LCD in the periodic space
            break;
        case SAMPLEAPP_FLASH_CLUSTERID:
            flashTime = BUILD_UINT16(pkt->cmd.Data[1], pkt->cmd.Data[2] );
            HalLedBlink( HAL_LED_4, 4, 50, (flashTime / 4) );
            break;
    }
}
```

5.3　Z-Stack 无线温湿度传感器网络

5.3.1　设计目的

在 Z-Stack 协议栈提供的 SampleApp 工程的基础上,组建无线温湿度传感器网络,设计基于 ZigBee 的无线温湿数据测量工程,既实现 ZigBee 网络中温湿传感器数据的采集,又实现通过串口将采集数据上传到计算机上显示。

5.3.2　传感器串口协议格式

温湿传感器的测量数据,经过 CC2530 封装后,通过串口传送给计算机,传送的串口数据包格式按表 5-1 所示定义。

表 5-1　传感器串口协议格式

SOF	Sensor type	Sensor ID	Cmd ID	Data	Extern Data	EOF
2-Byte	1-Byte	1-Byte	1-Byte	6-Byte	2-Byte	1-Byte

其中,需要说明的是:

- SOF:帧起始标志,默认值设为 0xAA,0xCC。
- Sensor type:传感器类型,按表 5-2 所示选择。
- Sensor ID:传感器 ID,默认值设为 0x01。
- Cmd ID:命令 ID,默认值设为 0x01。
- Data:6-Byte 的数据域,按表 5-2 所示取值。
- Extern Data:2-Byte 的扩展数据域。
- EOF:帧结束标志,默认值设为 0xFF。

温湿传感器的类型和数据格式如表 5-2 所示。

表 5-2　温湿传感器的类型和数据格式

传感器名称	传感器类型	传感器输出数据(16 进制)
温湿一体化传感器	0x0E	00 00 HH HL TH TL

5.3.3　无线温湿数据测量程序

1. 初始化串口

修改串口波特率,协议栈默认串口波特率为 38 400,需要更改为 115 200 以适应传感器模块的串口协议波特率。打开 ZStack-CC2530-2.3.0-1.4.0\Components\mt 目录下的 MT_UART.c 源文件,在串口初始化函数 MT_UartInit 中修改波特率,如源代码 5-1 所示。

源代码 5-1　MT_UartInit()函数——MT_UART.c——MT 层

```
void MT_UartInit ()
{
    halUARTCfg_tuartConfig;
    /* Initialize APP ID */
    App_TaskID = 0;
    /* UART Configuration */
    uartConfig.configured = TRUE;
    uartConfig.baudRate = HAL_UART_BR_115200;
    uartConfig.flowControl = false;
    ...
```

2. 添加串口

打开 ZStack-CC2530-2.3.0-1.4.0\Projects\zstack\Samples\SampleApp\Source 目录下的 SampleApp.c 源文件,在开始部分声明加载串口头文件的语句,在任务初始化函数中添加串口配置与注册函数,如源代码 5-2 所示。

源代码 5-2　SampleApp_Init() 函数——SampleApp.c——App 层

```
/ * HAL * /
＃include "hal_lcd.h"
＃include "hal_led.h"
＃include "hal_key.h"
＃include "mt_uart.h" // 添加到 SampleApp 工程
    ...
    // Register the endpoint description with the AF
    afRegister( &SampleApp_epDesc );
    // Register for all key events - This app will handle all key events
    RegisterForKeys( SampleApp_TaskID );

＃if defined (ZAPP_P1)                        // 添加到 SampleApp 工程
    MT_UartRegisterTaskID(SampleApp_TaskID);  // 添加到 SampleApp 工程
    MT_UartZAppBufferLengthRegister(100);     // 添加到 SampleApp 工程
＃endif                                        // 添加到 SampleApp 工程

    // By default, all devices start out in Group 1
    SampleApp_Group.ID = 0x0001;
    osal_memcpy( SampleApp_Group.name, "Group 1", 7 );
    aps_AddGroup( SAMPLEAPP_ENDPOINT, &SampleApp_Group );
    ...
```

这里, MT_UartRegisterTaskID(SampleApp_TaskID) 函数将 MT 层串口通信功能注册到当前的任务中, MT_UartZAppBufferLengthRegister(100) 函数定义了串口接收缓冲大小。

3. 添加串口数据接收处理功能函数

当 MT 层接收到串口数据后, OSAL 操作系统将 SPI_INCOMING_ZAPP_DATA 消息发送给注册的任务 SampleApp, 因此可以在当前应用任务 SampleApp 的任务事件处理函数中处理该消息 SPI_INCOMING_ZAPP_DATA。

在 SampleApp.c 源文件中添加 MT 层串口消息处理函数 SampleApp_ProcessMTMessage () 的原型声明, 并将该函数定义添加到 SampleApp.c 源文件最下方, 如源代码 5-3 所示。

源代码 5-3　SampleApp_Init() 函数——SampleApp.c——App 层

```
...
/ * * * * * * * * * * * * * * * * * * * * * * * * * * * * * * * * * * * * * * *
 * LOCAL FUNCTIONS
 * /
void SampleApp_HandleKeys( uint8 shift, uint8 keys );
void SampleApp_MessageMSGCB( afIncomingMSGPacket_t * pckt );
void SampleApp_SendPeriodicMessage( void );
void SampleApp_SendFlashMessage( uint16 flashTime );
```

```
void SampleApp_ProcessMTMessage( afIncomingMSGPacket_t * pckt );      // 添加
...
void SampleApp_ProcessMTMessage( afIncomingMSGPacket_t * pckt )
{
    uint8 len;
    unsigned char * buf = ((unsigned char *)pckt + 2);
    uint8 sdata[4];
    len = pckt->hdr.status;
    if((len == 14)&&(buf[0] == 0xee)&&(buf[1] == 0xcc)&&(buf[13] == 0xff)){
        SampleApp_Periodic_DstAddr.addrMode = (afAddrMode_t)Addr16Bit;
        SampleApp_Periodic_DstAddr.endPoint = SAMPLEAPP_ENDPOINT;
        SampleApp_Periodic_DstAddr.addr.shortAddr = 0x0000;
        if ( AF_DataRequest( &SampleApp_Periodic_DstAddr, &SampleApp_epDesc,
                    SAMPLEAPP_PERIODIC_CLUSTERID,len,buf,&SampleApp_TransID,
                    AF_DISCV_ROUTE,AF_DEFAULT_RADIUS ) == afStatus_SUCCESS )
        {
        }
        else
        {
            // Error occurred in request to send.
        }
    HalLedBlink( HAL_LED_2, 2, 50, (1000 / 4) );
    }
}
```

在任务事件处理函数 SampleApp_ProcessEvent()中添加串口消息的处理函数调用,如源代码 5-4 所示。

源代码 5-4   SampleApp_Init()函数—SampleApp.c—App 层

```
...
    case AF_INCOMING_MSG_CMD:
        SampleApp_MessageMSGCB( MSGpkt );
        break;

#if defined (ZAPP_P1)                                  // 添加到 SampleApp 工程
    case SPI_INCOMING_ZAPP_DATA:                       // 添加到 SampleApp 工程
        SampleApp_ProcessMTMessage(MSGpkt);            // 添加到 SampleApp 工程
        MT_UartAppFlowControl (MT_UART_ZAPP_RX_READY); // 添加到 SampleApp 工程
        break;                                         // 添加到 SampleApp 工程
#endif                                                 // 添加到 SampleApp 工程
    // Received whenever the device changes state in the network
    case ZDO_STATE_CHANGE:
        SampleApp_NwkState = (devStates_t)(MSGpkt->hdr.status);
...
```

4. 添加射频数据接收响应函数

协调器设备在接收到终端设备发送的无线温湿测量数据包时,将触发 OSAL 系统中 SampleApp 任务的无线数据包到达接收消息 AF_INCOMING_MSG_CMD,在该消息的响应与处理代码部分处理接收到的无线数据包。

因此,首先在源文件的前端添加协调器接收无线温湿测量数据处理函数的原型声明与需要加载的头文件,然后在源文件的最下方添加 SampleApp_ProcessAFMessage()函数的定义,如源代码 5-5 所示。

源代码 5-5　SampleApp_Init()函数—SampleApp.c—App 层

```
...
＃include <stdio.h>                // 添加到 SampleApp 工程
...
void SampleApp_ProcessAFMessage( afIncomingMSGPacket_t * pckt );    // 添加
...
void SampleApp_ProcessAFMessage( afIncomingMSGPacket_t * pckt )
{
    float temp_f, humi_f;
    char humi[16],temp[16];

    humi_f = ((float)((((pckt->cmd.Data[7])<<8) + pckt->cmd.Data[8])/10);
    temp_f = ((float)((((pckt->cmd.Data[9])<<8) + pckt->cmd.Data[10])/10);
    sprintf(humi, "%-6.2f % ", humi_f);
    sprintf(temp, "%-6.2f℃", temp_f);
    HalUARTWrite(0, "humi:", 5);
    HalUARTWrite(0, humi, 8);
    HalUARTWrite(0, "\t", 1);
    HalUARTWrite(0, "temp:", 5);
    HalUARTWrite(0, temp, 8);
    HalUARTWrite(0, "\r", 1);
}
```

系统事件消息 AF_INCOMING_MSG_CMD 触发 OSAL 操作系统自动响应,在解析消息类型后调用 SampleApp_MessageMSGCB()函数执行相关处理。因此,在 SampleApp_MessageMSGCB() 函数中,如源代码 5-6 所示进行修改。

源代码 5-6　SampleApp_Init()函数—SampleApp.c—App 层

```
...
void SampleApp_MessageMSGCB( afIncomingMSGPacket_t * pkt )
{
    uint16 flashTime;
```

```
switch ( pkt->clusterId )
{
    case SAMPLEAPP_PERIODIC_CLUSTERID:
        HalLedBlink( HAL_LED_2, 2, 50, (800 / 4));    // 添加到 SampleApp 工程
        SampleApp_ProcessAFMessage(pkt);              // 添加到 SampleApp 工程
        break;
    case SAMPLEAPP_FLASH_CLUSTERID:
        flashTime = BUILD_UINT16(pkt->cmd.Data[1], pkt->cmd.Data[2] );
        HalLedBlink( HAL_LED_4, 4, 50, (flashTime / 4) );
        break;
}
}
...
```

按代码 5-6 修改后,应用系统启动并组建网络后,当协调器设备接收到无线温湿测量数据包后,将进行解析处理并通过串口输出到计算机上显示。

5.3.4 编译与运行

1. 工程的编译

(1) PAN ID 的定义

首先,选择逻辑设备类型。如图 5-1 所示,在 SampleApp 工程的工作空间下方的下拉框中,选择"CoordinatorEB"项,作为协调器类型设备。

其次,打开 Tools 文件夹,可以看到存在 5 个链接控制文件,这些文件中包含应用工程的编译选项。

最后,通用的编译选项定义在"f8wConfig.cfg"文件,为避免 ZigBee 网络冲突,修改 ZigBee 网络的 PAN ID 标识,指定唯一的 PAN ID 定义,如图 5-1 所示。

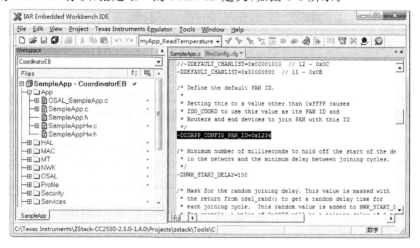

图 5-1 设置 PAN ID

（2）添加串口编译选项

首先，选择逻辑设备类型。在图 5-1 所示的 SampleApp 工程的工作空间下方的下拉框中，选择"EndDeviceEB"项，作为终端设备。

然后，定位编译选项。如图 5-1 所示，在 SampleApp 工程的工作空间的"SampleApp-EndDeviceEB"工程文件上单击鼠标右键，在弹出的菜单中，选择其中的"Options…"项。弹出 SampleApp 节点的选项对话框，如图 5-2 所示。

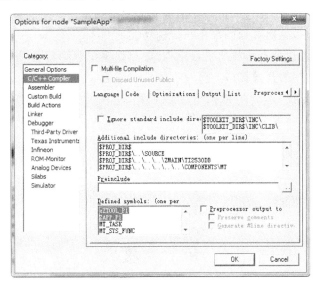

图 5-2　添加串口通信的编译选项

在图 5-2 中的"类别（Catogary）"文本框中，点选"C/C++ Compiler"项。在右边的选项卡中选择"Preprocessor"选项卡，由图 5-2 可见，"Defined symbols：（one per line）"文本框中列出了该工程的编译选项。在"Defined symbols"框中去掉 ZTOOL_P1 宏定义，增加 ZAPP_P1 宏定义，即可添加应用程序处理串口数据功能。

2. 运行效果

打开串口终端软件，计算机串口连接 ZigBee 协调器模块的串口，串口终端软件的波特率设置为 115 200，数据格式采用 8-1-N 格式。

分别给协调器模块和安装温湿测量传感器的终端设备模块上电，观察计算机串口接收的数据，如图 5-3 所示。

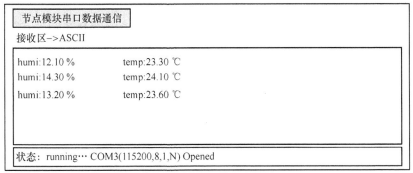

图 5-3　无线温湿测量数据

本 章 小 结

运行 OSAL 操作系统的无线传感器节点已经转变为 ZigBee 网络设备,具备完全的网络功能,可以组建网络,也可以在网络间收发射频数据包。在此基础之上,用户可以设计基于事件响应结构的应用程序,通过消息回调函数响应并处理不同类型的事件消息,本章就是在此基础上设计了温湿传感器数据的采集与传输功能。

Z-Stack 协议软件包具有清晰的目录结构,各目录下的代码都按功能分层,在应用层给用户提供了方便易使用的开发接口。

Z-Stack 协议栈是在 CC2530 微控制器上实现 ZigBee 无线传感器网络节点的网络操作系统软件。基于 Z-Stack 协议构建无线传感器网络,应该熟悉 Z-Stack 协议栈的概念与结构,掌握 Z-Stack 协议栈的工作流程,能够从 main()函数出发,逐步追踪控制代码与事件消息。理解 OSAL 中的基于任务事件的编程思想,在 SampleApp 工程的实践基础上,熟悉 Z-Stack无线自组网的方式,了解网络管理的方式,掌握向 Z-Stack 协议的 SampleApp 工程应用中添加串口通信功能的方法。

习 题

5-1 OSAL 怎样初始化系统任务?

5-2 如何确定任务的优先级?

5-3 简述 ZigBee 网络的组建过程。

5-4 简述 ZigBee 设备绑定的操作过程。

5-5 运行 Z-Stack 协议栈的 ZigBee 设备在上电启动后如何初始化目标设备的地址?

5-6 如何实例化应用对象?

5-7 在 SampleApp 工程中,调用什么函数发送无线数据?

5-8 在 SampleApp 工程中,调用什么函数设置 OSAL 定时器?

5-9 请写出在 SampleApp 工程的 main 函数中能有效执行到的最后一句代码。

5-10 任务事件触发时相应调用执行哪个数组的响应函数?

5-11 OSAL 操作系统使用什么函数接收任务射频数据?

5-12 协调器网络组建完毕后,OSAL 操作系统发送什么系统任务消息,该消息在用户任务事件处理函数中响应?

第6章 ZNP 应用系统设计

本章介绍基于 Z-Stack 协议栈的无线通信网络设计,主要是通过建立 ZNP 系统实现无线通信应用工程。

因此,首先介绍 ZNP 的概念、结构与软件资源。

其次,将 CC2530 作为核心的射频器件,构建典型的"MCU＋RF 芯片"应用结构模式。仅仅将 CC2530 作为一颗 RF 芯片,通过通信接口与应用处理器交互命令与应答消息,在自动组建 ZigBee 网络的基础上,接受应用处理器的 ZNP 控制命令,规划相应的网络行为或者执行相应的无线数据传输。

最后,通过实践操作,掌握 ZNP 系统的设计与应用,进一步熟悉 ZNP 应用工程的原理与设计方法。

学习目标
- 了解 ZNP 的概念。
- 了解 ZNP 系统的特点。
- 掌握 ZNP 系统的设计方法。

6.1 ZNP 接口规范

6.1.1 ZNP 概述

1. ZNP 的概念

ZNP(ZigBee PRO Network Processor)是指应用 ZigBee PRO 协议栈的网络处理器。CC2530-ZNP 是特指以 CC2530 为核心承载运行 ZigBee PRO 协议栈的网络处理器,可以定义为由 CC2530 与微控制器通过简单应用接口连接形成的全功能 ZigBee 系统,其中 CC2530 承载 ZigBee PRO 协议栈的运行,处理所有的 ZigBee 协议栈任务,而微控制器只处理所有的应用层任务,两者以简单应用接口(UART、SPI 或 USB)为界,既按照各自的分工独立运行,又依据任务需要协同工作。

典型的 ZNP 应用系统结构如图 6-1 所示,特别地,CC2530-ZNP 应用系统除了提供 ZigBee PRO 协议栈特性服务以外,还可以由微控制器控制并访问 CC2530 内部的 12 位

ADC 模块、GPIO 模块、硬件随机数发生器以及非易失性存储器等硬件单元。

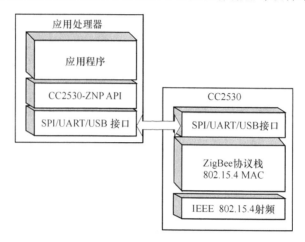

图 6-1　典型的 ZNP 应用系统结构

2．CC2530-ZNP 的接口与信号

（1）ZNP 的内部接口

CC2530-ZNP 的主要功能是提供能够即时运行 ZigBee 协议栈的单元模块，其中，ZigBee协议栈由微控制器 CC2530 承载与运行，因此，CC2530-ZNP 的硬件系统可以视为是以 CC2530 作为核心射频器件，以应用处理器作为客户控制端的传统式典型射频系统。但是，与典型的 CC1101、NRF24L01、A7103 等射频芯片构成的无线应用系统不同，内载 ZigBee 协议栈的 CC2530 射频芯片能够实现更加丰富的无线组网功能，进一步说，CC2530-ZNP 在应用上既与传统的射频系统结构统一，又与 ZigBee 系统的功能一致，CC2530-ZNP 有助于将传统的射频系统设计升级到 ZigBee 系统，为网络射频系统的设计与迁移带来很大的便利性。

CC2530-ZNP 的内部结构是典型的"MCU＋RF 芯片"模式结构，"MCU"代指 ZNP 中的应用处理器，"RF 芯片"代指 CC2530 芯片。CC2530-ZNP 的内部结构如图 6-2 所示。

图 6-2 中，CC259x 系列芯片是可选的器件，常用的有 CC2590、CC2591、CC2592 等，该器件可以对 CC2530 芯片上 RF_N 与 RF_P 管脚输出的射频信号进行功率放大，同时也可以对天线上接收的射频信号通过低噪声放大器进行预处理，然后再送给 CC2530 芯片上的 RF_N 与 RF_P 管脚。

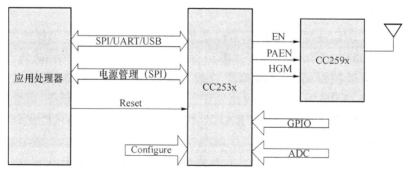

图 6-2　CC2530-ZNP 的内部结构图示

总体上看,在图 6-2 所示的 CC2530-ZNP 的内部结构中,以 CC2530 芯片为核心,CC2530 通过以下内部接口与外围芯片相互连接:

- 内部通信接口,包括 UART 接口、SPI 接口或者 USB 接口;
- 复位接口,仅包含一条 Reset 复位线;
- 外设接口,包括 Configuration 接口(控制 NV 存储器的 R/W 操作)、GPIO 接口及 ADC 接口;
- 射频功放接口,包括 EA、PAEN 以及 HGM 控制线。

(2) ZNP 的硬件接口信号

CC2530-ZNP 内部的硬件接口使用了以下信号。

- MISO/RX,MOSI/TX,SS/CTS,SCK/RTS:SPI 或 UART 通信接口定义的标准信号。
- SRDY:CC2530 通过 SPI 接口连接应用处理器时,用作能源管理与传输控制信号。应用处理器配置 GPIO 管脚以数字量或中断方式获取 SRDY 信号状态。
- MRDY:应用处理器通过 SPI 接口连接 CC2530 时,用作能源管理与传输控制信号。通常该信号线直接连到 SS/CTS 信号管脚。
- RESET:复位信号,由应用处理器发出,控制 CC2530 芯片复位。
- PAEN,EN,HGM:射频功放芯片控制信号,由 CC2530 连接 CC259x 芯片的相应管脚线,用以控制 CC259x 的 PA/LNA。
- CFG0,CFG1:CC2530-ZNP 的配置信号。CC2530-ZNP 上电时检测这两个信号的状态并作出相应的配置。
- 外设信号:CC2530 片内外设的控制信号,包括 GPIO 模块的 GPIO0-3,ADC 模块的 AIN0、AIN1、温感以及电压测量。

3. ZNP 接口规范概览

ZNP 接口规范是 ZNP 内部的应用处理器与 CC2530 连接接口的软/硬件规范,ZNP 接口规范包括硬件电气接口连接规范以及软件指令接口规范。ZNP 支持的接口规范如表 6-1 所示。

表 6-1　ZNP 接口规范概览表

类　型		主　要　内　容	功　能
物理接口	SPI 接口	SPI 接口特性、帧格式、信号线及 SPI 通信接口工作时序	CC2530 与应用处理器可选的通信接口
	UART 接口	UART 接口特性、帧格式、信号线及 UART 通信接口工作时序	CC2530 与应用处理器可选的通信接口
软件指令接口	CFG 接口	设备参数配置 网络参数配置	允许应用处理器配置 CC2530 设备的不同参数
	SYS 接口	SYS_RESET_REQ、SYS_RESET_IND、SYS_OSAL_NV_READ、SYS_OSAL_NV_WRITE、SYS_ADC_READ、SYS_VERSION、SYS_GPIO、SYS_TEST_RF、SYS_TEST_LOOPBACK	为应用处理器提供访问 CC2530 系统软/硬件的底层调用接口,应用处理器可以访问并操作 CC2530 的 ADC 模块、NV 存储器、GPIO 模块及硬件随机数发生器

类 型		主要内容	功 能
软件指令接口	SAPI 接口	应用注册、启动请求与确认、数据收发、绑定请求与确认、发现设备请求与确认、允许加入等	用以快速配置设备、组建 ZigBee 网络、执行设备绑定、发送/接收数据
	AF 接口	AF 注册、AF 数据请求与确认、AF 源路由数据发送、AF 网际通信参数设置、AF 消息接收	允许应用处理器访问 CC2530 的 AF 层,向 CC2530 注册应用,收/发数据
	ZDO 接口	ZDO 地址类、描述类、活动端点请求、设备声明、绑定类、管理类、ZDO 启动、自动发现目标、密钥类、状态改变指示、终端设备声明指示、源路由指示、ZDO 消息回调类	允许应用处理器访问 CC2530 的 ZDO 层,提供设备与服务发现等诸多 ZigBee 管理功能

CC2530-ZNP 应用系统中,应用处理器应该按表 6-1 约定的接口连接 CC2530 芯片,并按照 ZNP 接口规范中规定类型的指令进行交互。通常 ZNP 的启动次序是基于 SAPI 接口依次执行的指令排列顺序实现的,但是,SAPI 接口指令集仅仅是操作 ZigBee 协议栈的简易指令集,并不能实现完整的 ZigBee 应用。在 ZNP 的软件指令接口中,AF 接口与 ZDO 接口能够共同提供完整的 ZigBee Interface,用于创建全部的 ZigBee 相关应用。

6.1.2 CC2530-ZNP 的物理接口

1. SPI 接口的物理规范

(1)帧格式

CC2530-ZNP 的 SPI 通信接口的帧格式称为通用帧格式(General Frame Format),其结构如图 6-3 所示。

1(字节)	2(字节)	0~250(字节)
Length	Command	Data

图 6-3 通用帧格式结构

图 6-3 中通用帧格式的结构里依次包含 3 个信息域,如下所示。

① Length:表示帧数据域的字节数,最小值为 0 字节,最大值可以设为 250 字节。

② Command:表示帧的命令域,Command 域的结构如图 6-4 所示,由 2 个字节组成。

Cmd0		Cmd1
位[7:5]	位[4:0]	位[7:0]
Type	Subsystem	ID

图 6-4 Command 域的结构

在图 6-4 中,Type 字段的值可从以下项目中选择。

- 0:POLL。POLL 命令用于索取队列数据,POLL 命令的 subsystem 字段与 ID 字段的值都设为 0,通用帧格式中的 Length 域的值也设为 0。POLL 命令仅通过 SPI 接口传输。

- 1：SREQ。SREQ 是需要接收立即响应的同步请求命令。
- 2：AREQ。AREQ 是不需要接收立即响应的异步请求命令。
- 3：SRSP。SRSP 是响应 SREQ 请求的应答命令。SRSP 命令的 subsystem 字段与 ID 字段的值与相应的 SREQ 命令的值相同，通用帧格式中的 Length 域的值为非 0 值，如果该值为 0，表示用于指示一个错误。
- 4～7：保留。

在图 6-4 中，Subsystem 字段的值可从表 6-2 中选择。

表 6-2　Subsystem 字段名称及取值

Subsystem 值	Subsystem 名称
0	保留
1	SYS 接口
2	保留
3	保留
4	AF 接口
5	ZDO 接口
6	SAPI 接口
7～32	保留

在图 6-4 中，ID 字段的值对应特定的接口信息，在 0～255 取值。

③ Data：表示帧的数据域。不同的帧命令携带的数据也不相同，数据域的值与命令域的值有关。

（2）SPI 信号线

CC2530-ZNP 的 SPI 信号线包括 4 条标准的 SPI 通信接口信号线以及 2 条扩展的传输控制与能源管理信号线。

① 标准的 SPI 通信接口信号线
- SS：SPI 从设备选择信号线。
- SCK：同步串行时钟信号线。
- MISO：主入从出数据线。
- MOSI：主出从入信号线。

② 扩展的 SPI 信号线
- MRDY：SPI 主设备就绪，低电平有效。当应用处理器准备好向 CC2530 发送数据时，由应用处理器将其置低。通常将 MRDY 连接在 SS 信号线上。
- SRDY：SPI 从设备就绪，双模电平状态。当 CC2530 准备好接收或发送数据时，将设置该信号线的状态。置低时，表示 CC2530 准备接收数据；在 SPI POLL 或 SREQ 过程中置高时，表示 CC2530 准备发送数据；在 SPI AREQ 过程中置高时，表示 CC2530 已经结束数据接收。

（3）SPI 接口通信时序

① AREQ 指令通信时序

图 6-5 演示了应用处理器向 CC2530 发送 AREQ 命令时的操作时序。从图 6-5 可见，该时序中没有 CC2530 的应答操作。

应用处理器与 CC2530 之间按下列步骤实现 AREQ 类型命令的通信过程。

a. 应用处理器准备发送 AREQ 帧。先将 MRDY 信号线置低，并等待 SRDY 信号线置低。

b. CC2530 接收到 MRDY 的下降沿信号，将 SRDY 置低，准备接收数据。

c. 应用处理器接收到 SRDY 的低电平信号，开始传输数据。

d. 应用处理器持续传输数据单元帧直到结束。

e. CC2530 同步地接收数据直到数据帧传输完毕。

f. 应用处理器等待 SRDY 信号线置高。

g. CC2530 接收数据帧后，将 SRDY 信号线置高。

h. 应用处理器接收到 SRDY 的高电平信号状态，将 MRDY 置高。

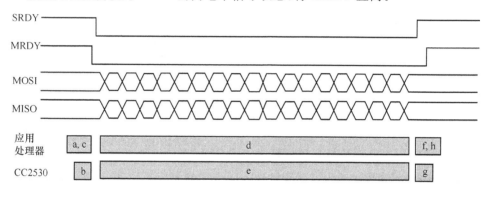

图 6-5　AREQ 命令通信时序

② POLL 指令通信时序

图 6-6 演示了应用处理器向 CC2530 发送 POLL 命令时的操作时序。

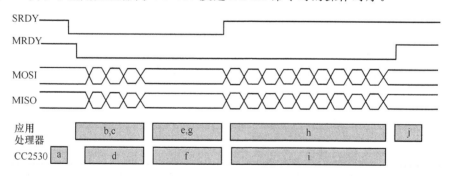

图 6-6　POLL 命令通信时序

应用处理器与 CC2530 之间按下列步骤实现 POLL 类型命令的通信过程。

a. CC2530 准备发送 AREQ 帧。先将 SRDY 信号线置低，准备接收数据。

b. 应用处理器检测到 SRDY 的低电平状态，随后将 MRDY 信号线置低，准备 POLL

指令并启动数据传输。

c. 应用处理器持续传输直到数据帧传输完毕。

d. CC2530 持续接收直到数据帧接收完毕。

e. 应用处理器等待 SRDY 信号线恢复高电平状态。

f. CC2530 准备发送 AREQ 帧，并将 SRDY 信号线置高。

g. 应用处理器接收到 SRDY 信号的高电平状态，开始接收数据。

h. 应用处理器持续接收直到帧数据接收完毕。

i. CC2530 持续传输直到帧数据传输完毕。

j. 应用处理器接收完整的帧数据后，将 MRDY 信号线置高，结束本次传输任务。

③ SREQ 指令通信时序

图 6-7 演示了应用处理器向 CC2530 发送 SREQ 命令时的操作时序。从图 6-7 可见，该时序中出现了 CC2530 立即给出的应答操作。

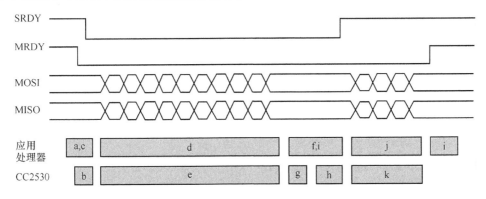

图 6-7　SREQ 命令通信时序

应用处理器与 CC2530 之间按下列步骤实现 SREQ 类型命令的通信过程。

a. 应用处理器准备发送 SREQ 帧。先将 MRDY 信号线置低，并等待 SRDY 信号线置低。

b. CC2530 接收到 MRDY 的下降沿信号，将 SRDY 置低，准备接收数据。

c. 应用处理器接收到 SRDY 的低电平信号，开始传输数据。

d. 应用处理器持续传输数据单元帧直到结束。

e. CC2530 同步地接收数据直到数据帧传输完毕。

f. 应用处理器等待 SRDY 信号线置高。

g. CC2530 解析接收到的 SREQ 指令并执行相应的功能。

h. CC2530 准备发送 SRSP 帧，并将 SRDY 信号线置高。

i. 应用处理器接收到 SRDY 信号的高电平状态，开始接收数据。

j. 应用处理器持续接收直到帧数据接收完毕。

k. CC2530 持续传输直到帧数据传输完毕。

l. 应用处理器接收完整的帧数据后，将 MRDY 信号线置高，结束本次传输任务。

2. UART 接口的物理规范

(1) UART 接口特性

CC2530-ZNP 选用 UART 接口连接应用处理器与 CC2530 时，UART 应按以下特性进行配置：

- 波特率:115 200 硬件流控制:RTS/CTS 数据格式:8-N-1 字节格式

（2）帧格式

CC2530-ZNP 的 UART 接口传输的帧格式如图 6-8 所示，包含 SOF、General Format Frame 及 FCS 3 个域。

1(字节)	3~253(字节)	1(字节)
SOF	General Format Frame	FCS

图 6-8 UART 接口帧格式结构

在图 6-8 中，各字段域的作用定义如下：

① SOF:帧起始标志，通常设置为 0xFE。

② General Format Frame:通用格式帧的结构，与图 6-3 中 SPI 部分的定义相同。

③ FCS:帧校验序列，由 General Format Frame 中的各个字节进行异或运算得出。

（3）UART 信号线

CC2530-ZNP 的 UART 接口可以使用硬件数据流控制配置，UART 通信接口可用的信号线定义为：

- TX:数据发送信号线　　　　　RX:数据接收信号线
- CT:清除发送信号线　　　　　RT:准备发送信号线
- GND:信号地

6.1.3　CC2530-ZNP 的软件指令接口

1. SYS 接口

CC2530-ZNP 的应用处理器使用 SYS 接口指令控制与访问 CC2530 的底层硬件单元，这些底层硬件单元包括 WatchDog、随机数发生器、NV 存储器、ADC 模块、GPIO 模块、射频单元及通信接口。下面的表 6-3 中给出了部分 SYS 接口指令的测试结果。

表 6-3　SYS 接口指令测试(CC2530 配置为路由器设备)

SYS 接口指令	指令执行结果	功能解析
SYS_RESET_REQ		通过内部 WatchDog 复位 CC2530
SYS_VERSION	TransportRev：0x02 Product：0x00 MajorRel：0x02 MinorRel：0x03 HwRev：0x00	获取 CC2530 的软件版本信息，包括： • 传输协议版本 • 产品版本 • 软件版本 • 芯片硬件版本
SYS_RANDOM	Value：0x3C27	调用 CC2530 的随机数发生器产生随机数
SYS_OSAL_NV_READ	Status：SUCCESS (0x0) Len：0x01 Value：. (0x01)	从 CC2530 的 NV 存储器中获取一项存储值(这里显示获取的设备逻辑类型:路由器设备 0x01)
SYS_ADC_READ	Value：0x02FE	获取 CC2530 芯片中 ADC 采集的数据

2. CONFIGURE 接口

应用处理器使用配置接口设置 CC2530-ZNP 的一些参数,设置结果存储在 CC2530 的 NV 存储器中。

CC2530-ZNP 的配置参数分为"设备配置参数"与"网络配置参数"。CC2530-ZNP 上电启动时,首先获取两个配置参数:STARTOPT_CLEAR_CONFIG 位与 ZCD_NV_LOGI-CAL_TYPE 参数。STARTOPT_CLEAR_CONFIG 位是 ZCD_NV_STARTUP_OPTION 参数的字段。剩余的配置参数在 CC2530-ZNP 启动 ZigBee 协议栈时再进行获取。ZigBee 协议栈一般可以由应用处理器发布 ZB_START_REQUEST 命令启动。

每个 CC2530-ZNP 设备的设备配置参数应该设置为唯一值,将 CC2530 配置为路由器设备时的设备配置参数如图 6-9 所示。

设备特性　网络特性	
域信息	值
ZCD_NV_EXTADDR(0x01, UINT64)	0x00124B0004312996
ZCD_NV_STARTUP_OPTION(0xO3,BYTE)	0x00
ZCD_NV_START_DELAY(0x04, BYTE)	0x0A
ZCD_NV_LOGICAL_TYPE(0x87, BYTE)	0x01
ZCD_NV_POLL_RATE(0x24,UINT16)	0x03E8
ZCD_NV_QUEUED_POLL_RATE(0x25, UINT16)	0x0064
ZCD_NV_RESPONSE_POLL_RATE(0x26, UINT16)	0x0064
ZCD_NV_POLL_FAILURE_RETRIES(0x29, BYTE)	0x02
ZCD_NV_INDIRECT_MSG_TIMEOUT(0x2B,BYTE)	0x07
ZCD_NV_APS_FRAME_RETRIES(0x43, BYTE)	0x03
ZCD-NV_ASP_ACK_WAIT_DURATION(0x44,UINT16)	0x0BB8
ZCD_NV_BINDING_TIME(0x46,UINT16)	0x3E80
ZCD_NV_USERDESC(0x81, BYTE[], Length 16)	…

图 6-9　CONFIGURE 接口的设备配置参数

同一个 ZigBee 网络中的 CC2530-ZNP 设备的网络配置参数应该设置相同的值,以确保网络操作是可执行的。CC2530-ZNP 运行 ZNP 工程程序后,默认的网络配置参数如图 6-10 所示。

3. SAPI 接口

SAPI 接口为应用开发提供简单的 ZigBee 协议栈控制命令。由于大部分应用都不会在一个工程中同时用到 ZigBee 协议栈的所有功能,SAPI 针对组网、绑定以及数据的发送与接收等常用操作进行精简,应用处理器可以很方便地调用 SAPI 命令实现 ZigBee 协议栈的主要功能。

(1) ZB_APP_REGISTER_REQUEST 命令

应用处理器向 CC2530-ZNP 设备的 CC2530 注册应用端点、框架 ID、设备 ID、设备版本、输入/输出簇列表及数量。

(2) ZB_START_REQUEST 命令

该命令用于启动 CC2530-ZNP 设备的 ZigBee 协议栈。随着 ZigBee 协议栈的启动,CC2530 获取配置参数并执行相应的操作。ZigBee 协议栈启动后,CC2530 即已具备发送、

设备特性	网络特性	

域信息	值
ZCD_NV_PANID(0x83, UINT16)	0x1528
ZCD_NV_CHANLIST(Ox84,UINT32)	Ox00000800
ZCD_NV_SECURITY_MODE(0x64, BYTE)	0x00
ZCD_NV_PRECFGKEY(0x62, BYTE[], Length 16)	...
ZCD_NV_PRECFGKEY_ENABLE(0x63,BYTE)	0x00
ZCD_NV_BCAST_RETRIES(0x2E, BYTE)	0x02
ZCD_NV_PASSIVE_ACK_TIMEOUT(0x2F, BYTE)	0x05
ZCD_NV_BCAST_DELIVERY_TIME(0x30, BYTE)	0x1E
ZCD_NV_ROUTE_EXPIRY_TIME(0x2C, BYTE)	0x1E

图 6-10　CONFIGURE 接口的网络配置参数

接收以及网络路由功能。

（3）ZB_PERMIT_JOINING_REQUEST 命令

该命令控制设备入网许可，可以允许或禁止新设备加入网络。

（4）ZB_BIND_DEVICE 命令

该命令用于创建或删除网络中的设备绑定。只有处于允许绑定模式的设备才可以执行绑定操作，设备一旦绑定后，可以通过绑定表中的命令 ID 相互发送消息。

（5）ZB_ALLOW_BIND 命令

该命令可以在给定的时间周期内使设备处于允许绑定模式。开放绑定的对等设备可以发布携带空目标地址的 ZB_BIND_DEVICE 命令，在设备间建立绑定关系。

（6）ZB_SEND_DATA_REQUEST 命令

该命令初始化网络中设备的数据传输。该命令由应用处理器发出，同时，仅在应用处理器已经使用 ZB_APP_REGISTER_REQUEST 命令进行注册并且已经成功创建或加入网络后才有效。

（7）ZB_RECEIVE_DATA_INDICATION 命令

该命令由 CC2530-ZNP 设备中的 CC2530 发送，表示已经从远端设备上接收到一个数据包。

（8）ZB_GET_DEVICE_INFO 命令

该命令用于获取设备属性信息。

（9）ZB_FIND_DEVICE_REQUEST 命令

该命令用于获取网络中设备的短地址。设备发出 ZB_FIND_DEVICE_REQUEST 命令时，即调用 zb_FindDeviceRequest()函数，开始查询同一个网络中的对等设备。如果搜索完毕，即调用 zv_FindDeviceConfirm()回调函数进行响应。

4．AF 接口

AF 接口为 CC2530-ZNP 设备的应用处理器访问与控制 CC2530 的 AF 层提供了 6 条指令，主要处理涉及端点的数据请求与接收操作。

（1）AF_REGISTER 命令

注册应用端点的描述信息，包括设备端点、框架 ID、设备描述 ID、输入/输出簇列表与数量等参数。

（2）AF_DATA_REQUEST 命令

该命令指定目标地址，端点绑定后，通过 AF 层建立与发送消息。

（3）AF_DATA_REQUEST_SRC_RTG 命令

该命令使用源路由，通过 AF 层建立与发送消息。比 AF_DATA_REQUEST 命令多了两个参数：源路由路径上的中继设备列表、中继设备数量。

（4）AF_INTER_PAN_SET_PARAM 命令

该命令设置网内或网际的信道及 PAN ID。

（5）AF_DATA_CONFIRM 命令

设备接收到数据请求后向用户传送的确认信息，包括状态、设备端点以及消息的传输序列号。

（6）AF_INCOMING_MSG 命令

该命令将接收的数据通过回调消息传送给设备的注册端点。

5. ZDO 接口

ZDO 接口为 CC2530-ZNP 设备的应用处理器访问与控制 CC2530 的 ZDO 层提供了一系列命令，命令的执行结果通过相应的回调消息回传给应用处理器。

（1）ZDO_STARTUP_FROM_APP 命令

该命令用于启动网络中的设备。

（2）ZDO_AUTO_FIND_DESTINATION 命令

该命令将通过广播方式发布一个匹配描述请求消息，如果对于匹配请求，存在成功的响应，设备将自动更新绑定表。该命令不向应用处理器回传响应信息。

（3）ZDO_MATCH_DESC_RSP_SENT 命令

该命令用于指示匹配描述应答已经发出。

（4）ZDO_SRC_RTG_IND 命令

该命令向应用处理器发出信息，提示向接收设备发送的源路由消息已经被接收设备接收。

（5）ZDO_ MSG_CB_REGISTER 命令

该命令用于注册 ZDO 回调函数。

（6）ZDO_ MSG_CB_REMOVE 命令

该命令删除注册的 ZDO 回调函数。

（7）ZDO_ MSG_CB_INCOMING 命令

该命令使用 ZDO_ MSG_CB_REGISTER 命令注册过的回调函数处理接收到的针对特定簇 ID 的消息。

（8）ZDO 层密钥操作指令

ZNP 的 ZDO 层接口包含 3 条操作信任中心链接密钥的命令，即：

- 设置设备的（信任中心链接）密钥命令 ZDO_SET_LINK_KEY；
- 移除密钥命令 ZDO_REMOVE_LINK_KEY；
- 获取密钥命令 ZDO_GET_LINK_KEY。

ZDO 接口其他的请求命令与响应命令如表 6-4 所示。

表 6-4　ZDO 接口命令一览表

请求命令	响应命令
ZDO_NWK_ADDR_REQ	ZDO_NWK_ADDR_RSP
ZDO_IEEE_ADDR_REQ	ZDO_IEEE_ADDR_RSP
ZDO_NODE_DESC_REQ	ZDO_NODE_DESC_RSP
ZDO_POWER_DESC_REQ	ZDO_POWER_DESC_RSP
ZDO_SIMPLE_DESC_REQ	ZDO_SIMPLE_DESC_RSP
ZDO_ACTIVE_EP_REQ	ZDO_ACTIVE_EP_RSP
ZDO_MATCH_DESC_REQ	ZDO_MATCH_DESC_RSP
ZDO_COMPLEX_DESC_REQ	ZDO_COMPLEX_DESC_RSP
ZDO_USER_DESC_REQ	ZDO_USER_DESC_RSP
ZDO_SERVER_DISC_REQ	ZDO_SERVER_DISC_RSP
ZDO_END_DEVICE_BIND_REQ	ZDO_END_DEVICE_BIND_RSP
ZDO_BIND_REQ	ZDO_BIND_RSP
ZDO_UNBIND_REQ	ZDO_UNBIND_RSP
ZDO_MGMT_NWK_DISC_REQ	ZDO_MGMT_NWK_DISC_RSP
ZDO_MGMT_LQI_REQ	ZDO_MGMT_LQI_RSP
ZDO_MGMT_RTG_REQ	ZDO_MGMT_RTG_RSP
ZDO_MGMT_BIND_REQ	ZDO_MGMT_BIND_RSP
ZDO_MGMT_LEAVE_REQ	ZDO_MGMT_LEAVE_RSP
ZDO_MGMT_DIRECT_JOIN_REQ	ZDO_MGMT_DIRECT_JOIN_RSP
ZDO_MGMT_PERMIT_JOIN_REQ	ZDO_MGMT_PERMIT_JOIN_RSP
ZDO_MGMT_NWK_UPDATE_REQ	ZDO_STATE_CHANGE_IND
ZDO_DEVICE_ANNCE	ZDO_END_DEVICE_ANNCE_IND
ZDO_USER_DESC_SET	ZDO_USER_DESC_CONF
	ZDO_STATUS_ERROR_RSP

6.2　ZNP 应用工程分析

6.2.1　ZNP 程序结构分析

　　CC2530-ZNP 系统的程序结构是指 ZNP 应用工程的程序结构，ZNP 程序结构分析也就是针对 CC2530 上运行的 ZNP 工程程序的分析。需要指出的是，应用处理器中的应用程序与 ZNP 程序有很大区别，这里不做分析，应用处理器的应用程序与 CC2530 的 ZNP 程序之间通过通信接口按 POLL、AREQ、SREQ、SRSP 等命令类型传递命令与应答。

　　CC2530-ZNP 系统的特点是应用处理器可以通过接口指令访问与控制 CC2530 上运行

的 Z-Stack 协议栈,因此,CC2530 中的 ZNP 程序除了实例化 Z-Stack 协议栈,还需要驱动通信接口、解析接口指令,并且通过通信接口回传应答消息。ZNP 程序的结构如图 6-11 所示。

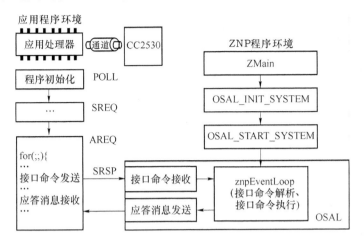

图 6-11 ZNP 程序结构分析

1. 基础部分

(1) 功能:实现常规的 Z-Stack 协议栈功能。启动 CC2530 芯片,加载 Z-Stack 协议栈,最后将控制权托管给 OSAL 操作系统。

(2) 范围:如图 6-11 所示,在右边的 ZNP 程序环境部分,包括从 ZMain 函数初始化、射频测试、OSAL_INIT_SYSTEM、OSAL_START_SYSTEM 直到 znpEventLoop 函数的整个 Z-Stack 协议栈加载过程。射频测试是 ZNP 应用的一个特有功能,在 MAC 层射频控制之前运行。

(3) 主要的源程序:

- ZMain < --- > ZMain. c < --- > main()函数
- App < --- > OSAL_ZNP. c < --- >osalInitTasks()函数
- App < --- > znp_app. c < --- >znpEventLoop()函数、znpTestRF()函数

2. 接口命令接收部分

(1) 功能:接收并解析应用处理器通过 UART 接口或 SPI 接口传送的接口命令(接口命令应该从 TI 公司的 SWRA312 文件"CC2530ZNP Interface Specification"给出的命令集中选择)。

(2) 范围:如图 6-11 所示,在右边的 ZNP 程序环境部分,包括接口命令接收部分与 znpEventLoop(接口命令解析)部分。

(3) 主要的源程序:

- App < --- > znp_app. c < --- >znpInit()函数 ->npUartCback()函数
- MT < --- > MT_UART. c < --- >MT_UartProcessZToolData()函数、MT_UartRegisterTaskID()函数
- MT < --- > MT. c < --- >MT_Init()函数
- App < --- > znp_app. c < --- >znpEventLoop()函数 ->MT. c < --- >MT_Process-Incoming()函数 ->mtProcessIncoming[]

3. 接口命令执行部分

（1）功能：根据解析出来的接口命令中 CMD0 域的子系统字段值，分别执行 SYS 接口、AF 接口、ZDO 接口以及 SAPI 接口相应的操作。

（2）范围：如图 6-11 所示，在右边的 ZNP 程序环境部分，对应 OSAL 方框中 znpEventLoop（接口命令执行）的部分。

（3）主要的源程序：

- MT <---> MT.c <---> mtProcessIncoming[]
- MT <---> MT_SYS.c <---> MT_SysCommandProcessing()函数
- MT <---> MT_AF.c <---> MT_AfCommandProcessing()函数
- MT <---> MT_ZDO.c <---> MT_ZdoCommandProcessing()函数
- MT <---> MT_SAPI.c <---> MT_SapiCommandProcessing()函数

4. 消息应答部分

（1）功能：向应用处理器回传接口命令的应答消息或执行结果。

（2）范围：如图 6-11 所示，在右边的 ZNP 程序环境部分，对应 OSAL 方框中的应答消息发送部分。

（3）主要的源程序：

- App，MT <---> *.c（多个 c 文件）->MT_BuildAndSendZToolResponse()函数
- App <---> znp_app.c <---> znpEventLoop()函数 ->npUartTxReady()函数

6.2.2 关键函数分析

1. main()函数分析

与 HA 工程、ZigBee 协议栈组网工程相同，ZNP 工程的主函数在关闭中断后，依次执行了硬件初始化、ZMac 层初始化、扩展地址的设定、OSAL 操作系统的初始化，初始化操作结束后，重新使能了系统的中断，最后，将设备的控制权托管给 OSAL 操作系统，不再返回。

ZNP 工程的 Main()函数在源代码 6-1 中列出，与 HA 工程、ZigBee 协议栈组网工程不同的是，在 MAC 层初始化之前，调用 znpTestRF()函数，直接利用射频寄存器初始化并检测 ZNP 的射频测试模式 NV 项目。

源代码 6-1 main()函数—ZMain.c 文件—ZMain 层

```
int main( void )
{
  // 关中断
  osal_int_disable( INTS_ALL );

  // 初始化时钟、LED、射频前端等最小系统启动的必要板载硬件器件
  HAL_BOARD_INIT();

  // 电源检测
```

```
zmain_vdd_check();

// 冷启动,初始化 I/O 接口
InitBoard( OB_COLD );

// 初始化主要的片内外设资源
HalDriverInit();

// 初始化 NV 系统
osal_nv_init( NULL );

// 初始化并检测 ZNP 射频测试模式 NV 项目
znpTestRF();

// MAC 层初始化
ZMacInit();

// 设定扩展地址
zmain_ext_addr();

// 初始化基础的 NV 项目
zgInit();

#ifndef NONWK
// AF 层初始化
afInit();
#endif

// 初始化 OSAL 操作系统
osal_init_system();

// 开中断
osal_int_enable( INTS_ALL );

// 启动就绪,使能按键中断,配置按键中断回调函数
InitBoard( OB_READY );

// 显示设备信息
zmain_dev_info();
```

```
/* 在 LCD 显示屏上显示设备信息 */
#ifdef LCD_SUPPORTED
  zmain_lcd_init();
#endif

#ifdef WDT_IN_PM1
  // WD 使能
  WatchDogEnable( WDTIMX );
#endif

  osal_start_system(); // 将控制权托管给 OSAL 操作系统,不再返回主函数 main()

  return 0;                    // 设备正确加载 Z-Stack 协议栈后,不会执行到这里
} // main()
```

2. osalInitTasks( )函数分析

Main()函数中调用 osal_init_system()函数执行 OSAL 操作系统的初始化操作,依次执行 OSAL 操作系统内存空间的分配、消息队列的初始化、定时器的初始化、能源管理的初始化、系统任务的初始化、堆首空块高效搜索的建立等操作。

其中,OSAL 系统任务的初始化操作通过调用 osal_init_system()函数实现。但是,在 ZNP 工程中,osalInitTasks()函数的源代码的实现不是唯一的,一个在 OSAL_ZNP.c 源程序文件中定义,另一个在 sapi.c 源程序文件中定义。由于 ZNP 工程中没有定义 OSAL_SAPI 宏常量,sapi.c 源程序文件中定义的 osalInitTasks()函数被屏蔽掉,不起作用。在编译 ZNP 工程时,实际调用的是 OSAL_ZNP.c 源程序文件中定义的 osalInitTasks()函数,该函数的定义如源代码 6-2 所示。

源代码 6-2 osalInitTasks()函数—OSAL_ZNP.c 文件—App 层

```
void osalInitTasks( void )
{
  uint8 taskID = 0;

  tasksEvents = (uint16 *)osal_mem_alloc( sizeof( uint16 ) * tasksCnt);
  osal_memset( tasksEvents, 0, (sizeof( uint16 ) * tasksCnt));

  Hal_Init( taskID++ );
  znpInit( taskID++ );
  macTaskInit( taskID++ );
  nwk_init( taskID++ );
  APS_Init( taskID++ );
#if defined ( ZIGBEE_FRAGMENTATION )
```

```
  APSF_Init( taskID++ );
#endif
  ZDApp_Init( taskID++ );
#if defined ( ZIGBEE_FREQ_AGILITY ) || defined ( ZIGBEE_PANID_CONFLICT )
  ZDNwkMgr_Init( taskID++ );
#endif
#if defined( INTER_PAN )
  StubAPS_Init( taskID++ );
#endif
  SAPI_Init( taskID++ );
#if defined ( ZCL_KEY_ESTABLISH )
  zclGeneral_KeyEstablish_Init( taskID++ );
#endif
}
```

在源代码 6-2 给出的 osalInitTasks()函数中,没有初始化 OSAL 操作系统 MT 任务的函数,也就是没有初始化 MT 任务的 UART 通信接口,也没有向 ZNP 工程任务注册 UART 事件与 MT 任务事件。ZNP 工程的特点是应用处理器与 CC2530 通过 UART 接口的命令交互,MT 任务在 ZNP 工程中起到重要作用,虽然 ZNP 工程中没有使用 MT_TaskInit()函数显式地初始化 MT 任务,但是相应的功能都实现了,转移到 App 层的 znpInit()函数中进行了实现。

3. znpInit()函数分析

znpInit()函数如源代码 6-3 所示,首先,配置并打开 UART 通信接口,指定 UART 接口的回调函数为 npUartCback()函数;其次,注册 MT 串口任务;最后,执行 MT 任务的初始化操作、ZNP 工程中使用的 NV 存储器的初始化操作。

源代码 6-3　znpInit()函数—znp_app.c 文件—App 层

```
void znpInit(uint8 taskId)
{
#if ZNP_RUN_CRC
  znpCrc();
#endif

  if (ZNP_CFG1_UART == znpCfg1)
  {
    halUARTCfg_t uartConfig;

    uartConfig.configured           = TRUE;
    uartConfig.baudRate             = ZNP_UART_BAUD;
    uartConfig.flowControl          = FALSE;
```

```
    uartConfig.flowControlThreshold        = 0;
    uartConfig.rx.maxBufSize               = 0;
    uartConfig.tx.maxBufSize               = 0;
    uartConfig.idleTimeout                 = 0;
    uartConfig.intEnable                   = TRUE;
    uartConfig.callBackFunc                = npUartCback;
    HalUARTOpen(ZNP_UART_PORT, &uartConfig);
    MT_UartRegisterTaskID(taskId);
  }
  else
  {
    // ZNP 工程默认没有使用 SPI 接口
  }

  znpTaskId = taskId;
  MT_Init(taskId);
  npInitNV();

  //HalUARTWrite(0,"Hello World\n",12);   // 串口连通性测试

#if ZNP_ZCL
  zcl_TaskID = taskId;
#endif
#if defined CC2531ZNP
  (void)osal_pwrmgr_task_state(znpTaskId, PWRMGR_HOLD);
#endif

}
```

　　UART 接口的 npUartCback()回调函数从 HAL 层接收串口数据后,将串口数据转发给 OSAL 系统任务,由 OSAL 操作系统处理;系统需要通过 UART 接口发送数据时,接收硬件层传送 UART 接口空事件消息,进一步触发 OSAL 操作系统 ZNP_UART_TX_READY_EVENT 事件消息,由 OSAL 操作系统响应并调用相应的应用函数 npUartTxReady()发送串口数据。

4. znpEventLoop()函数分析

　　znpEventLoop()函数如源代码 6-4 所示,该函数实现 ZNP 工程中 OSAL 系统的事件循环,响应并处理 OSAL 系统事件消息。ZNP 工程的系统事件消息由 MT 任务函数响应与处理,主要包括触发 OSAL 系统的串口命令消息、射频数据接收消息、ZDO 事件消息以及射频数据确认消息。znpEventLoop()函数响应与处理的非系统事件主要是 ZNP_UART_TX_

READY_EVENT 串口发送事件。

源代码 6-4　znpEventLoop()函数—znp_app.c 文件—App 层

```
uint16 znpEventLoop(uint8 taskId, uint16 events)
{
  osal_event_hdr_t   * pMsg;
  ...(这里省略部分 CC2530 无关代码)

  if (events & SYS_EVENT_MSG)
  {
    if ((pMsg = (osal_event_hdr_t *) osal_msg_receive(znpTaskId)) != NULL)
    {
      switch (pMsg->event)
      {
      /* 响应串口输入命令消息 */
      case CMD_SERIAL_MSG:
        MT_ProcessIncoming(((mtOSALSerialData_t *)pMsg)->msg);
        break;

...(这里省略部分无效代码)

      case AF_INCOMING_MSG_CMD:
...(这里省略部分无效代码)
        {
          MT_AfIncomingMsg((afIncomingMSGPacket_t *)pMsg);
        }
        break;

#ifdef MT_ZDO_FUNC
      case ZDO_STATE_CHANGE:
        MT_ZdoStateChangeCB(pMsg);
        break;

      case ZDO_CB_MSG:
        MT_ZdoSendMsgCB((zdoIncomingMsg_t *)pMsg);
        break;
#endif

      case AF_DATA_CONFIRM_CMD:
        MT_AfDataConfirm((afDataConfirm_t *)pMsg);
        break;

      default:
        break;
```

```
        }

        osal_msg_deallocate((byte *)pMsg);
      }

      events ^= SYS_EVENT_MSG;
    }
    ...(这里省略部分代码)
    else if (events & ZNP_UART_TX_READY_EVENT)
    {
      npUartTxReady();
      events ^= ZNP_UART_TX_READY_EVENT;
    }
    ...(这里省略部分代码)
    else
    {
      events = 0;  /* 丢弃未知事件 */
    }

    return (events);
}
```

在 znpEventLoop() 函数中,尤其以响应与处理 ZNP 串口命令消息为主。应用处理器通过 UART 接口向 CC2530 传送 ZNP 接口命令,CC2530 的 HAL 层接收到串口消息包后,将消息包继续传送给 OSAL 系统,触发 CMD_SERIAL_MSG 系统事件消息。

在 OSAL 操作系统中,调用 MT_ProcessIncoming() 函数响应 CMD_SERIAL_MSG 系统事件消息,处理接收到的串口消息包。MT_ProcessIncoming() 函数首先从串口消息包中解析出 CMD0 域的子系统字段值,从函数指针数组 mtProcessIncoming[] 中选择与子系统字段相应的处理函数。以 SYS 接口命令为例,从函数指针数组 mtProcessIncoming[] 中选出 SYS 接口命令处理函数指针 MT_SysCommandProcessing,进一步调用 * MT_SysCommandProcessing() 函数,接着解析串口消息包中的 CMD1 域的 ID 值,最后,根据 CMD1 域的 ID 值可以确定应该调用的、针对该条接口命令的具体处理函数,如 CC2530 从 UART 接口接收到 SYS_RESET_REQ 命令,最终将根据 SYS_RESET_REQ 命令的 ID 值,调用 MT_SysReset() 函数来响应该命令。

6.2.3 射频测试程序

1. 射频寄存器

(1) 命令寄存器 RFST

命令寄存器 RFST 将命令发送到 LLE(链路层引擎)或 FIFO,ID 值在 0x80~0xFF 的命令属于 FIFO。命令寄存器 RFST 的定义如图 6-12 所示。

RFST(0xE1)—RF CommandStrobe Processor

位	名　称	复位值	方向	描述
7：0	INSTR[7：0]	0xD0	R/W	写入该寄存器将数据传递到 CSP 指令存储器

图 6-12　RFST 寄存器的定义

（2）调制/解调测试寄存器

在 CC2530 工作于射频测试模式时，通常设置调制/解调测试寄存器 MDMTEST0 的高 4 位值，确定射频传送的 TX_TONE；调制/解调测试寄存器 MDMTEST1 的第 4 位用来选择发送未调制载波还是调制载波。调制/解调测试寄存器 MDMTEST0 与 MDMTEST1 的定义分别如图 6-13、图 6-14 所示。

MDMTEST0(0x61A5)—Test Register for Modem

位	名　称	复位值	方向	描述
7：4	TX_TONE[3：0]	0111	R/W	该字段给出可控的相位步长值。使用该字段可以从正弦表中采样得到基带波形 取值范围：0000～0110

图 6-13　MDMTEST0 寄存器的定义

MDMTEST1(0x61B9)—Test Register for Modem

位	名　称	复位值	方向	描述
4	MOD_IF	0	R/W	0：使用 MDMTEST0.TX_TONE 设定的基带信号执行中频调制 1：传送 MDMTEST0.TX_TONE 设定的基带信号

图 6-14　MDMTEST1 寄存器的定义

（3）输出功率控制寄存器

输出功率控制寄存器 TXPOWER 的 7 位有效值可以设定射频输出功率，在以无线射频方式发送数据之前，应当更新 TXPOWER 寄存器的值。TXPOWER 寄存器的定义如图 6-15 所示。

TXPOWER(0x6186)—Output Power Control

位	名　称	复位值	方向	描述
7：0	PA_POWER[7：0]	0xF5	R/W	PA 功率控制

图 6-15　TXPOWER 寄存器的定义

2. 射频测试程序

射频测试函数 znpTestRF() 在 main() 函数中被调用，用于初始化并检测 NV 存储器中 ZNP 射频测试模式对应的项目值，包括测试模式项、信道设置项、发射功率项与 TX_TONE 项。znpTestRF() 函数应该在 MAC 层射频初始化之前执行。

如果 NV 存储器中不存在 ZNP_NV_RF_TEST_PARMS(0x0F07) 项，或者存在该项但无法正确获取，或者即使能获取但是参数值不正确，在这些情况下，直接退出射频测试过程，返回到主函数，控制 CC2530 以通常的射频模式工作。

如果已存在 ZNP_NV_RF_TEST_PARMS 项，并且可以获取有效的参数值，CC2530 将按照射频测试模式工作。执行完射频测试模式工作后，将 ZNP_NV_RF_TEST_PARMS 项的参数值清空，通过硬件复位重启 CC2530，控制 CC2530 以通常的射频模式工作。

源代码 6-5 znpTestRF() 函数——znp_app.c 文件——App 层

```
void znpTestRF(void)
{
  uint8 rfTestParms[4] = { 0, 0, 0, 0 };
  // 如果不存在 ZNP_NV_RF_TEST_PARMS 项,无法获取 NV 项目值或者第 1 项值为 0
  if ((SUCCESS != osal_nv_item_init(ZNP_NV_RF_TEST_PARMS, 4, rfTestParms)) ||
      (SUCCESS != osal_nv_read(ZNP_NV_RF_TEST_PARMS, 0, 4, rfTestParms)) ||
      (rfTestParms[0] == 0))
  { // NV 参数错误,退出并返回
    return;
  }


  // 按 SmartRF Studio 中的值设置以下寄存器
  MDMCTRL0 = 0x85;    // 调制/解调控制寄存器,按默认值设置
  RXCTRL = 0x3F;      // 接收控制寄存器,可以调整前端输出电流,按默认值设置
  FSCTRL = 0x5A;      //调整频率综合器,可调整预分频器或混频器的电流,按默认值
                      //设置
  FSCAL1 = 0x2B;      //设置振荡电流与 VCO 电流的倍数,调整振荡频率,按默认值设置
  AGCCTRL1 = 0x11;    // 设置 AGC 的参考值,按默认值设置
  ADCTEST0 = 0x10;    // ADC 的参数设置,按默认值设置
  ADCTEST1 = 0x0E;    // ADC 的参数设置,按默认值设置
  ADCTEST2 = 0x03;    // ADC 的参数设置,按默认值设置


  FRMCTRL0 = 0x43;    // 设置 Tx 的测试模式:无线传送 CRC 自动生成的伪随机数
  FRMCTRL1 = 0x00;    // 执行 STXON 指令不置位 RXENABLE 寄存器的第 6 位


  MAC_RADIO_RXTX_OFF();  // 关闭频率综合器,禁止射频发送与接收
  MAC_RADIO_SET_CHANNEL(rfTestParms[1]);      // 设置射频通信信道
  MAC_RADIO_SET_TX_POWER(rfTestParms[2]);     // 设置射频的输出功率
  TX_PWR_TONE_SET(rfTestParms[3]);            // 设置 TX_TONE


  switch (rfTestParms[0])
  {
  case 1:                                     // 射频接收使能
    MAC_RADIO_RX_ON();
    break;

  case 2:               // 非调制模式,发送时传送未调制的载波
```

```
  TX_PWR_MOD__SET(1);
  // 注意,这里没有"break";
case 3: // 射频发送使能,如果使用默认的调制模式,伪随机数与载波调制后再传送
  MAC_RADIO_TX_ON();
  break;

default:
  break;
}

// 清除射频测试模式
(void)osal_memset(rfTestParms, 0, 4);    // rfTestParms 数组的值设为 0
(void)osal_nv_write(ZNP_NV_RF_TEST_PARMS, 0, 4, rfTestParms);

while (1);                               // 通过硬件复位退出
}
```

　　射频测试模式将 RF Core 配置为特有的模式,不同于通常的射频通信工作状态,为了使用 CC2530 的无线射频通信,必须将 ZNP_NV_RF_TEST_PARMS 项清空,再进行硬件复位,才能够返回到一般的射频通信模式。

6.3　ZNP 应用工程实践

6.3.1　ZNP 实践目的

　　通过 CC2530-ZNP 系统实现无线数据的传输,观察 CC2530-ZNP 系统组建 ZigBee 网络的信息以及发送端与接收端应用处理器的 UART 接口信息。

　　将 CC2530 作为核心的射频器件,构建典型的"MCU＋RF 芯片"应用结构模式,与传统的射频系统结构相统一,将传统的射频系统升级到 ZigBee 系统,为网络射频系统的设计与迁移带来应用的便利性,也为无线传感器网络网关的设计与开发夯实应用技术基础。

　　CC2530 芯片内部集成有 80C51 的微控制器内核,可以作为独立的无线传感器网络节点,在 ZNP 工程应用中,暂时忽略 CC2530 的强大功能,仅仅将它视作一颗 RF 芯片。CC2530 通过通信接口与应用处理器(单片机、ARM、DSP、PC 等)交互命令与应答消息,在自动组建 ZigBee 网络的基础上,接受应用处理器的 ZNP 控制命令,规划相应的网络行为或者执行相应的无线数据传输。

6.3.2　ZNP 实践方案

1. 硬件部分

　　选择两套 CC2530-ZNP 系统,分别作为协调器设备与路由器设备。每套 CC2530-ZNP 系统的硬件系统都一样,应用处理器通过无硬件流控制的 UART 接口与 CC2530 连接。

CC2530-ZNP 系统关键的硬件管脚的定义如表 6-5 所示。

表 6-5 CC2530-ZNP 系统关键的硬件管脚定义

CC2530-ZNP signal	CC2530 管脚	CC2530 管脚名称	方 向
SS/CT	15	P0_4	输入
SCLK/RT	14	P0_5	输入/输出
MOSI/TX	16	P0_3	输入/输出
MISO/RX	17	P0_2	输出/输入
RESET	20	RESET_N	输入
MRDY	38	P1_6	输入
SRDY	37	P1_7	输出
PA_En	9	P1_1	输出
LNA_En	6	P1_4	输出
HGM	12	P0_7	输出
CFG0	8	P1_2	输入
CFG1	36	P2_0	输入
GPIO0	19	P0_0	可配置
GPIO1	18	P0_1	可配置
GPIO2	13	P0_6	可配置
GPIO3	11	P1_0	可配置

2. 软件部分

作为协调器设备的 CC2530-ZNP 系统,应用处理器在系统上电后,按照以下流程执行操作。CC2530 在复位后按 ZNP 工程代码自动运行。

① 应用处理器与 CC2530 上电初始化。

② 应用处理器将 CC2530 的 RESET_N 管脚置低,保持 CC2530 复位。

③ 应用处理器将 CC2530 的 CFG0 管脚置高,将 CFG1 管脚置低。

④ 应用处理器初始化 UART 接口。

⑤ 应用处理器将 CC2530 的 RESET_N 管脚置高,CC2530 开始启动相应操作。

⑥ 应用处理器接收到 CC2530 应答的 SYS_RESET_IND 消息。

⑦ 应用处理器发送 UTIL_GET_DEVICE_INFO 命令,查看本系统中 CC2530 的设备信息。

⑧ 应用处理器发送 ZB_APP_REGISTER_REQUEST 命令,注册端点、框架 ID、设备 ID、输入/输出簇列表与数量等信息。

⑨ 应用处理器发送 UTIL_SET_PANID 命令,设置 PAN ID 值。

⑩ 应用处理器发送 ZB_START_REQUEST 命令,启动 ZigBee 协议栈。

⑪ 应用处理器重新发送 UTIL_GET_DEVICE_INFO 命令,查看本系统中 CC2530 新的设备信息,进行设备类型确认。

⑫ 应用处理器发送 ZB_SEND_DATA_REQUEST 命令,向路由器设备传送无线射频

数据。

相应地,作为路由器设备的 CC2530-ZNP 系统,应用处理器在系统上电后,按照上面列出的第①~⑪步执行。CC2530 在复位后按 ZNP 工程代码自动运行。

6.3.3　ZNP 实践效果

1. 协调器端的运行结果

```
Start Time: 2016/1/29 0:26:06


<TX>12:26:37.03 COM5 UTIL_GET_DEVICE_INFO (0x2700)


<RX>12:26:37.06 COM5 UTIL_GET_DEVICE_INFO_RESPONSE (0x6700)
    Status: SUCCESS (0x0)
    IEEEAddr: 0x00124B0004312998
    ShortAddress: 0xFFFE              设置前的值
    DeviceType: COORDINATOR (0x1)
    DeviceState: DEV_HOLD (0x0)       设置前的值
    NumAssocDevices: 0x00             设置前的值
    AssocDevicesList                  设置前的值


<TX>12:28:36.13 COM5 ZB_APP_REGISTER_REQUEST (0x260A)
    AppEndPoint: 0x0C
    AppProfileID: 0x000C
    DeviceId: 0x000C
    DeviceVersion: 0x0C
    Unused: 0x00
    InputCommandsNum: 0x00
    InputCommandsList:
    OutputCommandsNum: 0x00
    OutputCommandsList:


<RX>12:28:36.16 COM5 ZB_APP_REGISTER_RSP (0x660A)
    Status: SUCCESS (0x0)


<TX>12:28:48.61 COM5 UTIL_SET_PANID (0x2702)
    PanID: 0x04D2


<RX>12:28:48.65 COM5 UTIL_SET_PANID_RESPONSE (0x6702)
```

Status: SUCCESS (0x0)

<TX>12:29:13.14 COM5 ZB_START_REQUEST (0x2600)

<RX>12:29:14.43 COM5 ZB_START_REQUEST_RSP (0x6600)

<RX>12:29:15.44 COM5 ZDO_STATE_CHANGE_IND (0x45C1)　　启动 ZigBee 协议栈
　　　State: 9 (0x9)　　　　　　　　　　　　　　　　　　后,设备状态改变

<RX>12:29:15.46 COM5 ZB_START_CONFIRM (0x4680)　　　ZigBee 协议栈启动确认
　　　　Status: 0x00

<TX>12:30:59.27 COM5 UTIL_GET_DEVICE_INFO (0x2700)

<RX>12:30:59.31 COM5 UTIL_GET_DEVICE_INFO_RESPONSE (0x6700)
　　　Status: SUCCESS (0x0)
　　　IEEEAddr: 0x00124B0004312998
　　　ShortAddress: 0x0000　　　　　　　设置后更改为协调器的网络地址
　　　DeviceType: COORDINATOR (0x1)
　　　DeviceState: DEV_ZB_COORD (0x9)　　设置后更改为协调器设备类型
　　　　　NumAssocDevices: 0x01　　　　关联了 1 个设备
　　　　　AssocDevicesList: 0xC011　　　关联设备列表(路由器的网络地址)

<TX>12:33:36.94 COM5 ZB_SEND_DATA_REQUEST (0x2603)
　　　Destination: 0xC011
　　　CommandId: 0x0000
　　　Handle: 0x00
　　　TxOptions: NONE (0x0)
　　　Radius: 0x00
　　　PayloadLen: 0x03　　　　　　　　　数据数量
　　　PayloadValue: ...{ (0x01, 0x02, 0x7B)　向路由器发送的测试数据值

<RX>12:33:36.97 COM5 ZB_SEND_DATA_REQUEST_RSP (0x6603)

<RX>12:33:36.99 COM5 ZB_SEND_DATA_CONFIRM (0x4683)　　数据发送确认
　　　Handle: 0x00
　　　Status: 0x00

2. 路由器端的运行结果

Start Time: 2016/1/29 0:26:06

<TX>12:27:33.17 COM6 UTIL_GET_DEVICE_INFO (0x2700)

<RX>12:27:33.18 COM6 UTIL_GET_DEVICE_INFO_RESPONSE (0x6700)
  Status: SUCCESS (0x0)
  IEEEAddr: 0x00124B0004312996
  ShortAddress: 0xFFFE   设置前的值
  DeviceType: ROUTER (0x2)
  DeviceState: DEV_HOLD (0x0)   设置前的值
  NumAssocDevices: 0x00   设置前的值
  AssocDevicesList   设置前的值

<TX>12:28:12.49 COM6 ZB_APP_REGISTER_REQUEST (0x260A)
  AppEndPoint: 0x0C
  AppProfileID: 0x000C
  DeviceId: 0x000C
  DeviceVersion: 0x0C
  Unused: 0x00
  InputCommandsNum: 0x00
  InputCommandsList:
  OutputCommandsNum: 0x00
  OutputCommandsList:

<RX>12:28:12.5 COM6 ZB_APP_REGISTER_RSP (0x660A)
  Status: SUCCESS (0x0)

<TX>12:29:00.88 COM6 UTIL_SET_PANID (0x2702)
  PanID: 0x04D2

<RX>12:29:00.9 COM6 UTIL_SET_PANID_RESPONSE (0x6702)
  Status: SUCCESS (0x0)

<TX>12:29:23.81 COM6 ZB_START_REQUEST (0x2600)

<RX>12:29:25.09 COM6 ZB_START_REQUEST_RSP (0x6600)

```
<RX>12:29:26.12 COM6 ZDO_STATE_CHANGE_IND (0x45C1)        启动 ZigBee 协议栈
      State: 7 (0x7)                                      后,设备状态改变
```

```
<RX>12:29:26.12 COM6 ZB_START_CONFIRM (0x4680)           ZigBee 协议栈启动确认
      Status: 0x00
```

```
<TX>12:30:25.74 COM6 UTIL_GET_DEVICE_INFO (0x2700)

<RX>12:30:25.76 COM6 UTIL_GET_DEVICE_INFO_RESPONSE (0x6700)
      Status: SUCCESS (0x0)
      IEEEAddr: 0x00124B0004312996
      ShortAddress: 0xC011                              设置后更改为路由器的网络地址
      DeviceType: ROUTER (0x2)
      DeviceState: DEV_ROUTER (0x7)                     设置后更改为路由器设备类型
      NumAssocDevices: 0x00

      AssocDevicesList

<RX>12:33:36.98 COM6 ZB_RECEIVE_DATA_INDICATION (0x4687)
      Source: 0x0000                                    源设备(协调器)的网络地址
      Command: 0x0000
      Len: 0x0003                                       数据数量
      Data: ..{ (0x01, 0x02, 0x7B)                      接收的数据(与发送的数据一致)
```

本 章 小 结

将 CC2530 作为核心的射频器件,构建典型的"MCU+RF 芯片"应用结构模式,与传统的射频系统结构相统一,可以轻松地将传统的射频系统升级到 ZigBee 系统,也为设计无线传感器网络网关带来了便利。

ZNP 工程中既用到了 ZCL 框架,又用到了应用层功能设计,最重要的是,ZNP 工程中调用了 ZNP 规范中给出的 SYS、SAPI、ZDO 等接口函数,以 MT 层函数为基础,可以通过 UART 接口与 Z-Stack 协议栈的分层进行信息交互。因此,熟悉 ZNP 的概念,掌握 ZNP 工程的特点、设计与应用是本章的主要目的。

需要额外提出的是,ZNP 应用工程与 Z-Stack 软件包中的 SimpleApp 应用工程中都用到了 SAPI 接口函数,在 Z-Stack Simple API 说明书与 ZNP 规范说明书中都给出了 SAPI 接口函数的具体说明,在使用时应该注意两个工程之间调用 SAPI 接口函数的联系与区别。

习　　题

6-1　什么是 ZNP 系统?

6-2　简述典型的 ZNP 系统的结构。

6-3　CC2530-ZNP 内部的硬件接口使用哪些信号?

6-4　简述 CC2530-ZNP 的通用帧格式(General Frame Format)的组成。

6-5　ZNP 规范中给出的软件指令包括哪些接口指令?

6-6　请简要分析 ZNP 程序的结构。

6-7　UART 接口接收到的 ZNP 命令是如何传送给 OSAL 操作系统的?

6-8　ZNP_NV_RF_TEST_PARMS 项的值是什么时候写入 NV 存储器的?

6-9　寄存器 MDMTEST0、MDMTEST1 在 RF 测试应用中实现什么功能?

6-10　设置寄存器 MDMTEST0 中的 TX_TONE 项的作用是什么?

6-11　设置寄存器 MDMTEST1 中的 MOD_IF 项的作用是什么?

6-12　在 ZNP 工程中调用 znpRFTest()函数的作用是什么?

6-13　简述作为协调器的 CC2530-ZNP 系统上电后应用处理器与 CC2530 的交互流程。

6-14　简述作为路由器的 CC2530-ZNP 系统上电后应用处理器与 CC2530 的交互流程。

第7章 智能能源应用系统设计

智能能源(SE)应用系统主要是采用 ZCL 框架设计的应用系统,这一点与家庭自动化应用系统类似。但不同的是,SE 应用系统的功能由 ZCL 功能域中的智能能源域实现,并且 SE 项目支持的功能设备类型较多,包括 ESP、PCT、IPD、负载控制设备、简单计量装置以及区域扩展器,达到 6 种类型的功能设备,并且这 6 种类型的功能设备可以在 Z-Stack 协议栈中配置出 7 种网络设备类型,因此:

本章首先介绍 SE 工程的概念与模型结构;

其次介绍了建立 SE 工程的安全机制、工作原理与消息处理流程;

再次分析了 ESP、PCT 与 IPD 应用工程的程序设计;

最后设计了 SE 工程的实践方案,分析了 SE 工程的运行效果,进一步熟悉 SE 工程的原理与设计方法。

学习目标

• 了解 SE 工程的概念与模型结构。

• 了解 SE 工程的安全机制、工作原理与消息处理流程。

• 掌握 SE 工程的原理与设计方法。

7.1 智能能源应用基础

7.1.1 智能能源工程简介

智能能源(Smart Energy,SE)项目是基于 ZigBee 2007 规范的公共应用框架实现的典型应用项目。智能能源应用项目旨在建立公用事业公司及用户直接与温控器及其他智能设备进行通信的服务能力,项目规划详细,目标明确,可推广的领域广泛,为此,ZigBee 联盟也专门为智能能源制定了应用规范(Smart Energy Profile Specification)技术说明书,指导 SE 项目的设计与开发。

智能能源工程在 Z-Stack 协议栈的基础上,主要应用了 ZCL 功能域的智能能源域、ZCL 通用域的密钥建立簇、MT 层的 APP_MSG 命令实现,实现了负载控制、简单计量、获取与发布价格、处理 MESSAGE 命令、安全管理等操作。因此,分析智能能源工程,主要是分析

ZCL 层的 API 函数调用,通过调用的 ZCL API 函数理解智能能源工程的设计思路。

在 Z-Stack 协议栈提供的 SE 应用工程中,定义了 7 个应用实例:

① 能源服务(入口)站点 ESP(协调器);

② 计量设备(路由器或终端设备);

③ 预显示设备 IPD(终端设备);

④ 可编程通信温控器 PCT(终端设备);

⑤ 负载控制设备(路由器);

⑥ 区域扩展器(路由器)。

SE 项目中的路由器设备及终端设备等应用实例与 ESP(协调器设备)之间的交互关系在图 7-1 所示的 SE 应用模型中给出。

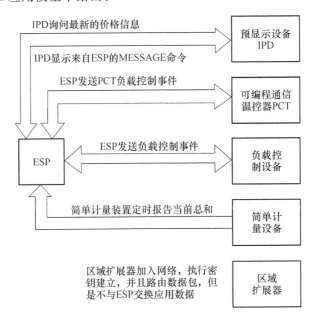

图 7-1　智能能源应用模型

7.1.2　SE 工程原理

1. SE 安全加入

SE 工程中通过定义 ZCL_KEY_ESTABLISH 常量,将密钥建立簇添加进通用功能域,应用程序可以执行密钥建立的初始化操作,并且在初始化结束后,启动密钥建立任务,处理密钥建立消息序列。一旦密钥建立完毕,就将 ZCL_KEY_ESTABLISH_IND 消息发送给 OSAL 操作系统的应用层。

SE 框架要求所有设备都要安装预配置的信任中心链接密钥(Trust Center Link Key),并且在设备请求加入网络时,还需要将网络密钥分发给请求入网设备。SE 框架设备有两种基本的安全入网方案:SE 设备加入网络方案与 SE 设备加入信任中心方案。

在 SE 设备加入网络方案中,SE 设备通过路由器加入网络后,信任中心通过路由器将传输密钥命令转发给入网 SE 设备,如图 7-2 所示。

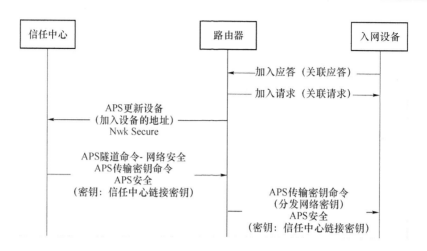

图 7-2　SE 设备加入网络方案

在 SE 设备加入信任中心方案中,SE 设备通过信任中心加入网络后,传输密钥命令经预配置的信任中心链接密钥加密后直接传送给 SE 设备,如图 7-3 所示。

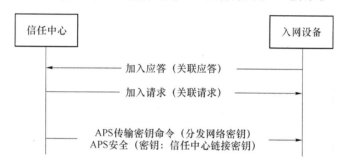

图 7-3　SE 设备加入信任中心方案

密钥建立任务由两个函数实现:初始化密钥建立任务与指定密钥建立任务事件处理函数。它们的原型声明为:

- void zclGeneral_KeyEstablish_Init(uint8 task_id);
- uint16 zclKeyEstablish_event_loop(uint8 task_id, uint16 events);

2. 密钥建立

一旦基于安全协议成功地加入网络,每一个设备都将执行与 ESP 之间的密钥建立初始化操作。该操作在向 OSAL 操作系统注册密钥建立任务之后执行,入网设备与 ESP 之间建立密钥由初始化密钥建立函数实现,函数原型声明为:

```
ZStatus_t zclGeneral_KeyEstablish_InitiateKeyEstablishment(
uint8 appTaskID,                // 应用程序的任务 ID
afAddrType_t * partnerAddr,     // 协调器的网络地址与端点
uint8 seqNum );                 // 应用程序(ZCL)的序列号
```

执行密钥建立所需要的凭据信息(Certificate Information)需要提前使用 Z-Tool 工具固化到 NV 存储器中。图 7-4 显示了带密钥建立操作的设备启动过程。ZDO_STATE_

CHANGE 是 OSAL 操作系统事件消息,传送到应用层,提示设备已经成功启动或加入网络。

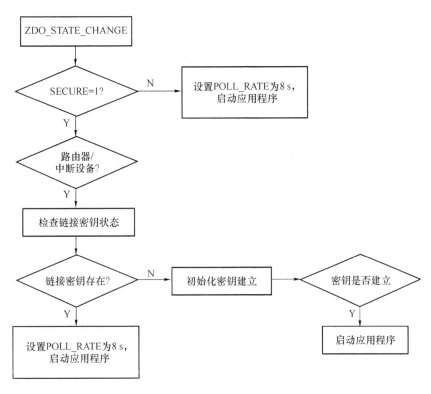

图 7-4　带密钥建立操作的设备启动过程

3. 设备与服务发现

智能能源工程中的每个设备都与 ESP 通信。ESP 是协调器,拥有固定的网络地址 0x0000,加入网络的设备可以直接与 ESP 通信,不需要执行设备发现与服务发现操作。而 ESP 有发现负载控制器与 PCT 设备的能力。一旦设备应用 SE 安全框架加入网络并且成功执行了链接密钥建立操作,就开始基于应用层行为与 ESP 进行通信。

4. ESP

在智能能源工程中,ESP 设备作为网络的协调器、信任中心以及网络管理器,网络中的其他设备都与 ESP 进行通信。

ESP 应用实例的应用层行为主要通过调研 ZCL 功能域的 SE 域函数以及 ZDO API 函数实现。

SE 域函数主要实现向 IPD 发送价格发布命令,向负载控制器发送负载控制事件消息,以及向 IPD 发送消息命令。应用层(包括调用 ADO API)函数主要实现事件消息的响应与处理,包括响应获取当前价格的消息、显示当前总和,响应 MT 层链接密钥提取命令,响应按键处理事件消息以及响应匹配描述与简单描述请求。

ESP 以不同的方式与其他设备的应用实例进行交互。ESP 在使用 Z-Tool 工具配置自身的 Certicom 密钥信息后,每隔 5 s 将接收来自简单计量设备的属性报告,由应用层的输入报告处理 esp_ProcessInReportCmd()函数将当前总和信息显示在 ESP 的 LCD 显示屏上。

IPD 设备加入网络后,将向 ESP 发送获取价格信息消息。ESP 收到获取价格信息后,由 esp_GetCurrentPriceCB()函数调用 zclSE_Pricing_Send_PublishPrice()函数向 IPD 设备发送价格发布命令。或者,在按下 ESP 设备上的 SW4 按键时,ESP 设备将调用 ZCL 的 SE 功能域 zclSE_Message_Send_DisplayMessage()函数向 IPD 设备发送显示 MESSAGE 消息。

PCT 或负载控制设备加入网络后,ESP 将使用匹配描述与简单描述 ZDO 请求发现这些设备。ESP 的 SW4 按键按下时发出一个广播匹配描述请求,等待来自 PCT 或负载控制设备的应答。ESP 只接收并处理对应 PCT 或负载控制设备的两种应答,分别触发(简单描述请求)SIMPLE_DESC_QUERY_EVT_1 与 SIMPLE_DESC_QUERY_EVT_2 用户事件处理。在处理匹配描述应答事件时,又将触发相应的简单描述请求。接着,由 ZDO 回调函数 esp_ProcessZDOMsg()处理简单描述应答,获取 PCT 或负载控制设备的设备 ID 与目标地址,从而 ESP 得以向指定的设备发送相应的负载控制事件消息。ESP 的 SW1 按键可以向 PCT 发送 PCT 事件消息,SW2 按键可以向负载控制设备发送事件消息。

5. 简单计量设备

如果简单计量设备定义了 HOLD_AUTO_START 选项,设备启动后不会自动加入网络,按下 SW1 按键后,调用 ZDOInitDevice()函数请求关联,作为应答,ESP 设备向应用层发送 ZDO_STATE_CHANGE 事件消息,表示简单计量设备已经加入网络,开始按照图 7-4 所示的流程开始执行。一旦应用层链接密钥建立完毕,应用层将会收到 ZCL_KEY_ESTABLISH_IND系统消息。OSAL 操作系统设置定时器事件,每隔 5 s 调用 zcl_SendReportCmd()函数向 ESP 发送 SIMPLEMETER_REPORT_ATTRIBUTE_EVT 事件消息,ESP 将接收并显示当前总和信息。simplemeter_Init()函数创建报告命令的结构并初始化属性值。

6. 负载控制设备

负载控制设备启动后不会自动加入网络,按下 SW1 按键后,开始关联与密钥建立的握手过程。负载控制设备加入网络并分配链接密钥后,启动应用程序。此时,在 ESP 端按下 SW4 按键,ESP 将发起匹配描述与简单描述请求,负载控制设备逐个应答,向 ESP 传送设备 ID 与目标地址信息。接着,ESP 向负载控制设备发送负载控制事件消息,消息中含有设备类域的固定 ON/OFF 负载设备类位、启动时间及持续时间等信息。负载控制设备收到该事件消息后,依次应答 ReportEventStatus 命令,分别表示已经接收到控制命令、已经按控制命令执行、控制过程已经结束。负载控制设备按照 ESP 的控制命令执行时,LED4 灯通过闪烁提示运行状态,LCD 显示屏上也会有相应的提示信息。负载控制设备具体的执行流程如图 7-5 所示。

7. PCT

PCT 设备的应用层行为与负载控制设备的类似。PCT 与负载控制设备在两方面存在差异,首先,在负载控制事件消息中设备类域字段的第 0 位用来设置 PCT 设备类(HVAC 压缩机或加热炉),而第 7 位用来设置负载控制设备类(固定的 ON/OFF 负载)。此外,在 PCT 设备的 LCD 显示屏上显示的都是 PCT 事件(PCT Evt)信息,而负载控制设备的 LCD 显示屏上显示的都是负载事件(Load Evt)信息。虽然存在两点不同,但是在控制逻辑、调用函数、程序结构及应用层行为等重要方面非常类似,因此,可以认为 PCT 与负载控制设备是响应一致的设备,PCT 设备具体的执行流程如图 7-5 所示。

在 SE 工程中,将负载控制设备实例配置为路由器设备,将 PCT 实例配置为终端设备。

这是 PCT 与负载控制设备在应用方面存在的差异,本章不准备针对该问题深入讨论。

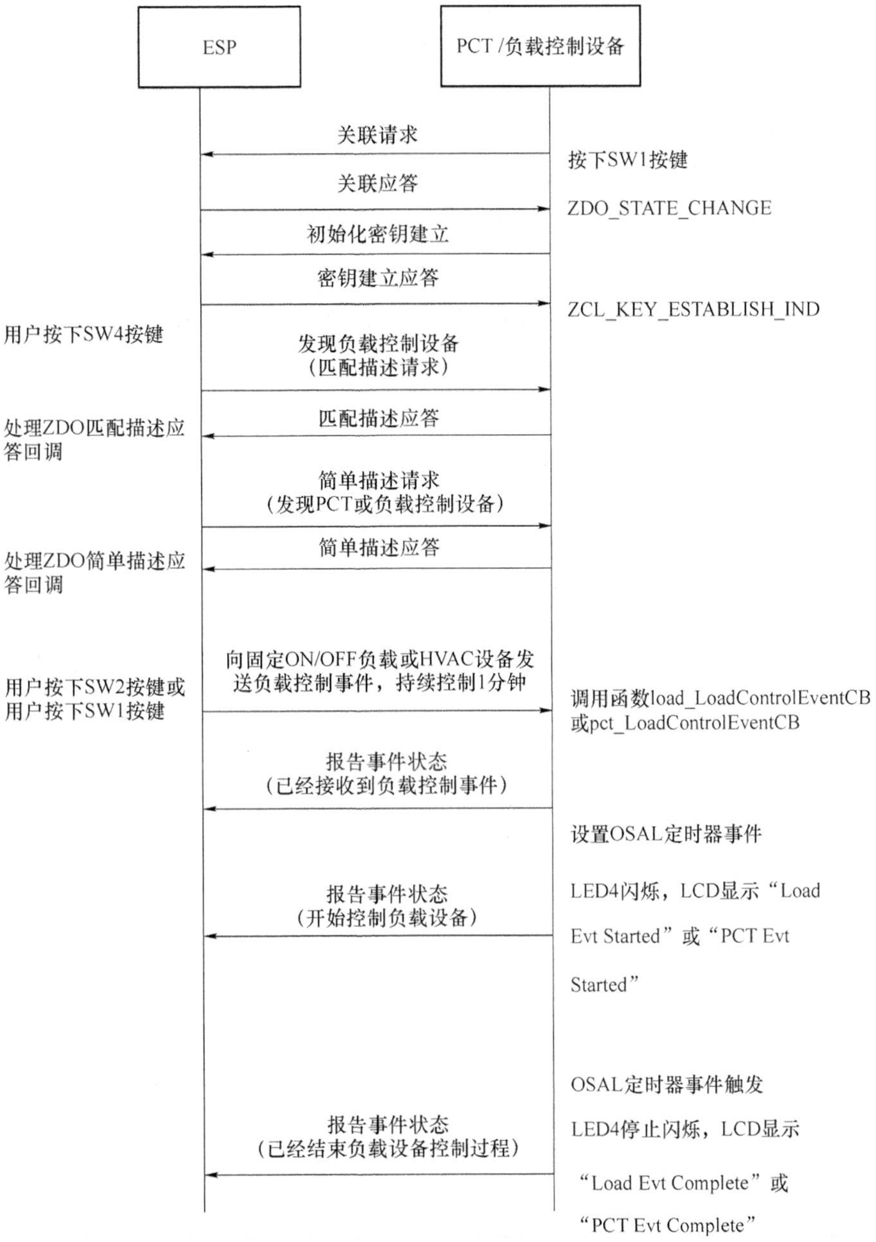

图 7-5　PCT 及负载控制设备的消息处理流程

8. 预显示设备

预显示设备启动后不会自动加入网络,按下 SW1 按键后,开始关联与密钥建立的握手过程。负载控制设备加入网络并分配链接密钥后,启动应用程序。此后,预显示设备每隔 5 s 将自动使用 GetCurrentPrice 命令从 ESP 获取当前价格信息,并将价格信息显示在 LCD 显示屏上。如果在 ESP 上按下 SW3 按键,ESP 将向预显示设备发送显示 MESSAGE 命令,预显示设备在 LCD 上显示接收的该消息命令。

9. 区域扩展器

如果在区域扩展器应用实例中定义了 HOLD_AUTO_START 选项,区域扩展器启动后不会自动加入网络,按下 SW1 按键后,开始关联与密钥建立的握手过程。区域扩展器加入网络并分配链接密钥后,启动应用程序。

区域扩展器作为路由器设备加入 SE 网络,并且建立密钥以后,可以路由数据包,但是,区域扩展器本身并不与 ESP 交换应用数据,也不发送任何应用层的 SE 消息。区域扩展器的功能仅限于作为一个标准的 ZigBee PRO 路由器设备所具备的数据包转发功能。

7.2 ESP、PCT 与 IPD 应用工程

7.2.1 ESP 应用工程

在 SE 工程中,选择"ESP-协调器"设备配置,加载 ESP 实例相关的应用程序文件,包括 esp.c、esp.h、esp_data.c 及 OSAL_ESP.c,如图 7-6 所示。

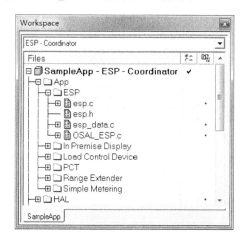

图 7-6 ESP 设备配置

ESP 既是 SE 工程中的能源服务站点,又是 ZigBee 网络中的协调器,一方面,ESP 为 IPD、PCT 以及简单计量装置提供连接与服务,另一方面,ESP 还要建立网络、分发链接密钥,甚至还需要参与网络管理。ESP 需要实现的功能较多,仅从应用行为层面来看,ESP 不仅引用了 ZCL 的通用域与 SE 功能域,在 ZCL 自动响应与处理一部分任务,还在应用层响应与处理来自 MT 层、ZCL 层及 ZDO 层的事件消息。这里,选择从 ESP 事件循环处理函数 esp_event_loop() 出发,分析 SE 框架在 ESP 实例中的设计与实现方法。esp_event_loop() 函数的主要代码如源代码 7-1 所示。

源代码 7-1 esp_event_loop()函数—esp.c 文件—App 层
1. uint16 esp_event_loop(uint8 task_id, uint16 events)
2. {

```
3.    afIncomingMSGPacket_t  * MSGpkt;

4.

5.    if ( events & SYS_EVENT_MSG )

6.    {

7.    while ( (MSGpkt = (afIncomingMSGPacket_t *)osal_msg_receive( espTaskID )))

8.    {

9.        switch ( MSGpkt->hdr.event )

10.        {

11.        case MT_SYS_APP_MSG：

12.            // 从 MT 接收的消息（串口）

13.            esp_ProcessAppMsg( ((mtSysAppMsg_t *)MSGpkt)->appData );

14.            break;

15.

16.        case ZCL_INCOMING_MSG：

17.            // 应用层接收的 ZCL 基础层命令/应答消息

18.            esp_ProcessZCLMsg( (zclIncomingMsg_t *)MSGpkt );

19.            break;

20.

21.        case KEY_CHANGE：

22.            esp_HandleKeys( ((keyChange_t *)MSGpkt)->state, ((keyChange_t \
                            *)MSGpkt)->keys );

23.            break;

24.

25.        case ZDO_CB_MSG：

26.            // 接收并处理注册到 ESP 应用任务的 ZDO 事件消息

27.            esp_ProcessZDOMsg( (zdoIncomingMsg_t *)MSGpkt );

28.            break;

29.

30.        default：

31.            break;

32.        }

33.

34.        // 释放存储空间

35.        osal_msg_deallocate( (uint8 *)MSGpkt );

36.

37.    }

38.
```

```
39.    // 返回未处理的事件
40.    return (events ^ SYS_EVENT_MSG);
41.  }
...（省略部分代码）
42.  // 丢弃未知事件
43.  return 0;
44. }
```

在 esp_event_loop()函数中,ESP 的应用行为主要集中在系统事件消息的响应与处理上,包括 MT_APP 接口命令的响应与处理、提交到应用层的 ZCL 事件消息的响应与处理、按键事件的响应与处理,以及 ZDO 层事件消息的响应与处理。

1. MT_APP 接口命令的响应与处理

调用关系:esp_ProcessAppMsg()函数→esp_KeyEstablish_ReturnLinkKey()函数

处理过程:使用 Z-Tool 工具,通过串口向 CC2530 的 ESP 实例发送 APP_MSG 命令。从 ESP 端来看,来自串口的 MT_APP 接口命令由 ESP 任务进行响应,调用 ESP 事件循环函数 esp_event_loop()中的 esp_ProcessAppMsg()函数进行处理。更进一步,APP_MSG 消息处理函数 esp_ProcessAppMsg()调用 esp_KeyEstablish_ReturnLinkKey()函数,从指定的地址管理入口检索链接密钥,在获取 APSME_LinkKeyData_t 结构体类型的 key 数据后,向对应目标设备的短地址返回链接密钥。

处理结果:ESP 通过串口向 Z-Tool 工具回传分配的链接密钥。

2. 提交到应用层的 ZCL 事件消息的响应与处理

调用关系:esp_ProcessZCLMsg()函数→esp_ProcessInReportCmd()函数。

处理过程:从 ZCL 层提交到应用层的 ZCL 基础层命令,由 ESP 任务进行响应,调用 ESP 事件循环函数 esp_event_loop()中的 esp_ProcessZCLMsg()函数进行处理。简单计量装置通过 ZCL 的 Profile 报告向 ESP 提交当前计量总和信息,因此,esp_ProcessZCLMsg()函数通过解析 ZCL_REPORT 类型的 ZCL 基础命令,进一步调用 esp_ProcessInReportCmd()函数,可以提取简单计量装置提交的数据。

处理结果:在 LCD 显示屏上显示简单计量装置提交的当前总和信息,格式如下所示:

> 第 1 行显示:"Zigbee Coord esp"
> 第 2 行显示:"Curr Summ Dlvd"
> 第 3 行显示:16 进制的当前总和数值

3. 按键事件的响应与处理

调用关系:esp_HandleKeys()函数→zclSE_LoadControl_Send_LoadControlEvent()函数
　　　　　esp_HandleKeys()函数→zclSE_Message_Send_DisplayMessage()函数

处理过程:在 esp_Init()函数中,执行 RegisterForKeys()函数,将按键事件注册到 ESP 任务中,ESP 可以响应并处理按键事件。在响应 SW1 按键事件时,初始化 PCT 设备的负载控制事件结构体类型参数,调用 zclSE_LoadControl_Send_LoadControlEvent()函数,向 PCT 设备发送负载控制事件;在响应 SW2 按键事件时,初始化负载控制设备的负载控制事件结构体类型参数,调用 zclSE_LoadControl_Send_LoadControlEvent()函数,向负载控制设备发送负载控制事件;在响应 SW3 按键事件时,调用 zclSE_Message_Send_DisplayMes-sage()函数,向 IPD 设备发送显示字符串。

在 zclSE_LoadControl_Send_LoadControlEvent()函数中,根据形式参数中 cmd 参数的传递值,设置与传送负载控制事件结构体 zclCCLoadControlEvent_t 类型变量,该函数的原型声明如源代码 7-2 所示。

源代码 7-2 zclSE_LoadControl_Send_LoadControlEvent()—zcl_se.c—Profile 层

```
ZStatus_t zclSE_LoadControl_Send_LoadControlEvent( uint8 srcEP, afAddrType_t *
dstAddr,zclCCLoadControlEvent_t * cmd, uint8 disableDefaultRsp, uint8 seqNum )
{
  uint8 * buf;
  uint8 * pBuf;
  ZStatus_t status;

  buf = osal_mem_alloc( PACKET_LEN_SE_LOAD_CONTROL_EVENT );

  if ( buf == NULL )
    return (ZMemError);

  pBuf = buf;
  pBuf = osal_buffer_uint32( pBuf, cmd->issuerEvent );          // 发布者事件 ID
  pBuf = osal_buffer_uint24( pBuf, cmd->deviceGroupClass );     // 设备群组类型
  pBuf = osal_buffer_uint32( pBuf, cmd->startTime );            // 启动时间
  * pBuf + + = LO_UINT16( cmd->durationInMinutes );            // 持续时间
  * pBuf + + = HI_UINT16( cmd->durationInMinutes );
  * pBuf + + = cmd->criticalityLevel;                          // 临界级别
  * pBuf + + = cmd->coolingTemperatureOffset;                  // 制冷温
  * pBuf + + = cmd->heatingTemperatureOffset;                  // 加热温
  * pBuf + + = LO_UINT16( cmd->coolingTemperatureSetPoint ); // 降温设定点
  * pBuf + + = HI_UINT16( cmd->coolingTemperatureSetPoint );
  * pBuf + + = LO_UINT16( cmd->heatingTemperatureSetPoint ); // 加热设定点
  * pBuf + + = HI_UINT16( cmd->heatingTemperatureSetPoint );
  * pBuf + + = cmd->averageLoadAdjustmentPercentage;          // 平均负载调整
                                                               // 比例
  * pBuf + + = cmd->dutyCycle;                                 // 占空比
  * pBuf = cmd->eventControl;     // 事件控制,初始设置为非随机的启动与停止应用
  // 从 ZCL 服务器发送到 ZCL 客户端
  status = zcl_SendCommand( srcEP, dstAddr, ZCL_CLUSTER_ID_SE_LOAD_CONTROL,
```

```
                      COMMAND_SE_LOAD_CONTROL_EVENT, TRUE,
                      ZCL_FRAME_SERVER_CLIENT_DIR, disableDefaultRsp, 0,
                      seqNum, PACKET_LEN_SE_LOAD_CONTROL_EVENT, buf );
  osal_mem_free(buf);

  return status;
}
```

处理结果:①向 PCT 设备发送负载控制命令;②向负载控制设备发送负载控制命令;③在 IPD 设备的显示屏上显示"Rcvd MESSAGE Cmd"信息。

4. ZDO 层事件消息的响应与处理

调用关系:esp_ProcessZDOMsg()

处理过程:应用层接收到 ZDO 层的匹配描述应答后,调用 esp_ProcessZDOMsg()函数响应与处理,立即设置简单描述请求信息,由 OSAL 操作系统发送简单描述请求。接着,对于接收到的简单描述应答,在 esp_ProcessZDOMsg()函数中提取设备 ID 与目标设备网络地址,根据设备 ID 可以识别设备类型,区分 PCT 或负载控制设备。

处理结果:获取设备 ID 与目标设备网络地址。

除了在应用层的事件消息循环函数中处理系统事件消息以外,ESP 工程还在 ZCL 层的事件消息循环函数中处理 ZCL 簇命令,通过 ZCL 簇回调函数表,执行对 ZCL 簇命令消息的响应与处理。

ESP 将 ZCL 回调函数表注册到 ZCL SE 功能域的回调函数链表中,由 ZCL 基础层中插件的簇命令处理函数统一选择、调用与执行。IPD 设备向 ESP 设备发送 ZCL SE 功能域的获取当前价格命令,ESP 的 ZCL 层接收到该簇命令后,将自动调用 esp_GetCurrent-PriceCB()函数进行响应与处理。因此,ESP 的应用行为还包括在 ZCL 层的实现方式,即 ZCL 簇命令的响应与处理。

5. ZCL 簇命令的响应与处理

调用关系:esp_GetCurrentPriceCB()函数→zclSE_Pricing_Send_PublishPrice()函数

处理过程:根据 ZCL 簇命令的响应与处理原理可知,ZCL 任务的优先级在 OSAL 系统中高于应用层任务。ESP 的 ZCL SE 功能域的回调函数表已经注册并绑定到指定的端点,注册插件函数划分了自动响应 SE 簇命令的区间与响应函数。

一旦 ESP 接收到来自 IPD 设备的获取当前价格的命令,ESP 的 ZCL 层过滤 ZCL 命令,根据 ZCL 输入消息结构体中应用框架层输入消息包中的端点,在回调函数列表 zclSECBs 中查找相应的 ZCL 回调函数表。如果 ZCL 回调函数表存在,继续判断 ZCL 输入消息中的簇 ID,根据簇 ID 索引相应的回调函数,这里将调用 esp_GetCurrentPriceCB()函数,并在该回调函数中完善 zclCCPublishPrice_t 结构体类型变量,如源代码 7-3 所示,最后,通过 ZCL 命令发送函数将价格信息从(ESP)服务器传送给(IPD)客户端。

源代码 7-3 zclSE_Pricing_Send_PublishPrice()函数—zcl_se.c 文件—Profile 层
ZStatus_t zclSE_Pricing_Send_PublishPrice(uint8 srcEP, afAddrType_t * dstAddr,   zclCCPublishPrice_t * cmd,uint8 disableDefaultRsp, uint8 seqNum)

```
{
  uint8 * buf;
  uint8 * pBuf;
  uint8 bufLen;
  ZStatus_t status;

  bufLen = PACKET_LEN_SE_PUBLISH_PRICE + cmd->rateLabel.strLen;
  buf = osal_mem_alloc( bufLen );
  if ( buf == NULL )
    return (ZMemError);

  pBuf = buf;

  pBuf = osal_buffer_uint32( pBuf, cmd->providerId );       // 提供者 ID
  * pBuf + + = cmd->rateLabel.strLen;
  pBuf = osal_memcpy( pBuf, cmd->rateLabel.pStr, cmd->rateLabel.strLen );
  pBuf = osal_buffer_uint32( pBuf, cmd->issuerEventId );    // 发布者事件 ID
  pBuf = osal_buffer_uint32( pBuf, cmd->currentTime );      // 当前时间
  * pBuf + + = cmd->unitOfMeasure;                          // 计量单位
  * pBuf + + = LO_UINT16( cmd->currency );                  // 市价
  * pBuf + + = HI_UINT16( cmd->currency );
  * pBuf + + = cmd->priceTrailingDigit;                     // 价格走势（记录）值
  * pBuf + + = cmd->priceTier;                              // 阶梯价
  pBuf = osal_buffer_uint32( pBuf, cmd->startTime );        // 启动时间
  * pBuf + + = LO_UINT16( cmd->durationInMinutes );         // 持续时间
  * pBuf + + = HI_UINT16( cmd->durationInMinutes );
  pBuf = osal_buffer_uint32( pBuf, cmd->price );
  * pBuf + + = cmd->priceRatio;
  pBuf = osal_buffer_uint32( pBuf, cmd->generationPrice );  // 上网电价
  * pBuf = cmd->generationPriceRatio;
  // 从 ZCL 服务器发送到 ZCL 客户端
  status = zcl_SendCommand( srcEP, dstAddr, ZCL_CLUSTER_ID_SE_PRICING,
                      COMMAND_SE_PUBLISH_PRICE, TRUE,
                      ZCL_FRAME_SERVER_CLIENT_DIR, disableDefaultRsp, 0,
                      seqNum, bufLen, buf );
  osal_mem_free(buf);

  return status;
}
```

处理结果:ESP 将当前的价格信息发送到 IPD,IPD 设备将接收到的价格信息显示在 LCD 显示屏上。

7.2.2　PCT 应用工程

在 SE 工程中,选择"PCT-End Device"设备配置,加载 PCT 实例相关的应用程序文件,包括 pct. c、pct. h、pct_data. c 及 OSAL_pct. c,如图 7-7 所示。

图 7-7　PCT 设备配置

1. pct_LoadControlEventCB( )回调函数

该函数用来响应并处理 ESP 发出的负载控制命令。

PCT 设备的应用行为主要是执行 ESP 发出的负载控制命令。ESP 发送的负载控制命令是 ZCL 中 SE 功能域的簇命令。PCT 在 ZCL 层接收该命令,并调用 pct_LoadControlEventCB()回调函数进行响应与处理。PCT 的 ZCL 层成功接收到 ESP 的负载控制命令后,将调用应答函数 zclSE_LoadControl_Send_ReportEventStatus(),将 zclCCReportEventStatus_t 应答结构体变量回传给 ESP。同时,PCT 可以在 pct_LoadControlEventCB()函数中解析到以下信息:

- 事件消息 ID(0x12345678);
- 启动时间(0x00000000 = NOW);
- 设备群组类(PCT 或负载控制设备);
- 消息源(ESP);
- LCD 显示信息;
- 负载控制设备类型(固定的 ON/OFF 负载设备类或 HVAC 压缩机/加热炉设备类);
- 持续时间(1 min)。

如果 PCT 解析的启动时间的数值为 0x00000000,表示负载控制立即启动。PCT 将事件状态变量设置为"已启动",仍调用应答函数将最新的设备控制状态回传给 ESP。同时,PCT 在 LCD 显示屏上显示"PCT Evt Started"提示信息,LED4 灯开始闪烁。最后,设置

PCT OSAL 定时器,定时触发 PCT_LOAD_CTRL_EVT 事件。

pct_LoadControlEventCB()回调函数根据 ZCL 簇命令的响应与处理原理运行。

2. pct_event_loop()函数

PCT 的应用行为大部分是在应用层实现的,主要包括按键响应、加入网络、链接密钥的创建及负载控制结束消息的应答等。应用层的这些主要功能可以在 PCT 的事件循环处理函数 pct_event_loop()统一实现。pct_event_loop()函数的功能如源代码 7-4 所示。

源代码 7-4　pct_event_loop()函数—pct.c 文件—App 层

```
1. uint16 pct_event_loop( uint8 task_id, uint16 events )
2. {
3.   afIncomingMSGPacket_t  * MSGpkt;
4.
5.   if ( events & SYS_EVENT_MSG )
6.   {
7.    while ( (MSGpkt = (afIncomingMSGPacket_t * )osal_msg_receive( pctTaskID ) ) )
8.    {
9.      switch ( MSGpkt->hdr.event )
10.     {
11.       case ZCL_INCOMING_MSG:
12.         // 应用层接收的 ZCL 基础层命令/应答消息
13.         pct_ProcessZCLMsg( (zclIncomingMsg_t * )MSGpkt );
14.         break;
15.
16.       case KEY_CHANGE:
17.         pct_HandleKeys( ((keyChange_t * )MSGpkt)->state, ((keyChange_t \
                           * )MSGpkt)->keys );
18.         break;
19.
20.       case ZDO_STATE_CHANGE:
21.         if (DEV_END_DEVICE == (devStates_t)(MSGpkt->hdr.status))
22.         {
23. # if SECURE
24.           {
25.             // 检查链接密钥是否已经建立
26.  linkKeyStatus = pct_KeyEstablish_ReturnLinkKey(ESPAddr.addr.shortAddr);
27.
28.             if (linkKeyStatus != ZSuccess)
29.             {
30.               // 发送密钥建立请求
```

```
31.                osal_set_event( pctTaskID, PCT_KEY_ESTABLISHMENT_REQUEST_EVT);
32.                  }
33.                }
34.  #endif
35.                NLME_SetPollRate ( SE_DEVICE_POLL_RATE );
36.              }
37.          break;
38.
39.        default:
40.          break;
41.        }
42.
43.      // 释放存储空间
44.      osal_msg_deallocate( (uint8 *)MSGpkt );
45.
46.    }
47.
48.    // 返回未处理事件
49.    return (events ^ SYS_EVENT_MSG);
50.  }
51.
52.  // 初始化密钥,建立请求事件
53.  if ( events & PCT_KEY_ESTABLISHMENT_REQUEST_EVT )
54.  {
55.    zclGeneral_KeyEstablish_InitiateKeyEstablishment(pctTaskID, &ESPAddr,
                                                    \ pctTransID);
56.
57.    return ( events ^ PCT_KEY_ESTABLISHMENT_REQUEST_EVT );
58.  }
…(省略部分代码)

59.    // 响应并处理 PCT 负载控制结束事件消息
60.  if ( events & PCT_LOAD_CTRL_EVT )
61.  {
62.    rsp.eventStatus = EVENT_STATUS_LOAD_CONTROL_EVENT_COMPLETED;
63.    zclSE_LoadControl_Send_ReportEventStatus( PCT_ENDPOINT, &ESPAddr,
                                            &rsp, false, pctTransID );
64.
```

```
65.     HalLcdWriteString("PCT Evt Complete", HAL_LCD_LINE_3);
66.
67.     HalLedSet(HAL_LED_4, HAL_LED_MODE_OFF);
68.
69.     return ( events ^ PCT_LOAD_CTRL_EVT );
70.
71.   }
72.
73.   // 丢弃未知的事件
74.   return 0;
75. }
```

（1）按键事件响应

在源代码 7-4 的第 17 行，调用 pct_HandleKeys()函数响应并处理按键事件。该函数仅对 SW1 按键的动作进行响应，在按下 SW1 按键后，调用 ZDOInitDevice()函数，控制 PCT加入网络。

（2）链接密钥的创建

PCT 成功地加入网络后，如源代码 7-4 的第 20 行，向 OSAL 系统发出 ZDO 设备状态改变事件消息，在源代码 7-4 的第 26 行调用 pct_KeyEstablish_ReturnLinkKey()，检查链接密钥是否已经建立。在第 28 行判断检查结果，如果链接密钥不存在，如第 31 行代码，向OSAL 操作系统发送 LOADCONTROL_KEY_ESTABLISHMENT_REQUEST_EVT 事件消息。

如源代码 7-4 的第 53 行，LOADCONTROL_KEY_ESTABLISHMENT_REQUEST_EVT 事件消息由 OSAL 操作系统自动响应，调用 zclGeneral_KeyEstablish_InitiateKeyEstablishment()函数，创建链接密钥。如果 PCT 在随后的时间接收到 ZCL_KEY_ESTABLISH_IND 消息，表示已经成功创建了链接密钥。

（3）应答负载控制结束消息

在 pct_LoadControlEventCB()回调函数中设置的 PCT OSAL 定时器触发后，将向PCT 的应用任务发送 PCT_LOAD_CTRL_EVT 事件消息。OSAL 操作系统捕获该事件消息，作为系统事件消息由 pct_event_loop()函数进行响应与处理，如源代码 7-4 的第 60~69行所示。

第 62 行设置应答结构体变量的事件状态为结束负载控制状态，在第 63 行，负载控制设备向 ESP 回传控制事件结束状态应答。接着，LED4 停止闪烁，LCD 显示屏显示"LoadEvtComplete"提示信息。

7.2.3 IPD 应用工程

在 SE 工程中，选择"In Premise Display-End Device"设备配置，加载 IPD 实例相关的应用程序文件，包括 ipd.c、ipd.h、ipd_data.c 及 OSAL_ipd.c，如图 7-8 所示。

IPD 作为 SE 工程中的终端设备，在 SW1 按键控制网络加入、获取或创建链接密钥两

个阶段的应用行为与 PCT 的应用行为类似,并且都在应用层的事件循环函数中实现。IPD
应用任务的事件循环函数 ipd_event_loop() 的代码如源代码 7-5 所示。

图 7-8   IPD 设备配置

与 PCT 相比,IPD 使用了相应的功能函数与事件消息执行网络加入以及链接密钥创建
的操作,如表 7-1 所示。

源代码 7-5   ipd_event_loop() 函数—ipd.c 文件—App 层

```
1. uint16 ipd_event_loop( uint8 task_id, uint16 events )
2. {
3.    afIncomingMSGPacket_t  * MSGpkt;
4.
5.    if ( events & SYS_EVENT_MSG )
6.    {
7.     while ( (MSGpkt = (afIncomingMSGPacket_t * )osal_msg_receive( ipdTaskID ) ) )
8.      {
9.        switch ( MSGpkt->hdr.event )
10.       {
11.         case ZCL_INCOMING_MSG:
12.            //应用层接收的 ZCL 基础层命令/应答消息
13.            ipd_ProcessZCLMsg( (zclIncomingMsg_t * )MSGpkt );
14.            break;
15.
16.         case KEY_CHANGE:
17.            ipd_HandleKeys( ((keyChange_t * )MSGpkt)->state, ((keyChange_t \
                                  * )MSGpkt)->keys );
18.            break;
…(省略部分代码)
19.         // 释放存储空间
```

```
20.        osal_msg_deallocate( (uint8 *)MSGpkt );
21.
22.      }
23.
24.      // 返回未处理事件
25.      return (events ^ SYS_EVENT_MSG);
26.    }
…(省略部分代码)
27.    // 响应并处理获取价格信息事件消息
28.    if ( events & IPD_GET_PRICING_INFO_EVT )
29.    {
30.    zclSE_Pricing_Send_GetCurrentPrice( IPD_ENDPOINT, &ESPAddr, option, TRUE, 0 );
31.
32.     osal_start_timerEx( ipdTaskID, IPD_GET_PRICING_INFO_EVT, \
                     IPD_GET_PRICING_INFO_PERIOD );
33.
34.      return ( events ^ IPD_GET_PRICING_INFO_EVT );
35.    }
36.
37.    // 丢弃未知事件
38.    return 0;
39. }
```

表 7-1 **IPD 与 PCT 的初始阶段对比**

对比项　　设备	IPD	PCT
按键处理 函数	ipd_HandleKeys()	pct_HandleKeys()
获取链接 密钥函数	ipd_KeyEstablish_ReturnLinkKey()	pct_KeyEstablish_ReturnLinkKey()
密钥创建 请求事件	IPD_KEY_ESTABLISHMENT_ REQUEST_EVT	PCT_KEY_ESTABLISHMENT_ REQUEST_EVT
密钥创建 函数	zclGeneral_KeyEstablish_InitiateKey Establishment()	zclGeneral_KeyEstablish_InitiateKey Establishment()
成功创建 密钥指示	ZCL_KEY_ESTABLISH_IND	ZCL_KEY_ESTABLISH_IND

IPD 的主要功能是定时（默认为 5 s）地向 ESP 询问最新的价格信息。

IPD 向 ESP 查询价格信息是在设备加入网络并且创建了链接密钥之后立即开始的。

IPD 设置 OSAL 定时器,定时触发 IPD 任务系统的 IPD_GET_PRICING_INFO_EVT 事件,OSAL 操作系统将自动响应该事件消息,并在 ipd_event_loop()函数中进行处理,如源代码 7-5 中的第 28～35 行列出的代码所示。

如源代码 7-5 的第 30 行代码所示,这里调用了 ZCL 的 SE 功能域的价格簇库命令函数 zclSE_Pricing_Send_GetCurrentPrice()向 ESP 发送获取当前价格信息的请求。(ESP 端的响应已经在前面介绍过,这里不再重述)接着,重新启动 OSAL 定时器,等待再次触发 IPD 任务系统的 IPD_GET_PRICING_INFO_EVT 事件,继续向 ESP 发送获取当前价格信息的请求,如此循环执行价格查询操作。

IPD 在 ZCL 层接收 ESP 应答的价格信息数据报。

根据 ZCL 簇命令的响应与处理原理,ZCL 层过滤接收的命令(Publish Price),在回调函数列表 zclSECBs 中查找相应的 ZCL 回调函数表,根据簇 ID 索引到 ipd_PublishPriceCB()回调函数,IPD 设备解析 ESP 应答的价格信息数据报,并在 LCD 上显示提供者 ID。

IPD 在 ZCL 层接收 ESP 的 SW3 按键触发的显示消息数据报。

ZCL 层最终调用在应用层实现的 ipd_DisplayMessageCB()回调函数,响应并处理显示信息(Display MESSAGE)命令消息。IPD 设备解析 ESP 主动发送的命令消息包,提取需要显示的消息,在 LCD 的第 3 行上显示出来。

IPD 定时询问价格信息、响应应答的价格数据报及响应显示消息命令消息包,是 IPD 实现的主要应用行为。

7.3　智能能源工程实践

7.3.1　SE 工程实践目的

(1)了解应用 SE 框架的设计 SE 工程的方法

SE 工程首先是基于 Z-Stack 协议栈实现的 ZigBee 无线传感器网络应用工程,工程的实例设备包括协调器、路由器与终端设备等,具有自组网能力,设备间基于无线网络进行通信。这是 SE 工程的基本特点。

在明确 SE 工程网络特性的基础上,接着分析 SE 在面向能源领域提供服务时构建工程的特点。SE 工程在 ZCL 层与应用层响应与处理应用行为,应用层的结构清晰,主要应该深入理解 ZCL 层的结构。Z-Stack 协议栈为了方便用户设计 SE 应用项目,提供了 SE 框架,直接套用该框架即可快速地创建 SE 工程,特别地,面向智能能源的管理与控制,Z-Stack 协议栈中专门提供了 ZCL 库函数来支持 SE 的相关应用,SE 功能域的一系列簇命令基本上可以满足 SE 中各种设备的应用需求。

(2)了解 SE 工程中的安全机制

SE 工程中应用了安全加入机制与链接密钥的创建机制。ESP 设备是网络中的协调器,也是信任中心,请求入网的设备需要预先安装相同的信任中心(TC)链接密钥(Certicom 密钥)。在安全加入机制执行过程中,信任中心使用 TC 密钥确保分发给入网设备的网络密钥的安全。

链接密钥的创建机制制定了设备入网后检查链接密钥状态以及启动密钥建立的相关操作的规则与流程。

（3）了解 SE 工程中各种类型设备的功能

ESP 是 SE 系统中的协调器、信任中心与网络管理器。作为核心设备，ESP 可实现的功能比较多，按照与网络中其他设备交互信息的特点，ESP 具有这些功能：①ESP 接收简单计量装置提交的信息并在 LCD 上显示；②ESP 响应 IPD 的查询请求并应答当前价格信息；③ESP 控制 PCT 设备；④ESP 控制负载控制设备。此外，ESP 还具有网络创建、安全保障、按键响应等功能。

IPD 向 ESP 请求查询价格信息，并将价格信息显示在 LCD 显示屏上。IPD 也可以接收 ESP 直接发送的消息显示命令，将消息显示在 LCD 屏上。

PCT 接收 ESP 的负载控制命令，控制 HAVC 压缩机/加热炉的工作。在响应负载控制命令的同时，使用 LED 与 LCD 设备给出运行状态提示。

负载控制设备的功能与 PCT 的功能类似。

简单计量装置向 ESP 传送当前总和信息，ESP 在 LCD 屏上显示接收到的该信息。

区域扩展器用以扩展 SE 系统的无线通信区域。

（4）观察 SE 应用系统的运行效果

观察 SE 系统中各种设备的运行效果，将设备的应用行为逐项地与工程代码比对，更深入地理解各种 SE 实例设备在 Z-Stack 协议栈中的实现原理。

7.3.2　SE 工程实践方案

（1）硬件部分

选取 3 套 CC2530 开发板（含 DLOAD 串口转 USB 接口板、SmartRF04EB 调试器），分别配置为 ESP 设备、IPD 设备与 PCT 设备。

（2）软件部分

直接使用 Z-Stack 协议栈提供的 SE 工程代码，按默认的安装位置，该代码位于 C:\Texas Instruments\ZStack-CC2530-2.3.0-1.4.0\Projects\zstack\SE 目录中。

在编译工程时，分别选择"ESP-Coordinator"配置、" In Premise Display-End Device"配置以及" PCT-End Device"配置，编译得到 ESP 设备、IPD 设备与 PCT 设备的固化程序。

（3）实践项目

① ESP、IPD 与 PCT 设备的 ZigBee 网络组建。

② ESP 与 IPD 设备之间的通信。

③ ESP 与 PCT 设备之间的通信。

7.3.3　SE 工程实践效果

（1）ESP 设备上电，启动 ZigBee 网络中的协调器，在 LCD 显示屏的第 1 行显示"Zigbee Coord"信息，在第 2 行显示 PAN ID 信息。

（2）IPD 设备上电，作为 ZigBee 网络中的终端设备启动。按下 SW1 按键（摇杆向上拉动），请求加入 ESP 创建的网络。由于巡检速率（Polling Rate）设置为 8 s，密钥建立过程需要的时间也会相对长一些，大约 20 s 后可以执行完毕。终端设备接收到确认密钥应答后，即可启动应用层任务，进入常规执行阶段。IPD 每隔 5 s 查询一次价格信息，在接收到应答后，将提供者 ID 显示在 LCD 屏幕上。

在 ESP 上按下 SW3 按键（摇杆向下拉动），ESP 发送一条显示消息给 IPD。IPD 接收后，在 LCD 屏幕上显示"Rcvd MESSAGE Cmd"信息。

（3）PCT 设备上电，作为 ZigBee 网络中的终端设备启动。LED 灯闪烁，提示按下 SW1 按键。按下 SW1 按键，请求加入 ESP 创建的网络，同样等待大约 20 s 后，终端设备将接收到确认密钥应答，之后立即启动应用层任务，进入常规执行阶段。

在 ESP 上按下 SW4 按键，按负载控制设备发现流程执行，发现 PCT 设备。然后，按下 SW2 按键，发送 PCT 事件消息给 PCT 设备。

随后，如果 PCT 设备上的 LED4 灯开始闪烁，并且在 LCD 屏幕上显示"PCT Evt Started"信息，表示 PCT 成功接收了 ESP 的控制命令并且已经开始对设备执行控制操作。1 min 后，PCT 将停止设备的控制操作，LED4 灯关闭，LCD 屏幕上显示"PCT Evt Complete"。

如果能够成功执行上述的第 1 步操作，表示 ESP 已经运行并创建了 ZigBee 网络。接着，如果能够成功执行上述的第 2 步操作，表示 IPD 已经运行并加入了 ESP 网络，可以与 ESP 进行通信。最后，如果能够成功执行上述的第 3 步操作，表示 PCT 已经运行并加入了 ESP 网络，ESP、IPD 与 PCT 的 ZigBee 网络组建完毕，PCT 可以与 ESP 进行通信并执行相应的控制功能。

本 章 小 结

本章的 SE 应用工程与第 4 章的 HA 应用工程都是基于 ZCL 框架实现的 ZigBee 通信网络工程。通过分析 Z-Stack 软件包中提供的这两个应用工程，基本上可以清楚地梳理出应用 ZCL 框架设计 ZigBee 网络的脉络。

首先，应该明确的是，SE 工程仍然是基于 Z-Stack 协议栈实现的 ZigBee 无线传感器网络应用工程，具有基本的 ZigBee 网络特性，也就是说，SE 工程的实例设备首先是协调器、路由器与终端设备类型等设备，具有自组网能力，设备间基于无线网络进行通信，这是 SE 工程的基本特点。

其次，应该认识到，SE 工程的主要功能都是应用 ZCL 功能域的智能能源域设计与实现的，应用领域与功能都很确定，具有明显的服务于能源控制与管理的应用特点，但是不能与应用层功能函数相混淆，这是 SE 工程的应用特点。

再次，在设计 SE 工程时，尽量先通过实践操作了解与熟悉 SE 各类设备的功能，通过比对相应的程序代码，掌握 SE 设备的工作原理。之后，可以在 SE 工程实例的基础上添加新的功能。

最后，SE 工程中应用了安全控制机制，可以启用安全编译选项，在 SE 工程中应用安全机制。信任中心链接密钥预先配置到设备中,设备启动后,在加入网络时自动执行安全加入控制与密钥分配操作。这一点与前面介绍的 Z-Stack 应用工程有很大区别。

习　　题

7-1　智能能源工程实现的功能是什么?

7-2　智能能源工程设计的主要特点是什么?

7-3　Z-Stack 协议栈的 SE 应用工程中定义了多少个应用实例? 分别是什么?

7-4　简述 SE 安全加入方案的命令交互流程。

7-5　简述带密钥建立操作的设备启动过程。

7-6　SE 工程中的 ESP、PCT、IPD、负载控制器、简单计量装置、区域扩展器的功能分别是什么?

7-7　简述 PCT 及负载控制设备的消息处理流程。

7-8　ESP 与 PCT 设备之间怎样进行匹配描述与简单描述的交互? 执行的结果是什么?

7-9　ESP 如何向 PCT 设备发送控制命令?

第 8 章 Contiki 系统应用基础

本章将引入对 Contiki 开源操作系统的简要介绍,从 Contiki 系统的概念、特性、内核特点及 μIP 协议栈等方面入手,逐步介绍一些 Contiki 系统的基础知识,作为后续应用的指引与参考,本章的重点仍在于实践,要求了解并掌握 Contiki 系统的程序开发方法。因此,本章从建立 Contiki 系统的开发环境开始,逐步推进到可操作的实践阶段。

IPv6 节点模块实验设备采用 STM32W108 微控制器,Contiki 系统将会运行在该设备上。因此,本章将使用 IAR EWARM 软件、Cygwin 软件及 Contiki2. x 软件包配置 Contiki 系统的开发环境,并给出详细的操作图示。

最后,基于 Contiki 系统提供了 3 个简单的应用实例,包括调试信息的(串口)输出控制、LED 灯控制及按键控制。这 3 个实例的程序内容依次递进,从程序结构、库函数调用、事件响应等方面依次介绍 Contiki 系统相关的编程方法。

学习目标

了解 Contiki 系统的主要特性。

了解 Contiki 系统开发环境的建立。

掌握 Contiki 系统应用程序的开发方法。

8.1 Contiki 操作系统

8.1.1 Contiki 系统简介

Contiki 是一个开源的多任务事件驱动操作系统,针对网络嵌入式设备应用设计。它轻量级的架构很适合内存有限的微控制器。Contiki 集成了多个功能独立的模块,在基于事件驱动的类线程多任务的环境中,支持 protothread library、μIP TCP/IP(v4 和 v6)协议栈、无线传感器网络的协议套件(Rime 协议栈)等。

Contiki 主要面向网络应用程序设计,也可以基于事件驱动内核仅调用并运行非网络程序。Contiki 适用于内存空间有限的嵌入式系统,Contiki 只需几千字节的代码和几百字节的内存就能提供内建 TCP/IP 协议的多任务处理环境。Contiki 系统的典型配置只需 2KB 的 RAM 与 40KB 的 ROM。

Contiki 系统采用事件驱动型内核,支持在运行时动态创建上层应用程序。Contiki 系统使用轻量级的 protothreads 进程模型,可以在事件驱动内核上提供一种线性的、类似于线程的编程风格。Contiki 系统可运行于多种处理器平台,包括嵌入式微控制器(如 TI MSP430 与 Atmel AVR)以及 PC。

8.1.2　Contiki 的特性

Contiki 的特性如下所示:
* 多任务内核
* 每个应用程序中可选的占先式多线程
* protothreads 模型
* 支持 TCP/IP 协议(IPv4 与 IPv6)
* 视窗系统与 GUI
* 基于 VNC 的网络化远程显示
* 网页浏览器
* 个人网络服务器
* 简单的 Telnet 客户端

8.1.3　事件驱动

Contiki 系统的内核属于事件驱动型内核。事件驱动型系统的内核自动响应事件消息,调用相应的函数代码。Contiki 系统(内核＋链接库＋用户代码)支持多进程并行执行。进程在创建之后,一般将进入阻塞状态,等待系统事件的发生。当事件触发时,内核自动响应触发事件,根据事件消息调用并执行相应的进程。

Contiki 系统事件分为以下 3 种:
* 定时器事件(timer events):进程可以设置一个定时器,在设定的时间到达后生成定时事件;进程保持阻塞状态,直到定时器终止,重新调用并执行;该事件对循环定时操作很有帮助,可以用于网络协议中的同步操作。
* 外部事件(external events):外围设备连接至具有中断功能的微控制器的 I/O 引脚,中断引脚触发时可以生成外部事件,如按键、射频芯片或脉冲探测加速器都是可以产生中断的装置,可以生成此类事件。使用外部事件的进程在进入阻塞状态后,等待到中断事件触发后,由系统调用进行相应的响应处理。
* 内部事件(internal events):任何进程都可以为自身或其他进程指定事件。内部事件适用于进程间通信,如通知另一个进程,数据已就绪,准备可以进行计算。

Contiki 系统中对事件的操作被称为投递(posted),一个中断服务程序将投递一个事件至一个进程,触发进程脱离阻塞状态,开始启动并执行。事件含有以下重要信息。
* process:可寻址的调用进程,可以是特定的进程或所有注册的进程
* event type:事件类型,用户可以为进程关联一些事件类型,用来区分并响应系统事件,如定义一个收到数据包事件,另一个定义为发数据包事件。
* data:可以同事件一起提供给进程的数据。

Contiki 操作系统对事件的处理流程为:事件被投递给进程,进程触发后开始执行直到阻塞,然后等待下一个事件。

8.1.4 μIP 协议栈

μIP 协议栈是 Contiki 系统中包括的一个轻量级的 TCP/IP 协议栈。μIP 协议栈实现了 RFC 定义的 IPv4 与 IPv6 网际协议,也实现了 TCP 和 UDP 运输层协议。μIP 按照协议的特性要求以最简单的方式实现,如整个协议栈只有一个 buffer,用于接收和发送数据报,因此,μIP 协议栈运行在嵌入式设备上非常高效。

(1) API 接口

基于 μIP 协议栈编写用户程序,常用以下两种方式。

- API 元方式(raw API):适合实现简单的应用,当实现全功能的应用时将显得繁杂。
- API 套接字方式(protosocket API):基于 protosocket library,利用 protothread library 提供一个类似于标准 BSD sockets 的接口,以更灵活的方式编写 TCP/IP 程序。

(2) 下层支撑

为了实现节点设备的 Peer-to-Peer 通信,需要 TCP/IP 协议层的下层协议支撑,在 Contiki 系统的应用中,节点(nodes)与网关(gateways)设备的 Peer-to-Peer 通信是比较特殊的两种类型。

① 节点设备

节点间以无线射频方式实现通信连接,μIP 协议栈需要能够发送和接收数据包。μIP 协议栈的不同版本,Contiki 的支撑下层配置方法也不一样。

- IPv6 版本。Contiki 系统选用 route-over 配置,下层使用简单 MAC 层(sicslowmac)。MAC 层中除了提供按 6LoWPAN 模型实现的头部压缩,仅通过射频转发数据包。
- IPv4 版本。Contiki 系统选用 mesh-under 配置,由 Rime 通信协议栈提供 mesh routing 和路由发现,μIP 用它来转发网络上的数据包。

② 网关设备

网关是不同网络间进行连接的关键设备,属于应用层设备,这里网关将无线传感器网络接入其他网络,通常接入的是 PC,也可以是嵌入式系统设备。PC 和 WSNs 网关节点通过串口线连接,IP 数据报通过 SLIP 协议在两者之间传送。μIP 协议栈版本不同,节点的作用也不相同。

- μIPv6 版本。节点中运行简单的转发程序,转发从无线射频通道接收到的所有数据包至串行通信接口,或者反向转发。该类型节点设备对接收的数据不做任何的地址比对,没有运行 IP 协议栈,仅按 6LoWPAN 模型执行头部压缩/解压机制。这样的节点被 PC 视为一个以太网接口,由 PC 完成所有工作。
- μIPv4 版本。节点作为网关连接至 PC,运行完整的 IP 协议栈。网关节点收到数据包后,将检查数据报的 IP 地址。如果 IP 地址属于 WSNs 子网地址,将以射频方式无线发送;如果不是,将通过串口传送给 PC。PC 上运行一个串口和网络接口的接口转换程序。

8.2　Contiki 系统开发环境

8.2.1　安装 IAR 开发软件

基于 STM32W108 微控制器开发 Contiki 系统应用程序,需要用到 IAR EWARM 环境编译工具,因此,这里选择安装 IAR Embedded Workbench for ARM 5.41.2 Evaluation 版本的 IAR 集成开发环境,安装过程界面如图 8-1 所示。

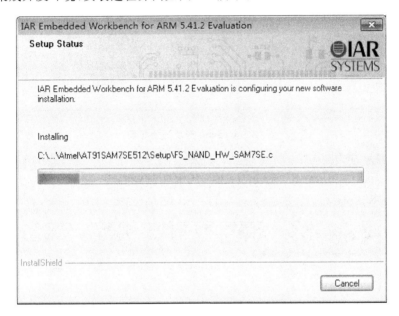

图 8-1　IAR EWARM 软件的安装过程界面

安装的计算机信息如下。

- Windows 版本:Windows 7 Service Pack 1 及以上。
- 处理器:Intel(R) Core(TM) i5-4200 M CPU @ 2.50 GHz 2.50 GHz 及以上。
- 安装内存(RAM):4.00 GB 及以上。
- 系统类型:32 位操作系统。

8.2.2　安装 Cygwin 虚拟软件

Contiki 系统在 Linux 系统环境下编译,安装 Cygwin 虚拟软件,提供基于 Windows 操作系统的 Linux 虚拟操作系统环境。

Cygwin 虚拟软件的安装过程如下所示。

(1)启动安装程序

在 Cygwin 的安装目录下找到 setup.exe 安装文件,双击进入安装界面,如图 8-2 所示。

单击"下一步(N)",继续后面的步骤。

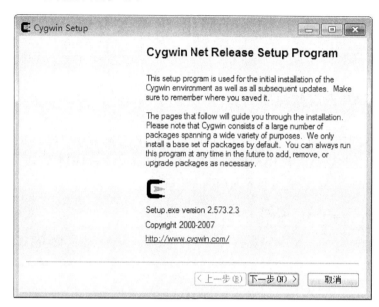

图 8-2　Cygwin 安装开始界面

(2) 选择安装方式

在选择"Install from Local Directory"后,从本地目录安装,单击"下一步(N)",继续后面的步骤,如图 8-3 所示。

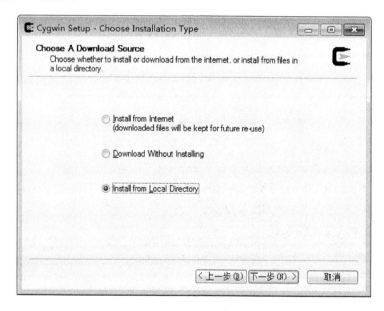

图 8-3　选择安装方式界面

(3) 选择安装路径

选择 Cygwin 的安装路径,这里使用默认的"C:\cygwin"目录。其他设置如图 8-4 所示设置,单击"下一步(N)",继续后面的步骤。

（4）选择本地 Cygwin 安装包的存放路径

如图 8-5 所示,选择 Cygwin 的安装包的存放位置,这里存放在"F:\WSN\cygwin"目录下(注意根据自己实际的存放路径选择)。单击"下一步(N)",继续后面的步骤。

（5）选择安装包

如图 8-6 所示,选择要安装的选项包,这里按默认安装即可。单击"下一步(N)",继续后面的步骤。

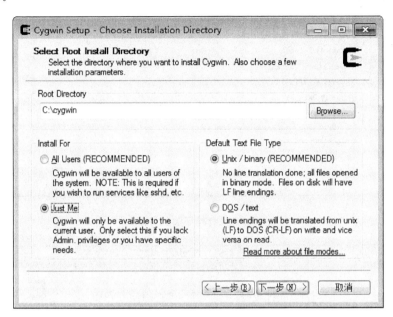

图 8-4　选择安装路径界面

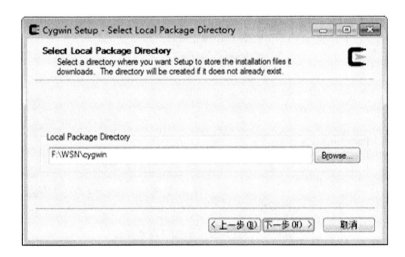

图 8-5　选择安装包存放路径界面

（6）安装结束

如图 8-7 所示,Cygwin 虚拟环境软件安装已结束,提示创建桌面图标与开始菜单图标,如图 8-7 所示设置。单击"完成",结束安装的所有步骤。

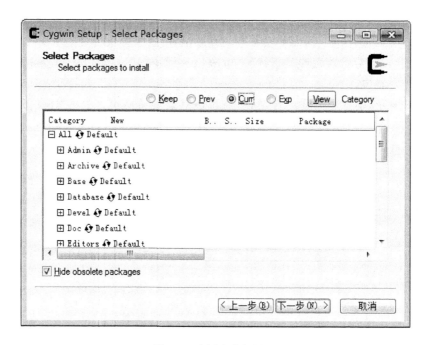

图 8-6　选择安装包界面

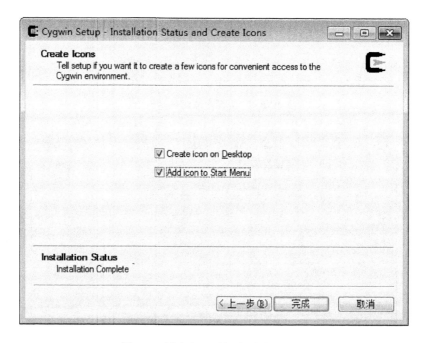

图 8-7　创建桌面图标选项设置界面

（7）运行 Cygwin 程序

如果成功安装了 Cygwin 虚拟环境软件，可以在桌面找到 Cygwin 的快捷图标，双击该图标运行。首次运行 Cygwin 时，如果出现了如图 8-8 所示的画面，说明 Cygwin 可以正确运行。在 Cygwin 终端中输入 Linux 指令，可以查看执行效果。

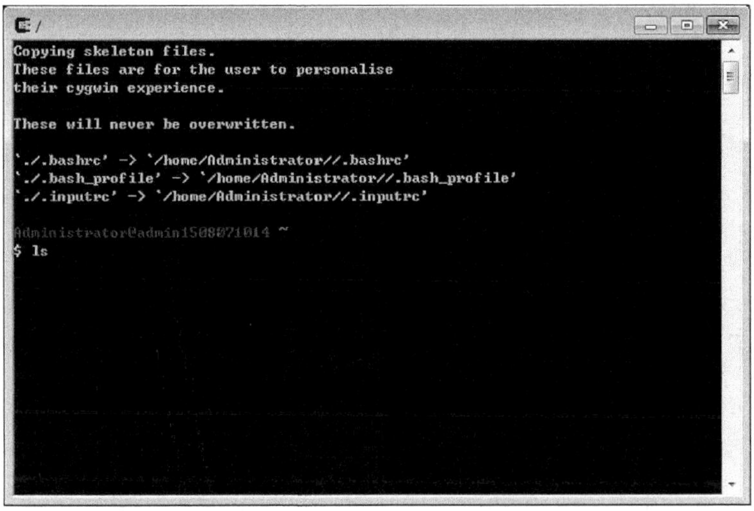

图 8-8　Cygwin 运行界面

8.2.3　安装 Contiki 软件

（1）安装 Contiki 源代码

将 Contiki 系统的源代码目录 contiki-2.5 复制到 Cygwin 开发环境中，存放在安装目录 "\home\Administrator"下。

（2）查看 Contiki 系统目录

打开 Cygwin 开发环境，在终端窗口中，切换当前路径至"contiki-2.5"目录下，如图 8-9 所示。

图 8-9　Contiki 系统目录

查看 Contiki 源代码，主要有 core、cpu、platform、apps、examples、doc、tools 等目录。下

面将分别对各个目录进行介绍。

① core

core 目录中包含了 Contiki 的核心源代码,主要有网络(net)、文件系统(cfs)、外部设备(dev)、链接库(lib)、装载器以及系统抽象等。

② cpu

cpu 目录下是 Contiki 目前支持的微处理器,如 arm、CC2430、STM32W108 等。如果需要支持新的微处理器,可以在这里添加相应的源代码。

③ platform

platform 目录下是 Contiki 支持的硬件平台,如 stm32test、micaz、avr-atmega128rfa1、cc2420dbk 等。Contiki 的平台移植主要在这个目录下完成。这一部分的代码与相应的硬件平台相关。

④ apps

apps 目录下是一些应用程序,如 ftp、shell、webserver 等,在项目程序开发过程中可以直接使用。

⑤ examples

examples 目录下是针对不同平台的示例程序。

⑥ doc

doc 目录是 Contiki 帮助文档目录,对 Contiki 应用程序开发很有参考价值。使用前需要先用 Doxygen 进行编译。

⑦ tools

tools 目录下是开发过程中常用的一些工具,如 CFS 相关的 makefsdata、网络相关的 tunslip、模拟器 cooja 和 mspsim 等。

(3) 设置 IAR 编译器环境变量

Cygwin 开发环境使用 IAR EWARM 软件的编译工具,需要在 Cygwin 环境中加入 IAR 工具的安装路径,才可以使用相关编译工具对源码工程进行编译和下载。执行如下命令:

. compile.env

即可完成环境的设置(注意“.”和“compile.env”中间有个空格)。

环境配置 compile.env 文件的内容如图 8-10 所示(注意:具体环境变量参数可以根据本机系统环境中的 IAR 安装路径进行修改)。

图 8-10   环境配置 compile.env 的设置

编辑 contiki-2.5/cpu/stm32w108/Makefile.stm32w108 文件,如图 8-11 所示,根据 IAR 实际的安装路径修改图中标注为 1 的 IAR_PATH 的值(标注 2 与标注 3 已经注释,没有意义)。

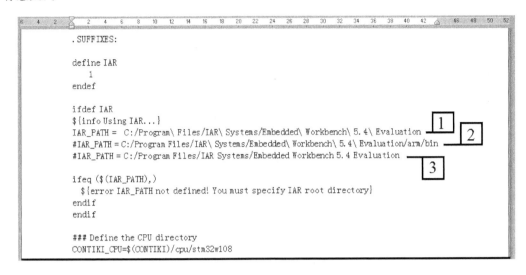

图 8-11　编辑 Makefile 的 IAR_PATH 变量值

经过以上设置,Contiki 系统的 Linux 开发环境已经配置完毕,可以编译与下载程序了。这里主要是应用 ARM 型芯片 STM32W108 运行 Contiki 系统,因此,还对 Contiki 源代码中 cpu 目录下的 STM32W108 做了相关设置。

8.3　Contiki Hello world

1. 实践目标

了解 Contiki 系统应用程序的开发方法,掌握 STM32W108 节点设备程序的编译与下载方法。

2. 实践工具

① 硬件:ZCNET-STM32W108 开发板、JLink 仿真器。

② 软件:Windows 7 SP1 x86 系统、hello-world 源代码、IAR EWARM 集成开发环境、Cygwin 虚拟软件、Contiki OS、串口通信软件。

3. 实践内容

在 Cygwin 开发环境中,利用 IAR 编译工具编译 Contiki 系统源代码中的 hello-world 程序,下载测试程序到 IPv6 模块运行测试。

4. 实践参考资料

① 配套的《网络应用与实践基础 V1.0》

② 配套的《Contiki-2.5/2.6/3.0 应用指南 V1.0》

③ 配套的《Contiki 系统 IPv6 无线节点模块实践手册 V1.0》

5. 实践原理

① PROCESS 宏

PROCESS 宏声明一个函数,该函数是进程的执行体,即进程的 thread 函数指针所指的函数,同时定义一个进程。PROCESS 宏展开如下所示:

```
#define PROCESS(name, strname)PROCESS_THREAD(name, ev, data); \
structprocessname = {NULL,strname, process_thread_##name }
```

② PROCESS_THREAD 宏

PROCESS_THREAD 宏用于定义进程的执行主体,宏展开如下:

```
#define PROCESS_THREAD(name, ev, data) \
staticPT_THREAD(process_thread_##name(structpt * process_pt, \
process_event_tev, process_data_t data))
```

③ PT_THREAD 宏

PT_THREAD 宏用于声明一个 protothread,即进程的执行主体,宏展开如下:

```
#define PT_THREAD(name_args) char name_args
```

将 PT_THREAD 宏的展开式代入 PROCESS_THREAD 宏中分析,可知 PT_THREAD 宏声明了一个静态函数,返回值是 char 类型。

④ AUTOSTART_PROCESSES 宏

AUTOSTART_PROCESSES 宏实际上是定义一个指针数组,存放 Contiki 系统运行时需自动启动的进程。

⑤ PROCESS_BEGIN 宏和 PROCESS_END 宏

在 PROCESS_THREAD 定义的程序主体中,所有代码都得放在 PROCESS_BEGIN 宏和 PROCESS_END 宏之间,主体内部要以 PROCESS_BEGIN()开始,以 PROCESS_END()来结束。

6. 实践步骤

① 将 IPv6 开发模块安装到配套底板上。

② 通过 JLink 将 IPv6 开发模块连接到 PC,IPv6 开发模块的串口连接 PC 的串口,设备上电。

③ 进入 contiki-2.5 目录下的"examples/hello-world"工程目录中,运行编译命令:

```
make TARGET = mb851 clean
make TARGET = mb851
```

④ 运行烧录命令:

```
make TARGET = mb851 clean
make TARGET = mb851 hello-world.flash
```

上述命令将自动调用 IAR 相关工具对源码进行编译,并使用 stm32w_flasher.exe 工具烧录编译结果 hello-world.bin 程序。

7. 关键代码分析

Hello-world 程序源代码如源代码 8-1 所示。

源代码 8-1 hello-world.c

```
#include "contiki.h"

#include <stdio.h> /* For printf() */
/* --------------------------------------------------------- */
PROCESS(hello_world_process, "Hello world process");
AUTOSTART_PROCESSES(&hello_world_process);
/* --------------------------------------------------------- */
PROCESS_THREAD(hello_world_process, ev, data)
{
  PROCESS_BEGIN();


  while(1){
  printf("Hello, world\n");
  }
  PROCESS_END();
}
/* --------------------------------------------------------- */
```

8. 执行效果

IPv6 节点模块使用串口连接 PC,在 PC 端打开串口软件,设置波特率为 115 200,无校验位,8 数据位,1 位停止位,无硬件流控制,可以查看到 IPv6 模块运行打印的信息,如图 8-12所示。

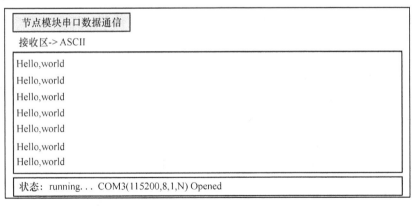

图 8-12　Contiki Hello world 运行效果

8.4　Contiki LED 控制

1. 实践目标

了解 Contiki 系统应用程序的开发方法,了解 LED 控制工程中 Makefile 文件的编写,掌握 STM32W108 节点 LED 指示灯的控制方法。

2. 实践工具

① 硬件：ZCNET-STM32W108 开发板、JLink 仿真器。

② 软件：Windows 7 SP1 x86 系统、test-led 源代码、IAR EWARM 集成开发环境、Cygwin 虚拟软件、Contiki OS、串口通信软件。

3. 实践内容

在 Cygwin 开发环境中，利用 IAR 编译工具编译 Contiki 系统源代码中的 test-led. c 程序，将编译得到的二进制程序下载到 IPv6 模块，重启 IPv6 模块，观察 LED 的控制效果。

4. 实践参考资料

① 配套的《网络应用与实践基础 V1.0》

② 配套的《Contiki-2.5/2.6/3.0 应用指南 V1.0》

③ 配套的《Contiki 系统 IPv6 无线节点模块实践手册 V1.0》

5. 实践原理

① LED 控制原理

在 Contiki 系统中有针对管理 LED 指示灯的库函数，位于 Contiki-2.5/core/dev 目录中，对应 leds. h 与 leds. c 源代码。

首先，LED 控制库中预定义了 LED 灯的类型，列出如下：

- LEDS_GREEN
- LEDS_RED
- LEDS_BLUE
- LEDS_ALL

其次，LED 控制库提供了 LED 灯的控制函数，列出如下：

- unsigned char leds_get(void);
- void leds_set(unsigned char leds);
- void leds_on(unsigned char leds);
- void leds_off(unsigned char leds);
- void leds_toggle(unsigned char leds);
- void leds_invert(unsigned char leds);

② LED 控制工程的实现

LED 控制应用程序的结构与源代码 8-1 的结构相同，编写 test-led. c 的程序代码在源代码 8-2 中列出，可以作为参考。

- 头文件中声明了 leds. h，直接调用 LED 库函数控制 LED 灯的亮灭状态。
- 声明进程名称与处理函数。
- 在进程处理函数中调用 leds_on() 函数控制 LED 灯点亮。

为了编译 test-led. c 源代码，可以编写相应的 Makefile 程序，由 make 指令按规则编译源代码，一份简单的 Makefile 程序代码在源代码 8-3 中列出，可以作为参考。

6. 实践步骤

① 将 IPv6 开发模块安装到配套底板上。

② 通过 JLink 将 IPv6 开发模块连接到 PC，设备上电。

③ 在 contiki-2.5 目录下的 examples 目录中建立 test-led 目录,运行编译命令:

```
cd /home/Administrator/Contiki-2.5/examples
mkdir test-led
cd test-led
```

④ 按源代码 8-2 编写源程序,按源代码 8-3 编写 Makefile 程序,一起存放在 test-led 目录下。

⑤ 在 test-led 路径下运行编译命令:

```
make TARGET = mb851 clean
make TARGET = mb851
```

⑥ 运行烧录命令:

```
make TARGET = mb851 clean
make TARGET = mb851 test-led.flash
```

上述命令将自动调用 IAR 相关工具对源码进行编译,并使用 stm32w_flasher.exe 工具烧录编译结果 test-led.bin 程序。

7. 关键代码分析

① test-led.c 程序源代码如下所示。

源代码 8-2　test-led.c

```
#include "contiki.h"
#include "dev/leds.h"
#include <stdio.h>
//----------------------------------------------------
PROCESS(led_process, "led process");
AUTOSTART_PROCESSES(&led_process);
//----------------------------------------------------
PROCESS_THREAD(led_process, ev, data)
{
  PROCESS_BEGIN();
  leds_on(LEDS_RED);
  PROCESS_END();
}
```

② Makefile 程序源代码如下所示。

源代码 8-3　Makefile

```
CONTIKI_PROJECT = test-led

all: $(CONTIKI_PROJECT)

CONTIKI = ../..
include MYM(CONTIKI)/Makefile.include
```

8. 执行效果

应用程序固化在 IPv6 节点模块以后,重新上电启动,可以看到模块上板载的红色 LED 灯珠已经点亮,说明程序已经在执行过程中,并且运行无误。可以尝试着修改源代码 8-2,控制绿色与蓝色的 LED 灯珠的亮灭状态。

8.5 Contiki 按键控制

1. 实践目标

了解 Contiki 系统应用程序的开发方法,了解按键控制的方法,掌握 STM32W108 节点按键控制、LED 控制、调试信息控制输出协同工作的编程方法。

2. 实践工具

① 硬件:ZCNET-STM32W108 开发板、JLink 仿真器。

② 软件:Windows 7 SP1 x86 系统、test-button 源代码、IAR EWARM 集成开发环境、Cygwin 虚拟软件、Contiki OS、串口通信软件。

3. 实践内容

在 Cygwin 开发环境中,利用 IAR 编译工具编译 Contiki 系统源代码中的 test-button.c 程序,将编译得到的二进制程序下载到 IPv6 模块,重启 IPv6 模块,观察按键的控制效果。

4. 实践参考资料

① 配套的《网络应用与实践基础 V1.0》

② 配套的《Contiki-2.5/2.6/3.0 应用指南 V1.0》

③ 配套的《Contiki 系统 IPv6 无线节点模块实践手册 V1.0》

5. 实践原理

在 Contiki 系统 dev 目录中的 button-sensor.h 头文件,更进一步调用了 lib 目录下的 sensors.h 库资源。Contiki 系统将 button 按键作为通用的传感器类型,统一实现传感器的常量定义、配置与控制。

在本节中,综合了前面介绍的调试信息输出控制与 LED 控制,相应的程序在源代码 8-4 中列出,可以作为参考。

Button 按键按以下步骤实现 Contiki 系统的控制响应:

- 头文件中声明了 button-sensor.h 头文件,直接调用 SENSORS_ACTIVATE()传感器库函数激活按键功能,通过传感器事件触发,由 Contiki 系统自动响应按键的控制;
- 声明进程名称与处理函数;
- 在进程处理函数中调用 PROCESS_WAIT_EVENT_UNTIL()函数,无限循环,等待传感器触发事件,如果判断是 button 按键触发,立即调用 LED 库函数,控制 LED 灯的亮灭状态。

6. 实践步骤

① 将 IPv6 开发模块安装到配套底板上。

② 通过 JLink 将 IPv6 开发模块连接到 PC,IPv6 开发模块的串口连接 PC 的串口,设备上电。

③ 进入"contiki-2.5"目录下的"examples/mb851/button"工程目录中,运行编译命令:

```
make TARGET = mb851 clean
make TARGET = mb851
```

④ 运行烧录命令:

```
make TARGET = mb851 clean
make TARGET = mb851 test-button.flash
```

上述命令将自动调用 IAR 相关工具对源码进行编译,并使用 stm32w_flasher.exe 工具烧录编译结果 test-button.bin 程序。

7. 关键代码分析

按键控制工程中 test-button.c 程序源代码如下所示。

源代码 8-4　test-button.c

```c
#include "contiki.h"
#include "dev/button-sensor.h"
#include "dev/leds.h"
#include <stdio.h>


/* ----------------------------------------------------- */
PROCESS(test_button_process, "Test button");
AUTOSTART_PROCESSES(&test_button_process);
/* ----------------------------------------------------- */
PROCESS_THREAD(test_button_process, ev, data)
{
  PROCESS_BEGIN();
  // 激活按键功能
  SENSORS_ACTIVATE(button_sensor);

  printf("Press the button to toggle the leds.");
  // 无限循环,等待传感器触发事件,如果是按键触发,反转所有 LED 的亮灭状态
  while(1) {
    PROCESS_WAIT_EVENT_UNTIL(ev == sensors_event &&data == &button_sensor);
    leds_toggle(LEDS_ALL);
  }

  PROCESS_END();
}
/* ----------------------------------------------------- */
```

8．执行效果

IPv6 节点模块使用串口连接 PC，在 PC 端打开串口软件，设置波特率为 115 200，无校验位，8 数据位，1 位停止位，无硬件流控制，可以查看到 IPv6 模块运行打印的信息，如图 8-13 所示。

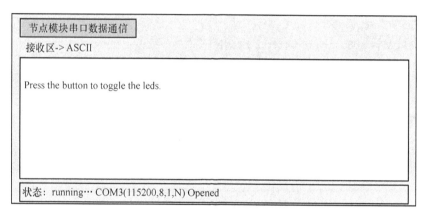

图 8-13　Contiki 按键控制信息输出

应用程序固化在 IPv6 节点模块以后，重新上电启动，按下按键，可以看到模块上板载的 LED 灯组随着按键动作，LED 灯的亮灭状态同时改变，说明程序已经在执行过程中，并且运行效果稳定。

本 章 小 结

本章介绍了 Contiki 系统的相关知识，包括 Contiki 系统的基本概念、Contiki 系统开发环境的建立、Contiki 系统程序的开发方法及 Makefile 程序的编写。重点是 Contiki 系统程序的开发方法。

从结构上看，Contiki 系统的应用程序分为 3 个部分：头文件声明、进程声明及进程处理函数的实现。从代码上看，Contiki 系统的应用程序频繁地调用宏函数，可以这样认为，应用程序结构基本上是由宏函数支撑的，功能大多可以由库函数提供。从进程处理函数分析，在进程处理函数内，系统进入无限循环运行，用户程序中的使用基于查询方式的控制，应在该部分实现，同时，应该认识到，Contiki 系统支持 3 种类型的事件，事件由系统自动调用回调函数处理。

习　　题

8-1　简述 Contiki 操作系统的特性。

8-2　Contiki 操作系统的事件分为几种？各是什么？

8-3　Contiki 操作系统事件中包含哪些重要信息？

8-4　简述 Contiki 操作系统的安装方法。

8-5　简述 Contiki 应用程序的组成结构。

8-6　Contiki 应用程序怎样与 HAL 层进行联系？怎样调用 HAL 层函数？

8-7　分析源代码 8-4，按键连接在 STM32W108 芯片的哪个管脚？

第9章 Contiki 点对点通信

Contiki 操作系统基于 IEEE 802.15.4 平台实现了 IPv6 协议（μIPv6 协议栈），提供自动组网、自动路由、无线数据传输等功能。Contiki 操作系统中的 RPL 是针对低功耗有损网络提出的 IPv6 路由协议规范。本章将基于 Contiki 系统中提供的 UDP 协议、μIP 协议栈、RPL 协议等基本协议，实现无线传感器节点设备之间的点对点通信。

这里将 Contiki 点对点通信应用程序设计分为三大部分：IPv6 地址、RPL DAG 创建、UDP 协议通信。首先，IPv6 地址部分包括 IPv6 地址类型、地址库函数等基础应用的介绍；其次，在应用 RPL 创建 DAG 部分包括 RPL 协议概念、有向非循环图 DAG、DAG 拓扑结构、DAG 创建等理论与应用的介绍；最后，以服务器应用为主，介绍了 UDP 连接、绑定、通信，在程序中还用到了射频模块的启/停控制，都一一做了相应介绍。

本章主要基于 μIP 协议栈及 RPL 协议实现 Contiki 系统的点对点通信。

学习目标

- 了解下一代网际协议 IPv6(IPng)。
- 了解 μIP 协议栈的功能与特点。
- 了解 RPL 协议的功能与特点。
- 掌握 Contiki 系统点对点通信的开发。

9.1 Contiki 点对点通信基础

9.1.1 地址类型

1. uip_ip6addr_t 类型

位于 contiki-2.5 \ core \ net \ uip. h 中，uip_ip6addr_t 类型的定义如下：

```
typedef union uip_ip6addr_t {
    u8_t    u8[16];
    u16_t u16[8];
} uip_ip6addr_t;
```

uip_ip6addr_t 类型是共用体数据类型，存放 128 位的 IPv6 地址。

2. uip_ipaddr_t 类型

位于 contiki-2.5\core\net\uip. h 中，uip_ipaddr_t 类型等同于 uip_ip6addr_t 类型，该类型的定义如下：

```
typedef uip_ip6addr_t uip_ipaddr_t;
```

3. struct uip_ds6_addr 类型

位于 contiki-2.5\core\net\uip-ds6. h 中，struct uip_ds6_addr 类型的定义如下：

```
typedef struct uip_ds6_addr {
  uint8_t isused;
  uip_ipaddr_tipaddr;
  uint8_t state;
  uint8_t type;
  uint8_t isinfinite;
  struct stimer vlifetime;
  struct timer dadtimer;
  uint8_t dadnscount;
} uip_ds6_addr_t;
```

struct uip_ds6_addr 类型是结构体数据类型，包含 IPv6 地址、状态、类型、生存时间等成员变量。

4. uip_lladdr 类型

位于 contiki-2.5\core\net\uip. h 中，uip_lladdr 类型的定义如下：

```
typedef uip_802154_longaddr uip_lladdr_t;
```

uip_lladdr 类型的原型是 uip_lladdr_t 类型，从类型声明中可以知道，uip_lladdr 类型定义基于 IEEE 802.15.4 协议的 MAC 地址变量。

5. 地址获取方式

位于 contiki-2.5\core\net\uip-ds6. h 中，地址获取方式的定义如下：

```
#define   ADDR_ANYTYPE 0
#define   ADDR_AUTOCONF 1
#define   ADDR_DHCP 2
#define   ADDR_MANUAL 3
```

Contiki 系统中预定义了自动配置、DHCP 分配及手动分配等地址获取方式。

6. 地址状态

位于 contiki-2.5\core\net\uip-ds6. h 中，地址状态的定义如下：

```
#define ADDR_TENTATIVE 0
#define ADDR_PREFERRED 1
#define ADDR_DEPRECATED 2
```

Contiki 系统中预定义了 3 种状态：尝试状态、完备状态及否定状态。

9.1.2 地址函数

1. uip_ip6addr 函数

位于 contiki-2.5\core\net\uip.h 中，uip_ip6addr 函数的定义如下：

```
#define uip_ip6addr(addr, addr0,addr1,addr2,addr3,addr4,addr5,addr6,addr7)
do { \
  (addr)->u16[0] = UIP_HTONS(addr0);                          \
  (addr)->u16[1] = UIP_HTONS(addr1);                          \
  (addr)->u16[2] = UIP_HTONS(addr2);                          \
  (addr)->u16[3] = UIP_HTONS(addr3);                          \
  (addr)->u16[4] = UIP_HTONS(addr4);                          \
  (addr)->u16[5] = UIP_HTONS(addr5);                          \
  (addr)->u16[6] = UIP_HTONS(addr6);                          \
  (addr)->u16[7] = UIP_HTONS(addr7);                          \
} while(0)
```

uip_ip6addr 函数不是一般的函数，定义为宏函数，将 8 个 16 位字段数据按顺序存放在 addr 数组变量中，生成 IPv6 地址。

2. uip_ds6_set_addr_iid 函数

位于 contiki-2.5\core\net\uip-ds6.c 中，uip_ds6_set_addr_iid 函数的定义如下：

```
void
uip_ds6_set_addr_iid(uip_ipaddr_t * ipaddr, uip_lladdr_t * lladdr)
{
#if (UIP_LLADDR_LEN == 8)
  memcpy(ipaddr->u8 + 8, lladdr, UIP_LLADDR_LEN);
  ipaddr->u8[8] ^= 0x02;
#elif (UIP_LLADDR_LEN == 6)
  memcpy(ipaddr->u8 + 8, lladdr, 3);
  ipaddr->u8[11] = 0xff;
  ipaddr->u8[12] = 0xfe;
  memcpy(ipaddr->u8 + 13, (uint8_t *)lladdr + 3, 3);
  ipaddr->u8[8] ^= 0x02;
#else
#error uip-ds6.c cannot build interface address when UIP_LLADDR_LEN is not 6 or 8
#endif
}
```

在 IPv6 中，一种称为无状态自动配置的机制使用 EUI-64 地址（扩展唯一标识符）格式来自动配置 IPv6 地址，相当于 MAC-48 地址，主要用于 FireWire、IPv6、802.15.4 中。无状态自动配置是指在网络中没有 DHCP 服务器的情况下,允许节点自行配置 IPv6 地址的机制。

无状态自动配置自动将 48-bit 的以太网 MAC 地址扩展成 64-bit,跟在一个 64-bit 的前缀后面,组成一个 IPv6 地址,可以按如下步骤进行:

① 将 48 位的 MAC 地址从中间分开,插入一个固定数值 FFFE;

② 将第 7 个比特位反转,如果原来是 0,就变为 1,如果原来是 1,就变为 0;

③ 加上 64 位的网络前缀即可得到一个完整的 IPv6 地址。

在 MAC 地址中,第 7 比特位值为 1 表示本地管理,值为 0 表示全球管理;在 EUI-64 格式中,第 7 位值为 1 表示全球唯一,值为 0 表示本地唯一。第 7 个比特位应该按具体应用环境进行反转操作。

3. uip_ds6_addr_add 函数

位于 contiki-2.5\core\net\uip-ds6.c 中,uip_ds6_addr_add 函数的定义如下:

```
   uip_ds6_addr_t *
uip_ds6_addr_add(uip_ipaddr_t * ipaddr, unsigned long vlifetime, uint8_t type)
{ // uip_ds6_if 结构体定义在 uip-ds6.h 中
  if(uip_ds6_list_loop
    ((uip_ds6_element_t * )uip_ds6_if.addr_list, UIP_DS6_ADDR_NB,
     sizeof(uip_ds6_addr_t), ipaddr, 128,
     (uip_ds6_element_t * * )&locaddr) == FREESPACE) {
    locaddr->isused = 1;
    uip_ipaddr_copy(&locaddr->ipaddr, ipaddr);
    locaddr->state = ADDR_TENTATIVE;
    locaddr->type = type;
    if(vlifetime == 0) {
      locaddr->isinfinite = 1;
    } else {
      locaddr->isinfinite = 0;
      stimer_set(&(locaddr->vlifetime), vlifetime);
    }
    timer_set(&locaddr->dadtimer,
           random_rand() % (UIP_ND6_MAX_RTR_SOLICITATION_DELAY *
                          CLOCK_SECOND));
    locaddr->dadnscount = 0;
    uip_create_solicited_node(ipaddr, &loc_fipaddr); // uip.h 中定义函数原型
    uip_ds6_maddr_add(&loc_fipaddr);                 // uip-ds6.h 中声明函数原型
    return locaddr;
  }
  return NULL;
}
```

在 uip_ds6 的列表中循环查找 128 位的 ipaddr 地址是否存在于接口的地址列表中,如果不存在,将在 locaddr 中添加该地址,地址状态设为尝试地址,生存时间设为永久时间。同时,ipaddr 地址请求并加入本地多播地址中。

4. uip_ds6_addr_lookup 函数

位于 contiki-2.5\core\net\uip-ds6.c 中,uip_ds6_addr_lookup 函数的定义如下:

```
uip_ds6_addr_t *
uip_ds6_addr_lookup(uip_ipaddr_t * ipaddr)
{
  if(uip_ds6_list_loop
    ((uip_ds6_element_t *)uip_ds6_if.addr_list, UIP_DS6_ADDR_NB,
     sizeof(uip_ds6_addr_t), ipaddr, 128,
     (uip_ds6_element_t * *)&locaddr) == FOUND) {
    return locaddr;
  }
  return NULL;
}
```

在 uip_ds6 的列表中循环查找 128 位的 ipaddr 地址是否存在于接口的 UIP_DS6_ADDR_NB 级地址列表中,如果存在,将返回 locaddr 地址值。

9.1.3 RPL DAG 创建

1. RPL 协议

IETF 工作组制定了 RoLL(Routing over Lossy and Low-power Networks)领域的标准规范,主要是面向低功耗易损网络的 IPv6 路由协议的应用。RoLL 标准规范从不同的应用场景的路由需求考虑,目前已经落实了 4 个应用场景的路由需求,包括家庭自动化应用(Home Automation,RFC5826)、工业控制应用(Industrial Control,RFC5673)、城市应用(Urban Environment,RFC5548)及楼宇自动化应用(Building Automation,draft-ietf-roll-building-routing-reqs)。

为了制定出更适合低功耗网络的路由协议,RoLL 工作组首先对现有的无线传感器网络路由协议进行了分析(工作组文稿 draft-ietf-roll-routing-survey 分析了相关协议的特点及不足);然后研究了路由协议中路径选择的定量指标,RoLL 工作组文稿 draft-ietf-roll-routing-metrics 给出了两个方面的定量指标,一方面是节点选择指标,包括节点状态、节点能量、节点跳数(Hop Count);另一方面是链路指标,包括链路吞吐率、链路延迟、链路可靠性、ETX、链路着色(区分不同流类型)。为了辅助动态路由,节点还可以设计目标函数(Objective Function)来指定如何利用这些定量指标来选择路径。

在路由需求、链路选择定量指标等工作的基础上,RoLL 工作组研究制定了 RPL(Routing Protocol for LLN)协议。RPL 协议目前是一个工作组文稿(draft-ietf-roll-rpl),版本仍在不断更新。

RPL 不同于传统网络路由协议,设计的首要目标就是针对解决低功耗有损网络中的路由问题。考虑在特定应用的广泛需求,RPL 具有高度模块化的设计结构,其路由协议的核心可以满足多种应用路由需求的共性部分,而对于特定的路由需求,可以通过添加附加模块的方式满足。RPL 是一个距离向量协议,它创建有向非循环图 DAG,其中路径从网络中根节点遍历到每个叶节点。使用距离向量路由协议而不是链路状态协议,主要原因是考虑低功耗有损网络中节点资源受限的特性。链路状态路由协议更强大,但是需要大量的资源,如内存和用于同步 LSDB 的控制流量。有向非循环图 DAG 可以有效防止路由产生环路的问题,DAG 的根节点通过广播路由限制条件过滤掉网络中的一些不满足条件的节点,然后节点通过路由衡量来选择最优的路径。

Contiki 系统中支持创建 RPL 协议网络。

2. RPL 数据通信模型

RPL 协议支持 3 种类型的数据通信模型:

* 低功耗节点到主控设备的多点到点的通信;
* 主控设备到多个低功耗节点的点到多点通信;
* 低功耗节点之间点到点的通信。

RPL 协议常用的相关术语列出如下。

① DAG(Directed Acyclic Graph):有向非循环图,是一个基于树型网络实现的、所有边缘不存在循环的有向图。

② DAG Root:DAG 根节点。DAG 内没有外出边缘的节点,DAG 图是非循环的,按照定义所有的 DAGs 必须至少有一个 DAG 根,并且每个 DAG 的所有路径应该终止于一个根节点。

③ DODAG(Destination Oriented DAG):面向目的地的有向非循环图,是一个只存在唯一目的地根节点的 DAG。

④ DODAG Root:DODAG 的 DAG 根节点,可能会在 DODAG 内部担当一个边界路由器,尤其是可能在 DODAG 内部聚合路由,并重新分配 DODAG 路由到其他路由协议内。

⑤ Rank:表示等级,一个节点的等级定义了该节点相对于其他节点的位置,DODAG 根节点具有唯一的位置用来作为参考节点,如图 9-1 所示。

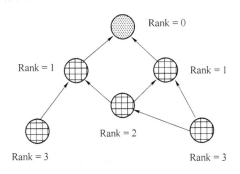

图 9-1　DAG 中的 Rank 分配

⑥ OF(Objective Function):目标函数,定义了路由衡量、最佳目的及计算出 Rank 值的相关函数。此外,OF 函数可以给出在 DODAG 内如何选择父节点从而形成 DODAG。

⑦ RPL InstanceID：RPL 网络实例的唯一标识，具有相同 RPL InstanceID 的 DODAG 使用相同的 OF 函数。

⑧ RPL Instance：指 RPL 实例，在 RPL 协议中共享同一个 RPL InstanceID 的一个或多个 DODAG 的集合。

3. RPL 拓扑结构

RPL 协议中规定，一个 DODAG 是一系列由有向边连接的节点，边缘节点之间不存在直接的环路。RPL 协议通过构造从每个叶节点到 DODAG 根节点的路径集合来创建 DODAG。与树形拓扑相比，DODAG 提供了多余的路径。

使用 RPL 路由协议的网络中，可以包含一个或多个 RPL 实例（RPL instances）；在每个 RPL 实例中，可以包含多个有向非循环图 DAGs；在每个 DAG 中存在着唯一的 DAG 根。一个节点可以加入多个 RPL 实例，但是在一个实例内只能属于一个 DAG。图 9-2 显示了使用 RPL 协议构造的网络拓扑图。

RPL 协议规定了 3 种消息，包括 DODAG 信息对象（DIO）、DODAG 目的地通告对象（DAO）、DODAG 信息请求（DIS）。DIO 消息是由 RPL 节点发送的，用来通告 DODAG 节点特性参数，因此 DIO 用于 DODAG 的发现、构成和维护。DIO 通过增加选项可以携带一些命令信息。DAO 消息用于在 DODAG 中向上传播目的地消息，以填充上级节点的路由表，从而支持 P2MP 和 P2P 通信。DIS 消息与 IPv6 路由请求消息相似，用于发现附近的 DODAG 及向附近的 RPL 节点请求 DIO 消息。DIS 消息没有附加的消息体。

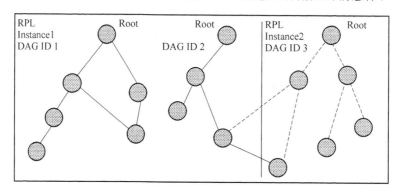

图 9-2　RPL 构造的网络拓扑图

4. RPL 路由建立

当一个节点发现多个 DODAG 邻居时（可能是上级节点或同级节点），它会通过多种规则判断是否要加入某个 DODAG。节点一旦加入到一个 DODAG 之后，就将拥有访问到 DODAG 根的路由（可能是默认路由）。

在 DODAG 中，数据路由传输分为向上路由和向下路由。向上路由是指数据从叶节点传送到根节点，可以支持 MP2P（多点到点）的传输；向下路由指的是数据从根节点传送到叶节点，可以支持 P2MP（点到多点）和 P2P（点到点）传输。P2P 传输先通过向上路由到达一个转接路由节点，然后再进行向下路由传输到目的节点。对于不需要进行 P2MP 和 P2P 传输的网络来说，不需要建立向下路由。

向上路由通过建立 DIS 和 DIO 消息来实现。每个已经加入到 DAG 的节点会定时地发送面向多播地址的 DIO 消息,DIO 中包含了 DAG 的基本信息。新节点加入 DAG 时,会收到邻居节点发送的 DIO 消息,节点根据每个 DIO 中的 Rank 值,选择一个邻居节点作为最佳的父节点,然后根据 OF 函数计算出自己在 DAG 中的 Rank 值。节点加入到 DAG 后,也将会定时地发送 DIO 消息。此外,节点也可以通过发送 DIS 消息,请求其他节点回应 DIO 消息。

向下路由通过建立 DAO 和 DAO ACK 消息来实现。DAG 中的节点会定时向父节点发送 DAO 消息,里面包含了该节点使用的前缀信息。父节点收到 DAO 消息后,将缓存子节点的前缀信息,并回应 DA OACK 消息。这样在进行路由时,通过查找前缀匹配的地址就可以把数据包向下路由到目的地节点。

9.1.4　服务器端核心

1. UDP 服务的创建

位于 contiki-2.5\core\net\uip. h 中,一个 uIP UDP 服务的连接可以用如下的结构体定义来描述:

```
struct uip_udp_conn {
  uip_ipaddr_t ripaddr;        // 远程对等主机的 IP 地址
  u16_t lport;                 // 本地端口号,以网络字节顺序
  u16_t rport;                 // 远程端口号,以网络字节顺序
  u8_t  ttl;                   // 默认存活时间
  uip_udp_appstate_tappstate;  // 应用状态
};
```

在服务器端创建 UDP 服务连接时,在 udp_new()函数中指定远程对等的客户端端口号;在客户端创建 UDP 服务连接时,在 udp_new()函数中指定远程对等的服务器端口号。

2. 绑定

类似于 Socket 处理机制,这里使用 udp_bind()函数将连接与本地端口绑定。例如,在服务器端使用 udp_bind()函数绑定本地端口 UDP_SERVER_PORT,如下所示:

udp_bind(server_conn, UIP_HTONS(UDP_SERVER_PORT));

3. UIP_HTONS

在 Contiki 的源代码注释中清楚地给出了 UIP_HTONS 的说明:在应用时,有必要使用 UIP_HTONS()或 uip_htons()将给定的端口号转换为网络字节顺序方式的数据,即大端对齐(big-endian)方式。

4. PRINTF 与 PRINT6ADDR

PRINTF 与 PRINT6ADDR 是在 uip_debug. h 中定义的宏,在 DEBUG 配置工程中分别通过串口输出用户信息与 IPv6 地址信息。

5. ripaddr 地址

ripaddr 地址是 uip_ipaddr_t 类型数据,在 structuip_udp_conn 结构体的定义中可以看出 ripaddr 地址是指远程对等主机的 IP 地址。

6. PROCESS_YIELD

PROCESS_YIELD()的作用是激活进程,与进程阻塞 PROCESS_PAUSE()对应。

7. 数据接收与发送

Contiki 系统中基于事件机制实现数据的接收,当检测有 tcpip_event 事件时,调用 tcpip_handler()函数,由该函数处理接收到的数据。

数据发送使用 uip_udp_packet_sendto()函数,如下所示:

```
uip_udp_packet_sendto(server_conn, buf, strlen(buf),
    &server_ipaddr, UIP_HTONS(UDP_SERVER_PORT));
```

其中,参数 server_conn 为 udp 连接号,server_ipaddr 为要发往的 IPv6 地址。

8. rpl_repair_dag 函数

位于 contiki-2.5\core\net\rpl\rpl-dag.c 中,rpl_repair_dag 函数的作用是修复一个 RPL DAG,如:

```
rpl_repair_dag(rpl_get_dag(RPL_ANY_INSTANCE));
```

其中,rpl_get_dag()函数返回所在 DAG 的 dag_table[i],rpl_repair_dag()函数判断该 DAG 的 RANK 属于 ROOT 级别,就将 DAG 的版本号加 1,同时重启一个 DIO 定时器。

rpl_repair_dag()函数的原型定义如下所示:

```
int rpl_repair_dag(rpl_dag_t * dag)
{
  if(dag->rank == ROOT_RANK(dag)) {
    dag->version++;
    dag->dtsn_out = 1;
    rpl_reset_dio_timer(dag, 1);
    return 1;
  }
  return 0;
}
```

9. NETSTACK_MAC

位于 contiki-2.5\core\net\netstack.h 中,NETSTACK_MAC 宏的原型是一个结构体,NETSTACK_MAC 宏定义如下:

```
extern conststruct mac_driver  NETSTACK_MAC;
```

struct mac_driver 结构体位于 contiki-2.5\core\net\mac\mac.h 中,该结构体的定义如下:

```
/** * The structure of a MAC protocol driver in Contiki. */
struct mac_driver {
  char * name;

  /** Initialize the MAC driver */
  void (* init)(void);
```

```
/** Send a packet from the Rime buffer */
void (* send)(mac_callback_tsent_callback, void * ptr);

/** Callback for getting notified of incoming packet. */
void (* input)(void);

/** Turn the MAC layer on. */
int (* on)(void);

/** Turn the MAC layer off. */
int (* off)(int keep_radio_on);

/** Returns the channel check interval, expressed in clock_time_t ticks. */
unsigned short (* channel_check_interval)(void);
};
```

其中,在 structmac_driver 结构体中定义了 off()函数指针,具体的功能可以在 turn_off()函数中实现。turn_off()函数原型定义在 contiki-2.5\core\net\mac\contikimac.c 中,如下所示:

```
const struct rdc_driver contikimac_driver = {
  "ContikiMAC",
  init,
  qsend_packet,
  input_packet,
  turn_on,
  turn_off,
  duty_cycle,
};

static int
turn_off(intkeep_radio_on)
{
  contikimac_is_on = 0;
  contikimac_keep_radio_on = keep_radio_on;
  if(keep_radio_on) {
    radio_is_on = 1;
    return NETSTACK_RADIO.on();
  } else {
    radio_is_on = 0;
    return NETSTACK_RADIO.off();
  }
}
```

在程序中,如果调用 NETSTACK_MAC.off(1)函数,函数参数是"1",可以认为该 off()函数映射到了 turn_off()函数。从 turn_off()函数中分析,此时是保持射频模块一直运行在启动状态,可以提高射频数据的接收率。

9.2 Contiki 点对点通信实践

1. 实践目标

了解 Contiki 系统中基于 RPL 协议通信的实现过程,掌握在 Contiki 系统下基于 IPv6 协议实现 UDP 编程的方法。

2. 实践工具

① 硬件:ZCNET-STM32W108 开发板、JLink 仿真器。

② 软件:Windows 7 SP1 x86 系统、udp-server 源代码、udp-client 源代码、IAR EWARM 集成开发环境、Cygwin 虚拟软件、Contiki OS、串口通信软件。

3. 实践内容

在 Cygwin 开发环境中,利用 IAR 编译工具分别编译 Contiki 系统源代码中的 udp-server 程序与 udp-client 程序,并分别下载测试程序到 IPv6 模块运行测试,观察基于 RPL 协议实现的 IPv6 根节点与 IPv6 节点之间的点到点通信。

4. 实践参考资料

① 配套的《网络应用与实践基础 V1.0》

② 配套的《Contiki-2.5/2.6/3.0 应用指南 V1.0》

③ 配套的《Contiki 系统 IPv6 无线节点模块实践手册 V1.0》

5. 实践原理

(1) 服务器端

服务器端 udp_server_process 进程开启后,根据 RPL 协议定义,生成 IPv6 地址,并将该地址添加到本地地址列表。然后,创建一个 RPL DAG,打印出本地的地址信息,保持芯片的射频模块保持常开状态。

程序的核心是建立同客户端的远程连接,并绑定通信端口。之后,程序进入无限循环,监听系统事件,如果是 tcpip_event 事件,就接收射频数据并立即回传给 PC 显示;如果是 sensors_event 或 button_sensor 事件,就将执行该 RPL DAG 的修复工作。

(2) 客户端

客户端 udp_client_process 进程开启后,设置本地及服务器地址,打印出本地的地址信息,将客户端 IPv6 地址列表的尝试状态更改为永久状态。

程序的核心是建立同服务器端的远程连接,并绑定通信端口。设置射频数据发送定时器,间隔循环触发系统定时事件。之后,程序进入无限循环,监听系统事件,如果是 tcpip_event 事件,就接收射频数据并立即回传给 PC 显示;如果是定时器触发的定时事件,就将调用射频数据报发送函数,发送射频数据,同时复位定时器。

6. 实践步骤

① 将 IPv6 开发模块安装到配套底板上。

② 通过 JLink 将 IPv6 开发模块连接到 PC，IPv6 开发模块的串口连接 PC 的串口，设备上电。

③ 进入 contiki-2.5 目录下的"examples/node2node"工程目录中，运行编译命令：

```
make TARGET = mb851 clean
make TARGET = mb851
```

④ 运行烧录命令：

应该对 udp-server 源程序、udp-client 源程序的编译结果分别进行固化：

```
make TARGET = mb851 clean
make TARGET = mb851 udp-server.flash
```

更换一个节电设备，重新执行：

```
make TARGET = mb851 clean
make TARGET = mb851 udp-client.flash
```

上述命令将自动调用 IAR 相关工具对源码进行编译，并使用 stm32w_flasher.exe 工具分别烧录 udp-server.bin 与 udp-client.bin 编译结果程序。

7. 关键代码分析

（1）udp-server.c 程序源代码

```
源代码 9-1    udp-server.c

// 头文件声明
#include "contiki.h"
#include "contiki-lib.h"
#include "contiki-net.h"
#include "net/uip.h"
#include "net/rpl/rpl.h"
#include "net/netstack.h"
#include "net/uip-debug.h"
#include "dev/leds.h"
#include "dev/button-sensor.h"

#include <stdio.h>
#include <stdlib.h>
#include <string.h>
#include <ctype.h>
// 全局变量、宏常量、函数原型声明
#define DEBUG DEBUG_PRINT
#define UIP_IP_BUF    ((struct uip_ip_hdr *)&uip_buf[UIP_LLH_LEN])

#define UDP_CLIENT_PORT 8765          // 定义客户端通信端口号
#define UDP_SERVER_PORT 5678          // 定义服务器端通信端口号

static struct uip_udp_conn * server_conn;
// 定义进程名称和对应的处理函数
```

```
PROCESS(udp_server_process, "UDP server process");
// 声明此进程以自启动方式加入系统
AUTOSTART_PROCESSES(&udp_server_process);
// 射频数据接收与处理函数, 响应 TCPIP_EVENT
static voidtcpip_handler(void)
{
  char * appdata;

  if(uip_newdata()) {                  //接收到射频数据时, uip_newdata()返回值为真
    leds_on(LEDS_GREEN);       // 点亮绿色 LED 指示灯
    clock_delay(8000);            // 延时
    leds_off(LEDS_GREEN);       // 关闭绿色 LED 指示灯
    // uip_appdata 指针指向新接收的射频数据缓冲
    appdata = (char *)uip_appdata;
    // uip_datalen()函数表示接收数据包长 uip_len, 有 uIP 协议设置
    appdata[uip_datalen()] = 0;
    // 输出接收数据信息
    PRINTF("DATA recv ´% s´ from ", appdata);
    // 输出源 IP 地址的 u8[14]的值
PRINTF("% d",UIP_IP_BUF->srcipaddr.u8[sizeof(UIP_IP_BUF->srcipaddr.u8) - 1]);
    PRINTF("\n\r");
#if SERVER_REPLY//如果定义了 SERVER_REPLY
    PRINTF("DATA sending reply\n");
    // 将接收数据中的源 IP 地址复制到服务器连接的接收 IP 地址
    uip_ipaddr_copy(&server_conn->ripaddr, &UIP_IP_BUF->srcipaddr);
    // 向信息源节点回送应答信息
    uip_udp_packet_send(server_conn, "Reply", sizeof("Reply"));
    // 将服务器连接的接收 IP 地址设置为未指定地址
    uip_create_unspecified(&server_conn->ripaddr);
#endif
  }
}
// 输出显示本地 IP 地址
static voidprint_local_addresses(void)
{
  int i;
  uint8_t state;
  // 输出服务器端节点的 IP 地址
  PRINTF("\r\nServer IPv6 addresses: ");
```

```
  // 遍历接口的地址列表
  for(i = 0; i < UIP_DS6_ADDR_NB; i++) {
    state = uip_ds6_if.addr_list[i].state;
    // 地址状态为尝试状态或完备状态的即是本节点的 IP 地址
    if(state == ADDR_TENTATIVE || state == ADDR_PREFERRED) {
      // 输出 IPv6 地址
      PRINT6ADDR(&uip_ds6_if.addr_list[i].ipaddr);
      PRINTF("\n\r");
      // 如果是尝试状态,就将地址状态更改为完备状态
      if (state == ADDR_TENTATIVE) {
        uip_ds6_if.addr_list[i].state = ADDR_PREFERRED;
      }
    }
  }
}
//进程处理函数
PROCESS_THREAD(udp_server_process, ev, data)
{
  uip_ipaddr_t ipaddr;
  struct uip_ds6_addr * root_if;

  PROCESS_BEGIN();                          // 进程开启

  PROCESS_PAUSE();                          // 进程阻塞
  SENSORS_ACTIVATE(button_sensor);          // 激活按键任务

  PRINTF("\n\rUDP server started\n");

#if UIP_CONF_ROUTER                         //如果定义了 RPL 路由协议
// 设置 IPv6 地址
#if 0
// 方式 1:直接指定 IPv6 地址
  uip_ip6addr(&ipaddr, 0xaaaa, 0, 0, 0, 0, 0, 0, 1);
#elif 1
//方式 2:在 u8[11:12]中补充 0xff,0xfe,设置 IPv6 地址
  uip_ip6addr(&ipaddr, 0xaaaa, 0, 0, 0, 0, 0x00ff, 0xfe00, 1);
#else
//方式 3:自动构建 IPv6 地址,将 IEEE 64-bit 或 48-bit 网络硬件地址转换为 IPv6 格式
```

```
    uip_ip6addr(&ipaddr, 0xaaaa, 0, 0, 0, 0, 0, 0, 0);
    uip_ds6_set_addr_iid(&ipaddr, &uip_lladdr);
#endif
    // 将 IPv6 地址以手动分配方式添加到接口的地址列表中
    uip_ds6_addr_add(&ipaddr, 0, ADDR_MANUAL);
    // 从接口的地址列表中查找刚分配的 IPv6 地址
    root_if = uip_ds6_addr_lookup(&ipaddr);
    // 如果存在,就建立 RPL DAG
    if(root_if != NULL) {
        rpl_dag_t * dag; // DAG 结构体指针变量
        rpl_set_root((uip_ip6addr_t * )&ipaddr);                    //设置 DAG root 为 ipaddr
        //获得 RPL_ANY_INSTANCE 标识的 DAG,即一个随机的 DAG
        dag = rpl_get_dag(RPL_ANY_INSTANCE);
        // 改变 ipaddr 的值
        uip_ip6addr(&ipaddr, 0xaaaa, 0, 0, 0, 0, 0, 0, 0);
        // 设置 DAG 的 64 位前缀
        rpl_set_prefix(dag, &ipaddr, 64);
        PRINTF("\r\ncreated a new RPL dag\n");
    } else {
        PRINTF("failed to create a new RPL DAG\n");
    }
#endif // UIP_CONF_ROUTER 结束

    print_local_addresses();                              // 打印地址信息

    // 射频模块始终保持工作状态
    NETSTACK_MAC.off(1);
    // 建立 UDP 服务连接,连接客户端端口
    server_conn = udp_new(NULL, UIP_HTONS(UDP_CLIENT_PORT), NULL);
    // 绑定连接到 Socket
    udp_bind(server_conn, UIP_HTONS(UDP_SERVER_PORT));
    // 输出显示 IP 地址信息
    PRINTF("\r\nCreated a server connection with remote address ");
    PRINT6ADDR(&server_conn->ripaddr);
    PRINTF(" local/remote port %u/%u\n", UIP_HTONS(server_conn->lport),
           UIP_HTONS(server_conn->rport));
    //
    while(1) {
```

```
    PROCESS_YIELD();              // 激活进程
    if(ev == tcpip_event) {       // 等待 TCPIP 事件触发
      tcpip_handler();            // 由 tcpip_handler()响应并处理接收的射频数据
    }
    // 等待传感器事件触发,如果是按键事件,将重配置 DAG
    else if (ev == sensors_event && data == &button_sensor) {
      PRINTF("Initiaing global repair\n");
      rpl_repair_dag(rpl_get_dag(RPL_ANY_INSTANCE));
    }
  }

  PROCESS_END();/ * 进程结束 * /
}
```

（2）udp-client.c 程序源代码

源代码 9-2　udp-client.c

```
// 头文件声明
# include "contiki.h"
# include "lib/random.h"
# include "sys/ctimer.h"
# include "net/uip.h"
# include "net/uip-ds6.h"
# include "net/uip-udp-packet.h"
# include "sys/ctimer.h"
# include "net/uip-debug.h"


# include <stdio.h>
# include <string.h>
// 全局变量、宏常量、函数原型声明
# define UDP_CLIENT_PORT 8765
# define UDP_SERVER_PORT 5678


# define DEBUG DEBUG_PRINT


# ifndef PERIOD
# define PERIOD 60        //周期
# endif
```

```c
#define START_INTERVAL          (15 * CLOCK_SECOND)
#define SEND_INTERVAL           (PERIOD * CLOCK_SECOND)
#define SEND_TIME               (random_rand() % (SEND_INTERVAL))
#define MAX_PAYLOAD_LEN         30


static struct uip_udp_conn * client_conn;       //UDP 连接结构体
static uip_ipaddr_t server_ipaddr;              //服务器 IP 地址变量
// 定义进程名称和对应的处理函数
PROCESS(udp_client_process, "UDP client process");
// 声明此进程以自启动方式加入系统
AUTOSTART_PROCESSES(&udp_client_process);
// 客户端直接将接收数据显示出来
static void tcpip_handler(void)
{
  char * str;

  if(uip_newdata()) {
    str = uip_appdata;
    str[uip_datalen()] = '\0';
    printf("DATA recv '%s'\n\r", str);
  }
}
// 射频数据包发送函数
static void send_packet(void * ptr)
{
  static int seq_id;                            // 定义发送序列号
  char buf[MAX_PAYLOAD_LEN];
  // 每次发送将序列号累加,以标志本次数据通信
  seq_id++;
  PRINTF("\r\nDATA send to %d 'Hello %d'\n",
          server_ipaddr.u8[sizeof(server_ipaddr.u8) - 1], seq_id);
  sprintf(buf, "Hello %d from the client", seq_id);
  uip_udp_packet_sendto(client_conn, buf, strlen(buf),
                        &server_ipaddr, UIP_HTONS(UDP_SERVER_PORT));
}
// 输出显示本地 IP 地址信息
static void print_local_addresses(void)
{
```

```
  int i;
  uint8_t state;
  // 输出客户端的 IPv6 地址
  PRINTF("\r\nClient IPv6 addresses：");
  // 遍历节点接口的地址列表
  for(i = 0; i < UIP_DS6_ADDR_NB; i++) {
    state = uip_ds6_if.addr_list[i].state;
    // 如果地址是尝试状态或完备状态，并且地址已发布，输出显示该 IP 地址
    if(uip_ds6_if.addr_list[i].isused &&
      (state == ADDR_TENTATIVE || state == ADDR_PREFERRED)) {
      PRINT6ADDR(&uip_ds6_if.addr_list[i].ipaddr);
      PRINTF("\n\r");
      // 如果地址状态是尝试状态，将状态更改为完备状态
      if (state == ADDR_TENTATIVE) {
          uip_ds6_if.addr_list[i].state = ADDR_PREFERRED;
      }
    }
  }
}
// 设置 IPv6 地址
static void set_global_address(void)
{
  uip_ipaddr_t ipaddr;
  // 自动配置客户端的 IPv6 地址
  uip_ip6addr(&ipaddr, 0xaaaa, 0, 0, 0, 0, 0, 0, 0);
  uip_ds6_set_addr_iid(&ipaddr, &uip_lladdr);
  uip_ds6_addr_add(&ipaddr, 0, ADDR_AUTOCONF);
// 设置服务器端 IP 地址
#if 0
// 方式 1：直接指定 IPv6 地址
  uip_ip6addr(&server_ipaddr, 0xaaaa, 0, 0, 0, 0, 0, 0, 1);
#elif 1
// 方式 2：在 u8[11：12]中补充 0xff,0xfe,设置 IPv6 地址
  uip_ip6addr(&server_ipaddr, 0xaaaa, 0, 0, 0, 0, 0x00ff, 0xfe00, 1);
#else
// 方式 3：本来为自动将 IEEE 64-bit 或 48-bit 网络硬件地址转换为 IPv6 格式
// 这里在应用时将设置方式更改为直接指定 IPv6 格式地址方式
  uip_ip6addr(&server_ipaddr, 0xaaaa, 0, 0, 0, 0x0250, 0xc2ff, 0xfea8, 0xcd1a);
```

```
#endif
}
// 进程处理函数
PROCESS_THREAD(udp_client_process, ev, data)
{
  // 设置双定时器,防止信息洪泛(flooding)
  static struct etimer periodic;
  static struct ctimer backoff_timer;

  PROCESS_BEGIN();                        // 进程开启

  PROCESS_PAUSE();                        // 进程阻塞
  // 设置 IP 地址
  set_global_address();

  PRINTF("\r\nUDP client process started\n");
  // 输出显示本地 IP 地址
  print_local_addresses();
  // 建立 UDP 服务连接,连接服务器端口
  client_conn = udp_new(NULL, UIP_HTONS(UDP_SERVER_PORT), NULL);
  // 绑定连接到 Socket
  udp_bind(client_conn, UIP_HTONS(UDP_CLIENT_PORT));
  // 输出显示连接信息
  PRINTF("\r\nCreated a connection with the server ");
  PRINT6ADDR(&client_conn->ripaddr);
  PRINTF(" local/remote port %u/%u\n",
    UIP_HTONS(client_conn->lport), UIP_HTONS(client_conn->rport));

  etimer_set(&periodic, SEND_INTERVAL);    //定义定时器
  while(1) {
    PROCESS_YIELD();                       // 激活进程
    if(ev == tcpip_event) {                // 等待 TCPIP 事件触发
      tcpip_handler();                     // 响应射频数据接收与处理
    }

    if(etimer_expired(&periodic)) {        // 查询定时器的定时状态,如果时间已
                                           //经到达
      etimer_reset(&periodic);             //重设事件定时器
```

```
// 使用回调定时器 CTimer 设置定时事件的回调函数
// 在 ctimer_set()函数内使用事件定时器定时 SEND_TIME 长的时间
ctimer_set(&backoff_timer, SEND_TIME, send_packet, NULL);


    }
  }

  PROCESS_END();

}
```

Contiki 系统中可以认为存在 3 种类型的定时器：Timer 定时器、ETimer 事件定时器及 CTimer 回调定时器。CTimer 回调定时器连接定时事件与回调函数，它的定时事件由 ETimer 事件定时器实现；ETimer 时间定时器的定时操作通过调用 Timer 定时器实现；Timer 定时器使用 HAL 层的时钟测量时间，实现计时与定时操作。特别地，这里给出 CTimer 定时器设置函数的原型，如下所示（位于 contiki-2.5\core\sys\ctimer.c 中　　　　　　　　　　　　　　　　　　　　　　　　　　　　　　　　）：

```
void ctimer_set(struct ctimer * c, clock_time_t t,
                void ( * f)(void * ), void * ptr)
{
  PRINTF("ctimer_set %p %u\n", c, (unsigned)t);
  c->p = PROCESS_CURRENT();
  c->f = f;
  c->ptr = ptr;
  if(initialized) {
    PROCESS_CONTEXT_BEGIN(&ctimer_process);
    etimer_set(&c->etimer, t);
    PROCESS_CONTEXT_END(&ctimer_process);
  } else {
    c->etimer.timer.interval = t;
  }

  list_remove(ctimer_list, c);
  list_add(ctimer_list, c);
}
```

8. 执行效果

IPv6 节点模块使用串口连接 PC，在 PC 端打开串口软件，设置波特率为 115 200，无校验位，8 数据位，1 位停止位，无硬件流控制，可以查看到 IPv6 模块运行打印的信息，如图 9-3 所示。

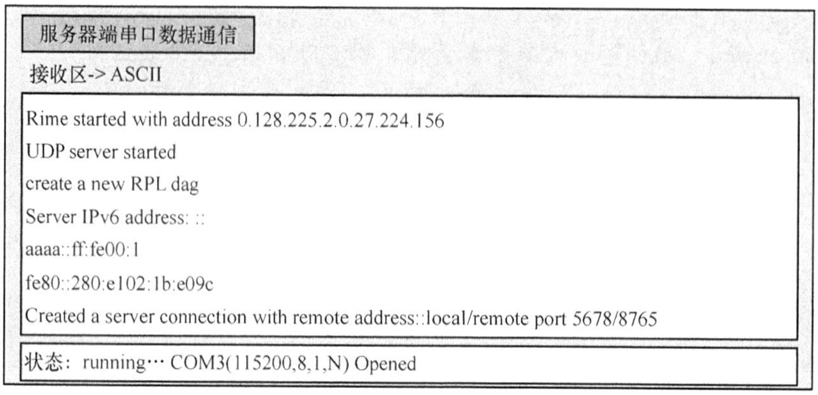

服务器端串口数据通信

接收区-> ASCII

Rime started with address 0.128.225.2.0.27.224.156

UDP server started

create a new RPL dag

Server IPv6 address: ::

aaaa::ff:fe00:1

fe80::280:e102:1b:e09c

Created a server connection with remote address::local/remote port 5678/8765

状态: running… COM3(115200,8,1,N) Opened

图 9-3 Contiki 点对点通信运行效果

在 IPv6 的客户端节点下载程序以后,重启运行,客户端节点将发送射频无线数据包。服务器的根节点接收数据,通过串口将数据回传给 PC 显示,如图 9-4 所示。

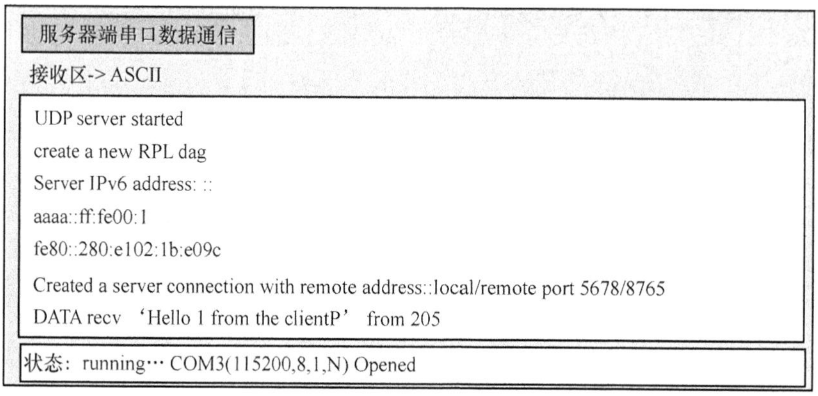

服务器端串口数据通信

接收区-> ASCII

UDP server started

create a new RPL dag

Server IPv6 address: ::

aaaa::ff:fe00:1

fe80::280:e102:1b:e09c

Created a server connection with remote address::local/remote port 5678/8765

DATA recv 'Hello 1 from the clientP' from 205

状态: running… COM3(115200,8,1,N) Opened

图 9-4 Contiki 点对点通信数据接收效果

本 章 小 结

本章基于 Contiki 操作系统实现的点对点通信,发送设备与接收设备基于 UDP 协议建立通信连接,依次执行:UDP 连接初始化、UDP 绑定、查询 tcpip 事件接收数据、查询定时器事件发送数据,上述步骤串联为一个点对点通信工程的核心部分功能。

在 Contiki 系统中,点对点通信主要应用的库函数分别有 udp_new()函数、udp_bind()函数、uip_udp_packet_sendto()函数、uip_newdata()函数、uip_datalen()函数等。

Contiki 点对点通信是基于 μIP 协议中的 UDP 协议建立的通信,路由功能是在服务器端节点上通过建立 RPL DAG 实现的,服务器端节点作为 DAG root,客户端节点作为叶节点连接到 DAG 中。在 DAG 中建立向上路由后,客户端发送数据包,服务器端接收数据包。

习　　题

9-1　RPL 协议支持几种类型的数据通信模型？分别是什么？

9-2　RPL 协议规定了几种消息？分别是什么？

9-3　简述 RPL 路由的建立过程。

9-4　分别简述 Contiki 点对点通信中服务器与客户端的程序设计流程。

第 10 章　Contiki 单播多播通信

通常 UDP 或 TCP 的数据业务需要在服务器-客户端(server-client)模型中实现,并基于 IP 地址与端口号的 socket 机制进行通信。Contiki 系统就提供了这样一个 UDP 服务器与客户端通信的简单应用——simple-UDP,本章将利用 simple-UDP 中的数据及函数实现 Contiki 系统单播通信应用。

本章介绍的 Contiki 系统多播通信同样基于 UDP 的简易版本——simple-UDP——实现,依次使用简单连接结构体存储 UDP 连接,使用注册函数初始化 UDP 连接,应用程序使用双定时器避免网络(信息)洪泛(flooding),设置多播 IP 地址,最后使用多播连接结构体基于 UDP 协议发送数据。

本章主要基于 UDP 的简易版本——simple-UDP——实现 Contiki 系统的单播与多播通信。

学习目标

- 了解 Contiki IPv6/RPL 的应用基础。
- 了解 Contiki Simple UDP 通信原理。
- 掌握 Contiki 单播通信的编程实现。
- 掌握 Contiki 多播通信的编程实现。

10.1　Contiki 单播多播基础

10.1.1　Contiki 系统定时器

Contiki 系统本身并不提供定时器事件的支持。应用程序通过调用定时器库来使用定时器。定时器库提供定时设置、重设、重启等功能,并且监测定时时间是否到达。定时监测由应用程序通过查询方式实现,目前,定时器库还不能实现自动监测。定时器定时时间到达后,定时器库不能向系统提交定时事件,使用事件定时器 ETimer 来执行该功能。

事件定时器在 Contiki 系统中定义为 ETimer 结构体,它提供了产生系统定时事件的触发源。事件定时器在定时时间到达时立即向设置定时器的进程提交事件消息。事件定时器一般声明为结构体变量指针,通过该指针访问事件定时器。

时间的测量功能由时钟库(clock library)提供。

1. etimer_set()函数

位于 contiki-2.5\core\sys\etimer.c 中,etimer_set()函数的定义如下:

```
void
etimer_set(struct etimer * et, clock_time_t interval)
{
  timer_set(&et->timer, interval);
  add_timer(et);
}
```

事件定时器在使用之前,必须要设置初始值,通常由 etimer_set()函数来执行。结构体 structetimer 中的第一个成员变量是 struct timer 类型的变量,相应地,调用 timer.c 文件中的 timer_set()函数设置定时的初始时间与间隔时间。

2. etimer_reset()函数

位于 contiki-2.5 \ core \ sys \ etimer.c 中,etimer_reset()函数的定义如下:

```
void
etimer_reset(struct etimer * et)
{
  timer_reset(&et->timer);
  add_timer(et);
}
```

该函数用来重设定时时间间隔(interval 变量),定时器的起始时间为上次定时的结束时间,间隔时间与初始时设置的相同,都是 struct timer 类型定时器的 interval 变量。

10.1.2　Contiki 系统的服务

Contiki 服务的注册、分发与查找函数都定义在 Contiki-2.5/apps/servreg-hack 目录下的 servreg-hack.h 文件与 servreg-hack.c 文件中。Contiki 服务由一个 1～255 的 8 位整型数定义,低于 128 的整型数都保留给 Contiki 系统服务使用。

1. servreg_hack_init()函数

位于 contiki-2.5\apps\servreg-hack\servreg-hack.c 中,servreg_hack_init()函数的定义如下:

```
void servreg_hack_init(void)
{
  if(started == 0) {
    list_init(others_services);
    list_init(own_services);
    memb_init(&registrations);

    process_start(&servreg_hack_process, NULL);
    started = 1;
  }
}
```

servreg_hack_init()不带参数,用来初始化并启动一个 servreg-hack 应用,准备为节点提供服务注册、分发、查找等功能。

2. servreg_hack_lookup()函数

位于 contiki-2.5\apps\servreg-hack\servreg-hack. c 中,servreg_hack_lookup()函数的定义如下:

```
uip_ipaddr_t * servreg_hack_lookup(servreg_hack_id_t id)
{
  servreg_hack_item_t * t;

  servreg_hack_init();

  purge_registrations();

  for(t = servreg_hack_list_head(); t != NULL; t = list_item_next(t)) {
    if(servreg_hack_item_id(t) == id) {
      return servreg_hack_item_address(t);
    }
  }
  return NULL;
}
```

servreg_hack_lookup()函数有一个形式参数,该函数返回提供特定服务的节点的 IP 地址,如果服务是未知的,返回值为 NULL;如果同时有多个节点提供服务,返回最近声明该服务的节点的 IP 地址。

3. servreg_hack_register()函数

位于 contiki-2.5\apps\servreg-hack\servreg-hack. c 中,servreg_hack_register()函数的定义如下:

```
void
servreg_hack_register(servreg_hack_id_t id, const uip_ipaddr_t * addr)
{
  servreg_hack_item_t * t;
  struct servreg_hack_registration * r;

  servreg_hack_init();

  for(t = list_head(own_services);
      t != NULL;
      t = list_item_next(t)) {
    if(servreg_hack_item_id(t) == id) {
```

```
        return;
    }
}

r = memb_alloc(&registrations);
if(r == NULL) {
    printf("servreg_hack_register: error, could not allocate memory, should
reclaim another registration but this has not been implemented yet.\n");
    return;
}
r->id = id;
r->seqno = 1;
uip_ipaddr_copy(&r->addr, addr);
timer_set(&r->timer, LIFETIME / 2);
list_push(own_services, r);

PROCESS_CONTEXT_BEGIN(&servreg_hack_process);
etimer_set(&sendtimer, random_rand() % (NEW_REG_TIME));
PROCESS_CONTEXT_END(&servreg_hack_process);

}
```

servreg_hack_register()函数用于注册一个服务,该函数有两个形式参数,节点的 IP 地址与注册的服务号相关联,并且注册后的服务将会传送给所有运行 servreg-hack 程序的邻接点,收到注册服务信息的邻接点又会继续转发注册服务信息给自己的邻接点。接收来自邻接点的注册服务信息存储在节点的本地服务类型表中,可以在使用时查找。

节点运行该函数后,网络中的其他节点都将知道该节点提供的某项服务。

10.1.3　Contiki 系统 UDP 通信

1. simple_udp_register()函数

位于 contiki-2.5\core\net\simple-udp.c 中,simple_udp_register()函数原型的定义如下:

```
int simple_udp_register(struct simple_udp_connection * c,
                uint16_t local_port,
                uip_ipaddr_t * remote_addr,
                uint16_t remote_port,
                simple_udp_callback receive_callback)
```

```
{

    init_simple_udp();

    c->local_port = local_port;
    c->remote_port = remote_port;
    if(remote_addr != NULL) {
        uip_ipaddr_copy(&c->remote_addr, remote_addr);
    }
    c->receive_callback = receive_callback;

    PROCESS_CONTEXT_BEGIN(&simple_udp_process);
    c->udp_conn = udp_new(remote_addr, UIP_HTONS(remote_port), c);
    if(c->udp_conn != NULL) {
        udp_bind(c->udp_conn, UIP_HTONS(local_port));
    }
    PROCESS_CONTEXT_END();

    if(c->udp_conn == NULL) {
        return 0;
    }
    return 1;
}
```

simple_udp_register()函数简化了 Contiki 系统中基于 UDP 协议的 Socket 接口操作,函数体中包含了 udp_new()函数与 udp_bind()函数:udp_new()函数创建了与远端节点地址以及端口的连接,udp_bind()函数绑定了接口。

该函数将注册一个 UDP 连接,同时指定了一个回调函数,专门用于响应射频数据包接收事件。远程的 IP 地址可以设置为 NULL,表示本设备可以接收来自任何 IP 地址的数据包。如果将 UDP 端口参数设置为 0,表示将设置一个临时的 UDP 接口在应用中使用。

2. simple_udp_sendto( )函数

位于 contiki-2.5\core\net\simple-udp. c 中,simple_udp_sendto()函数原型的定义如下:

```
int simple_udp_sendto(struct simple_udp_connection * c,
                const void * data, uint16_t datalen,
                constuip_ipaddr_t * to)
{
    if(c->udp_conn != NULL) {
```

```
    uip_udp_packet_sendto(c->udp_conn, data, datalen,
                          to, UIP_HTONS(c->remote_port));
  }
  return 0;
}
```

该函数向指定的 IP 地址发送 UDP 数据包。数据包通过在 simple_udp_register()函数中注册的 UDP 端口传送。可以看到,数据包的发送实际上是由 Contiki 系统的 Socket 接口函数 uip_udp_packet_sendto()执行的。因此,从创建连接、绑定到发送,依次在这里的发送函数与 simple_udp_register()函数中用到了。

Contiki 系统中使用事件机制实现数据接收,当系统的 tcpip_event 事件触发时,系统将自动调用响应函数处理接收到的数据。

3. uip_create_linklocal_allnodes_mcast()函数

位于 contiki-2.5\core\net\uip.h 中,uip_create_linklocal_allnodes_mcast()函数原型的定义如下:

```
#define uip_create_linklocal_allnodes_mcast(a) \
uip_ip6addr(a, 0xff02, 0, 0, 0, 0, 0, 0, 0x0001)
```

该函数具有一个形式参数 a,实际上是一个宏函数,表示连接本地所有节点的多播地址。多播地址由 8 个 16 进制参数组成。

10.2　Contiki 单播多播通信实践

1. 实践目标

了解 Contiki 系统下 IPv6 地址的分配方法,掌握 Contiki 系统下单播与多播的实现方法。

2. 实践工具

① 硬件:ZCNET-STM32W108 开发板、JLink 仿真器。

② 软件:Windows 7 SP1 x86 系统、unicast-sender 源代码、unicast-receiver 源代码、broadcast-example 源代码、IAR EWARM 集成开发环境、Cygwin 虚拟软件、Contiki OS、串口通信软件。

3. 实践内容

在 Cygwin 开发环境中,利用 IAR 编译工具分别编译 Contiki 系统源代码中的单播与多播程序:unicast-sender 源程序、unicast-receiver 源程序、broadcast-example 源程序。将得到的下载程序烧录到 IPv6 模块,然后启动节点模块,边运行边测试,实现基于 IPv6 节点间的单播与多播通信。

4. 实践参考资料

① 配套的《网络应用与实践基础 V1.0》

② 配套的《Contiki-2.5/2.6/3.0 应用指南 V1.0》

③ 配套的《Contiki 系统 IPv6 无线节点模块实践手册 V1.0》

5．实践原理

（1）单播服务器端

服务器端 unicast_receiver_process 进程开启后，生成本地的 IPv6 地址，并将该地址添加到本地地址列表，同时打印出本地的地址信息。然后，以本地地址 ipaddr 创建一个 RPL DAG。

程序的核心是建立同客户端的远程连接，并绑定通信端口，指定射频数据接收的回调函数。之后，程序进入无限循环，监听系统事件，接收到射频数据后立即由 receiver() 函数响应，将客户端 IP 地址、通信端口号、数据字长及接收的数据等信息回传给 PC 显示。

（2）单播客户端

单播客户端 unicast_sender_process 进程开启后，设置本地 IPv6 地址，并将该地址添加到本地地址列表，同时打印出本地的地址信息。

程序的核心是建立同接收端的远程连接，并绑定 UDP_PORT 端口。设置发送定时器，间隔循环触发系统定时事件。之后，程序进入无限循环，监听系统事件，如果是发送定时器事件，就重置发送定时器，并设定另一个定时器用于数据发送；如果新的数据发送定时器触发定时事件，就将获取服务器的 IP 地址，并向服务器发送射频数据包。这里由 receiver() 函数响应射频数据接收事件。

（3）多播节点

多播 broadcast_example_process 进程开启后，直接进入程序的核心部分，首先注册 UDP 连接，建立同对等设备的远程连接，并绑定通信端口，指定射频数据接收的回调函数。设置发送定时器，间隔循环触发系统定时事件。然后，程序进入无限循环，监听系统事件，如果是发送定时器事件，就重置发送定时器，并设定另一个定时器用于数据发送；如果新的数据发送定时器触发定时事件，通过调用 uip_create_linklocal_allnodes_mcast() 设置一个广播地址，接着调用 simple_udp_sendto() 函数以多播方式将数据包发送出去。这里对射频数据的接收仍由 receiver() 函数响应。接收到射频数据后 receive() 函数将客户端 IP 地址、通信端口号、数据字长等信息回传给 PC 显示。

6．实践步骤

① 将 IPv6 开发模块安装到配套底板上。

② 通过 JLink 将 IPv6 开发模块连接到 PC，IPv6 开发模块的串口连接 PC 的串口，设备上电。

③ 进入"contiki-2.5"目录下的"examples/u-b-cast"工程目录中，运行编译命令：

```
make TARGET = mb851 clean
make TARGET = mb851
```

④ 运行烧录命令：

- 单播实践

应该对 unicast-sender 源程序、unicast-receiver 源程序的编译结果分别进行固化：

```
make TARGET = mb851 clean
make TARGET = mb851 unicast-sender.flash
```

更换一个节电设备,重新执行:

```
make TARGET = mb851 clean
make TARGET = mb851 unicast-receiver.flash
```

上述命令将自动调用 IAR 相关工具对源码进行编译,并使用 stm32w_flasher.exe 工具分别烧录 unicast-sender.bin 与 unicast-receiver.bin 编译结果程序。

- 多播实践

在多播实践中,多播节点运行同样的程序。对 broadcast-example 源程序的编译结果进行固化:

```
make TARGET = mb851 clean
make TARGET = mb851 broadcast-example.flash
```

7. 关键代码分析

(1) unicast-sender.c 程序源代码

源代码 10-1　unicast-sender.c

```
// 头文件声明
#include "contiki.h"
#include "lib/random.h"
#include "sys/ctimer.h"
#include "sys/etimer.h"
#include "net/uip.h"
#include "net/uip-ds6.h"
#include "net/uip-debug.h"


#include "simple-udp.h"
#include "servreg-hack.h"


#include <stdio.h>
#include <string.h>
// 全局变量、宏常量、函数原型的声明,进程的声明
#define UDP_PORT 1234                   // UDP 端口号
#define SERVICE_ID 190                  // 服务 ID 号

#define SEND_INTERVAL           (30 * CLOCK_SECOND)
#define SEND_TIME               (random_rand() % (SEND_INTERVAL))


static struct simple_udp_connection unicast_connection;
```

```
//定义进程名称和对应的处理函数
PROCESS(unicast_sender_process, "Unicast sender example process");
// 声明此进程以自启动方式加入系统
AUTOSTART_PROCESSES(&unicast_sender_process);


// 发送端程序,对射频数据接收没有处理,仅输出收/发端口号
static void
receiver(struct simple_udp_connection * c,
         const uip_ipaddr_t * sender_addr,
         uint16_t sender_port,
         const uip_ipaddr_t * receiver_addr,
         uint16_t receiver_port,
         const uint8_t * data,
         uint16_t datalen)
{
  printf("\r\nData received on port % d from port % d with length % d\n",
         receiver_port, sender_port, datalen);
}
// 设置 IPv6 地址函数
static void
set_global_address(void)
{
  uip_ipaddr_t ipaddr;
  int i;
  uint8_t state;
  // 自动构建 IPv6 地址
  uip_ip6addr(&ipaddr, 0xaaaa, 0, 0, 0, 0, 0, 0, 0);
  // 设置 64 位网络前缀,采用 IEEE EUI-64 地址格式
  // 或者将 IEEE 48-bit MAC 地址转换为 IPv6 格式
  uip_ds6_set_addr_iid(&ipaddr, &uip_lladdr);
  // 函数利用自动配置机制补充后 64 位主机寻址部分
  // 将自动配置的 IP 地址添加到网络接口的 IP 地址列表中
  uip_ds6_addr_add(&ipaddr, 0, ADDR_AUTOCONF);

  printf("\r\nIPv6 addresses:");
  // IP 地址已经在 uip_ds6_addr_add()函数中添加到地址列表
  // 这里,重新在单播地址列表中查找
  for(i = 0; i < UIP_DS6_ADDR_NB; i++) {
```

```
    // 获取网络接口的单播地址列表中的状态
    state = uip_ds6_if.addr_list[i].state;
    // 如果该地址已经发布过,并且状态已经设置过,输出该 IP 地址信息
    if(uip_ds6_if.addr_list[i].isused &&
       (state == ADDR_TENTATIVE || state == ADDR_PREFERRED)) {
      uip_debug_ipaddr_print(&uip_ds6_if.addr_list[i].ipaddr);
      printf("\r\n");
    }
  }
}
//进程处理函数
PROCESS_THREAD(unicast_sender_process, ev, data)
{
  static struct etimer periodic_timer;
  static struct etimer send_timer;
  uip_ipaddr_t *addr;

  PROCESS_BEGIN();

  servreg_hack_init();              // servreg_hack 应用初始化

  set_global_address();             // 设置 IPv6 地址
  // 注册 UDP 通信的连接
  simple_udp_register(&unicast_connection, UDP_PORT,
                      NULL, UDP_PORT, receiver);

  etimer_set(&periodic_timer, SEND_INTERVAL);
  while(1) {
    // 等待定时器事件触发
    PROCESS_WAIT_EVENT_UNTIL(etimer_expired(&periodic_timer));
    etimer_reset(&periodic_timer);
    etimer_set(&send_timer, SEND_TIME);
    // 等待定时器事件触发
    PROCESS_WAIT_EVENT_UNTIL(etimer_expired(&send_timer));
    // 查找运行 SERVICE_ID 服务的节点的 IP 地址
    addr = servreg_hack_lookup(SERVICE_ID);
    if(addr != NULL) {
      static unsigned int message_number;
```

```
    char buf[20];

    printf("\r\nSending unicast to ");
    uip_debug_ipaddr_print(addr);
    printf("\r\n");
    sprintf(buf, "\r\nMessage % d", message_number);
    message_number ++ ;
    // 基于 UDP 协议进行单播通信
    simple_udp_sendto(&unicast_connection, buf, strlen(buf) + 1, addr);
  } else {
    printf("\r\nService % d not found\n", SERVICE_ID);
  }
}


PROCESS_END();
}
```

（2）unicast-receiver. c 程序源代码

源代码 10-2 unicast-receiver. c

```
// 头文件声明
# include "contiki. h"
# include "lib/random. h"
# include "sys/ctimer. h"
# include "sys/etimer. h"
# include "net/uip. h"
# include "net/uip-ds6. h"
# include "net/uip-debug. h"


# include "simple-udp. h"
# include "servreg-hack. h"


# include "net/rpl/rpl. h"


# include <stdio. h>
# include <string. h>
// 全局变量、宏常量、函数原型的声明,进程的声明
# define UDP_PORT 1234
# define SERVICE_ID 190
```

```
#define SEND_INTERVAL              (10 * CLOCK_SECOND)
#define SEND_TIME          (random_rand() % (SEND_INTERVAL))


static struct simple_udp_connection unicast_connection;


// 定义进程名称和对应的处理函数
PROCESS(unicast_receiver_process, "Unicast receiver example process");
// 声明此进程以自启动方式加入系统
AUTOSTART_PROCESSES(&unicast_receiver_process);
// 接收端程序, 输出接收的射频数据信息, 包括发送端 IP 地址、收/发端口号
static void
receiver(struct simple_udp_connection * c,
         const uip_ipaddr_t * sender_addr,
         uint16_t sender_port,
         const uip_ipaddr_t * receiver_addr,
         uint16_t receiver_port,
         const uint8_t * data,
         uint16_t datalen)
{
  printf("\r\nData received from ");
  uip_debug_ipaddr_print(sender_addr);
  printf(" on port %d from port %d with length %d: '%s'\n",
         receiver_port, sender_port, datalen, data);
}
// 设置 IPv6 地址函数
static uip_ipaddr_t *
set_global_address(void)
{
  static uip_ipaddr_t ipaddr;
  int i;
  uint8_t state;
  // 自动构建 IPv6 地址
  uip_ip6addr(&ipaddr, 0xaaaa, 0, 0, 0, 0, 0, 0, 0);
  // 设置 64 位网络前缀, 采用 IEEE EUI-64 地址格式
  // 或者将 IEEE 48-bit MAC 地址转换为 IPv6 格式
  uip_ds6_set_addr_iid(&ipaddr, &uip_lladdr);
  // 函数利用自动配置机制补充后 64 位主机寻址部分
```

```
    // 将自动配置的 IP 地址添加到网络接口的 IP 地址列表中
    uip_ds6_addr_add(&ipaddr, 0, ADDR_AUTOCONF);

    printf("\r\nIPv6 addresses：");
    // IP 地址已经在 uip_ds6_addr_add() 函数中添加到地址列表
    // 这里，重新在单播地址列表中查找
    for(i = 0; i < UIP_DS6_ADDR_NB; i++) {
      // 获取网络接口的单播地址列表中的状态
      state = uip_ds6_if.addr_list[i].state;
      // 如果该地址已经发布过，并且状态已经设置过，输出该 IP 地址信息
      if(uip_ds6_if.addr_list[i].isused &&
        (state == ADDR_TENTATIVE || state == ADDR_PREFERRED)) {
        uip_debug_ipaddr_print(&uip_ds6_if.addr_list[i].ipaddr);
        printf("\n");
      }
    }

    return &ipaddr;
}
// 创建 RPL 函数
static void
create_rpl_dag(uip_ipaddr_t * ipaddr)
{
  struct uip_ds6_addr * root_if;
  root_if = uip_ds6_addr_lookup(ipaddr);
  if(root_if != NULL) {
    rpl_dag_t * dag;
    uip_ipaddr_t prefix;

    rpl_set_root(ipaddr);
    dag = rpl_get_dag(RPL_ANY_INSTANCE);
    uip_ip6addr(&prefix, 0xaaaa, 0, 0, 0, 0, 0, 0, 0);
    rpl_set_prefix(dag, &prefix, 64);
    PRINTF("created a new RPL dag\n");
  } else {
    PRINTF("failed to create a new RPL DAG\n");

  }

}
```

```
// 进程处理函数
PROCESS_THREAD(unicast_receiver_process, ev, data)
{
  uip_ipaddr_t * ipaddr;

  PROCESS_BEGIN();
  // servreg_hack 应用初始化
  servreg_hack_init();
  // 设置 IPv6 地址
  ipaddr = set_global_address();
  // 创建 RPL
  create_rpl_dag(ipaddr);
  // 注册用户自定义服务,同本地 IP 地址关联
  servreg_hack_register(SERVICE_ID, ipaddr);
  // 注册 UDP 通信的连接
  simple_udp_register(&unicast_connection, UDP_PORT,
                      NULL, UDP_PORT, receiver);

  while(1) {
    // 等待系统已启动进程的相关事件触发
    // 这里,等待无线射频数据接收事件,由 receiver()函数响应
    PROCESS_WAIT_EVENT();
  }
  PROCESS_END();
}
```

(3) broadcast-example.c 程序源代码

源代码 10-3 broadcast-example.c

```
// 头文件声明
# include "contiki.h"
# include "lib/random.h"
# include "sys/ctimer.h"
# include "sys/etimer.h"
# include "net/uip.h"
# include "net/uip-ds6.h"


# include "simple-udp.h"
```

```c
#include <stdio.h>
#include <string.h>
// 全局变量、宏常量、函数原型的声明，进程的声明
#define UDP_PORT 1234

#define SEND_INTERVAL        (20 * CLOCK_SECOND)
#define SEND_TIME     (random_rand() % (SEND_INTERVAL))

static struct simple_udp_connection broadcast_connection;

// 定义进程名称和对应的处理函数
PROCESS(broadcast_example_process, "UDP broadcast example process");
// 声明此进程以自启动方式加入系统
AUTOSTART_PROCESSES(&broadcast_example_process);
// 节点通用程序，接收射频数据，输出收/发端口号、数据信息
static void
receiver(struct simple_udp_connection *c,
         const uip_ipaddr_t *sender_addr,
         uint16_t sender_port,
         const uip_ipaddr_t *receiver_addr,
         uint16_t receiver_port,
         const uint8_t *data,
         uint16_t datalen)
{
  printf("Data received on port %d from port %d with length %d\n",
         receiver_port, sender_port, datalen);
}
// 进程处理函数
PROCESS_THREAD(broadcast_example_process, ev, data)
{
  static struct etimer periodic_timer;
  static struct etimer send_timer;
  uip_ipaddr_t addr;

  PROCESS_BEGIN();
  // 注册 UDP 通信的连接
  simple_udp_register(&broadcast_connection, UDP_PORT,
                      NULL, UDP_PORT, receiver);
```

```
// 启动定时器
etimer_set(&periodic_timer, SEND_INTERVAL);
while(1) {
    PROCESS_WAIT_EVENT_UNTIL(etimer_expired(&periodic_timer));
    etimer_reset(&periodic_timer);
    etimer_set(&send_timer, SEND_TIME);
    PROCESS_WAIT_EVENT_UNTIL(etimer_expired(&send_timer));
    printf("Sending broadcast\n");
    // 设置 addr 作为本地所有节点的多播通信地址
    uip_create_linklocal_allnodes_mcast(&addr);
    // 基于 UDP 协议进行多播通信
    simple_udp_sendto(&broadcast_connection, "Test", 4, &addr);
}


PROCESS_END();
}
```

以上 3 个程序都是基于 simple-UDP 简易协议实现的,可以与第 7 章的点对点通信代码对比,这里实现的类 Socket 机制更加简单了:一方面,不再显式地声明并查询 TCP/IP 事件,射频数据的接收在注册 simple-UDP 时已经在参数中指定了回调函数,响应射频数据接收触发事件;另一方面,simple-UDP 简易协议封装了建立通信的 udp_new() 函数、udp_bind() 函数及 uip_udp_packet_send() 函数,简化了应用编程。

8. 执行效果

(1) 单播通信运行效果

IPv6 节点模块使用串口连接 PC,在 PC 端打开串口软件,设置波特率为 115 200,无校验位,8 数据位,1 位停止位,无硬件流控制,IPv6 模块运行打印的信息如图 10-1、图 10-2 所示。

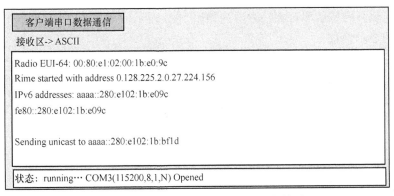

图 10-1　Contiki 单播设备发送端运行效果

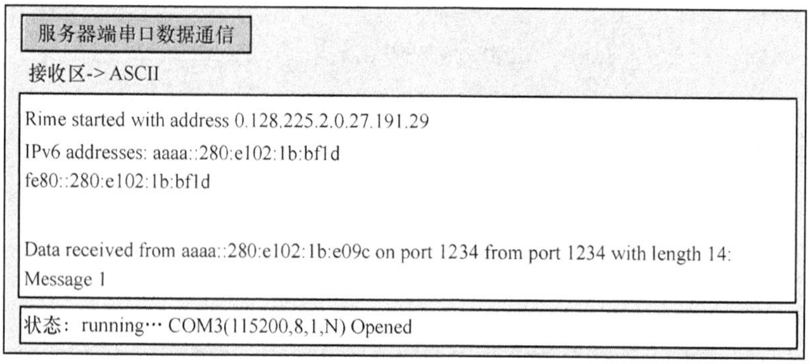

```
服务器端串口数据通信
接收区-> ASCII

Rime started with address 0.128.225.2.0.27.191.29
IPv6 addresses: aaaa::280:e102:1b:bf1d
fe80::280:e102:1b:bf1d


Data received from aaaa::280:e102:1b:e09c on port 1234 from port 1234 with length 14:
Message 1

状态: running… COM3(115200,8,1,N) Opened
```

图 10-2　Contiki 单播设备接收端运行效果

（2）多播通信运行效果

IPv6 节点模块使用串口连接 PC，在 PC 端打开串口软件，设置波特率为 115 200，无校验位，8 数据位，1 位停止位，无硬件流控制，IPv6 模块运行打印的信息如图 10-3 所示，可以看到，单个多播设备还不能接收到对等设备的无线射频数据，因此在图 10-3 中没有显示接收数据信息。

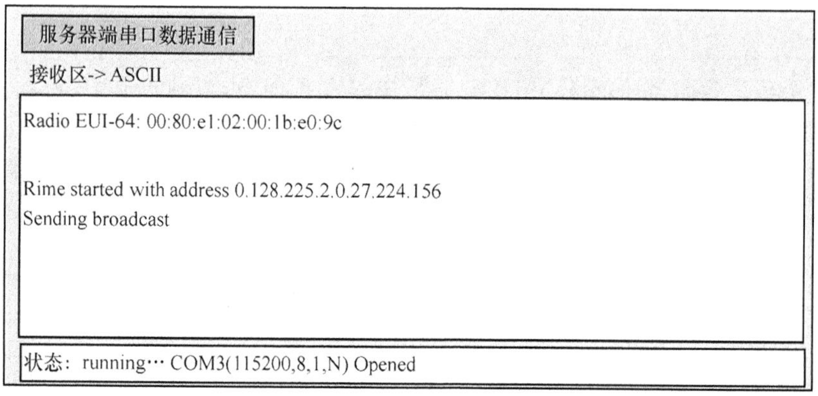

```
服务器端串口数据通信
接收区-> ASCII

Radio EUI-64: 00:80:e1:02:00:1b:e0:9c


Rime started with address 0.128.225.2.0.27.224.156
Sending broadcast




状态: running… COM3(115200,8,1,N) Opened
```

图 10-3　Contiki 多播设备运行效果

两个节点烧写完毕后即可在一方看到如图 10-4 所示的信息，从图中的第 4 行可以观察到接收数据的显示信息。

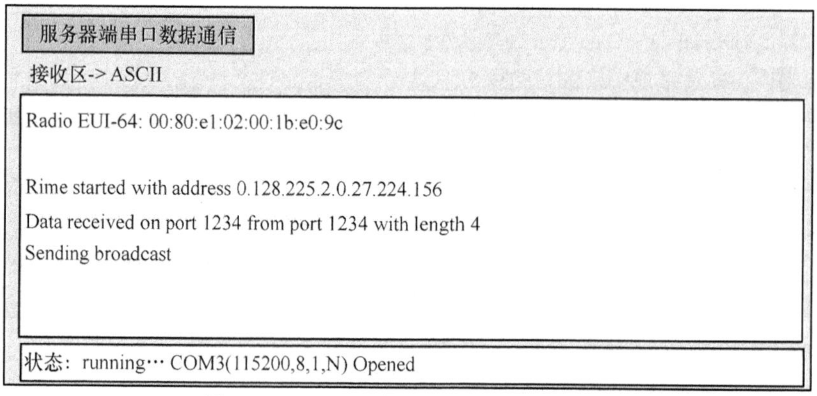

```
服务器端串口数据通信
接收区-> ASCII

Radio EUI-64: 00:80:e1:02:00:1b:e0:9c


Rime started with address 0.128.225.2.0.27.224.156
Data received on port 1234 from port 1234 with length 4
Sending broadcast




状态: running… COM3(115200,8,1,N) Opened
```

图 10-4　Contiki 多播数据接收运行效果

本 章 小 结

单播通信的收/发双方使用会员模型(subscription model)交互通信,服务器与客户端节点注册相同的服务 ID 号,不需要设置或存储对方节点的 IP 地址,这种方式更便于实现动态通信。

单播通信中,接收节点创建了一个 RPL DAG,即基于 RPL 协议的有向非循环图。RPL 是基于 IETF 工作组标准的、应用于低功耗有损网络的路由协议。RPL 协议基于树型结构拓扑支持一个或多个根节点(root nodes)向下遍历叶节点(leaf nodes)。使用 RPL 路由协议的网络中,可以包含一个或多个 RPL 实例;在每个 RPL 实例中,可以包含多个有向非循环图 DAGs;在每个 DAG 中存在着唯一的 DAG 根。一个节点可以加入多个 RPL 实例,但是在一个实例内只能属于一个 DAG。

接收节点在创建 RPL DAG 后,随即成为 DAG 的根节点,并且使用了与发送节点相同的网络前缀。

在多播通信中,UDP 的简易版本——simple-UDP——依次使用简单连接结构体存储 UDP 连接,使用注册函数初始化 UDP 连接,使用双定时器避免网络(信息)洪泛(flooding),设置多播 IP 地址,最后实现多播数据发送。

习　　题

10-1　uip_ip6addr()函数的形式参数调用的 0xaaaa, 0, 0, 0, 0, 0, 0, 0 地址具有什么特别的意义吗?

10-2　iid 表示的是什么地址?

10-3　在 Contiki 程序中,SERVICE_ID 在什么时候使用?

10-4　Contiki 系统中,以 PROCESS_开头的常量都有哪些?

10-5　Contiki 应用层程序是怎样与 HAL 层联系、连接的? 定时器又是怎样与 HAL 层联系、连接的?

10-6　简述单播服务器端程序的设计方法。

附录A 测试工单I(实训)

1. 测量外部电源焊接点

1-2
□是 □否

图 A-1 外部供给 3 V 电压连通性测量

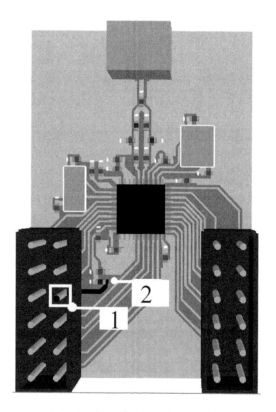

图 A-2 外部供给 3 V 电压连接点

2．测量信号地焊接点

1-2	1-3	1-4	1-5
□是□否	□是□否	□是□否	□是□否
1-6	1-7	1-8	1-9
□是□否	□是□否	□是□否	□是□否
1-10	1-11	1-12	1-13
□是□否	□是□否	□是□否	□是□否
1-14			
□是□否			

图 A-3　板载 GND 电压连通性测量

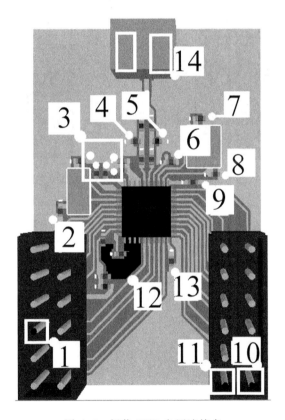

图 A-4　板载 GND 电压连接点

3．测量芯片电源焊接点

1-2	1-3	1-4	1-5	1-6
□是□否	□是□否	□是□否	□是□否	□是□否

图 A-5　板载 3 V 电压连通性测量

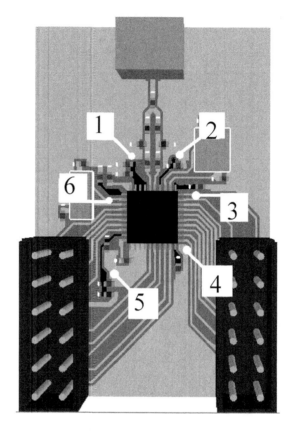

图 A-6　板载 3 V 电压连接点

核查人：

20 ____ 年 ____ 月 ____ 日

附录 B 焊接工单(实训)

1. 32 MHz 晶振电路焊接

表 B-1 32 MHz 晶振焊接元器件清单

类 型	值
C221	
C231	

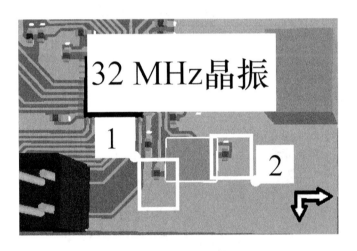

图 B-1 32 MHz 晶振焊接指导

2. 32.768 kHz 晶振电路焊接

表 B-2 32.768 kHz 晶振焊接元器件清单

类 型	值
C321	
C331	

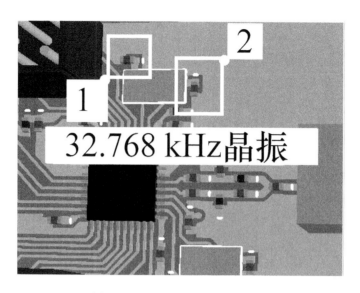

图 B-2   32.768 kHz 晶振焊接指导

3. 偏置电路焊接

表 B-3   偏置电路焊接元器件清单

类　型	值
R301	
C401	

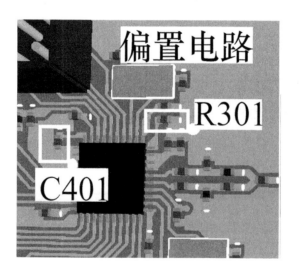

图 B-3   BIAS 电路焊接指导

4. 射频电路焊接

表 B-4 射频电路焊接元器件清单

类 型	值	类 型	值
C251		C252	
C253		C254	
C255		C261	
C262		L251	
L252		L261	

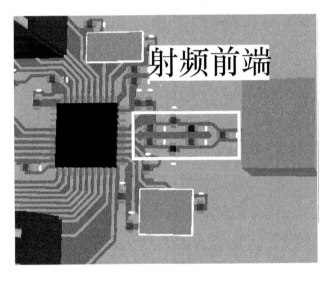

图 B-4 射频电路焊接指导

5. 滤波电路焊接

表 B-5 滤波电路焊接元器件清单

类 型	值	类 型	值
C1		L1	
C101		C211	
C241		C271	
C311		C272	
C391			

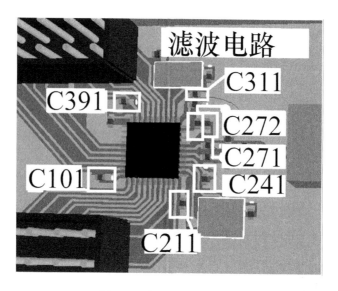

图 B-5　滤波电路焊接指导

6. 元器件焊接检测

C221	C231	C321	C331
□是□否	□是□否	□是□否	□是□否

图 B-6　晶振电路焊接核对

C1	L1	C101	C211
□是□否	□是□否	□是□否	□是□否
C241	C271	C311	C272
□是□否	□是□否	□是□否	□是□否
C391	C401	R301	天线端子
□是□否	□是□否	□是□否	□是□否

图 B-7　滤波电路与偏置电路焊接核对

C251	C261	L251	L252
□是□否	□是□否	□是□否	□是□否
C252	C262	L261	C253
□是□否	□是□否	□是□否	□是□否
C254	C255	P1	P2
□是□否	□是□否	□是□否	□是□否

图 B-8　射频电路与扩展接口座焊接核对

核查人：

20____年____月____日

附录 C 测试工单 II(实训)

1. 连通性测试

程序(GPIO.hex)确认	下载状态	灯组闪烁
□是□否	□是□否	□是□否
故障 LED 编号		
编号:		

图 C-1 GPIO 连通性测试

2. 时钟测试

程序(Timer.hex)确认	下载状态	串口时钟接收状态
□是□否	□是□否	□是□否
测试记录		
记录:		

图 C-2 时钟测试

3. 射频通信测试

程序(zigbee.hex)确认	下载状态	发送状态	接收状态
□是□否	□是□否	□是□否	□是□否
室内环境通信距离	室外环境通信距离		
米		米	

图 C-3 射频通信测试

核查人：

20____年____月____日

参 考 文 献

[1] TI. 802. 15. 4 MAC Application Programming Interface[EB/OL]. [2015-10-10]. ht-tp://www. ti. com/tool/timac.

[2] TI. Application Note：Application-Level Tunning of Z-Stack[EB/OL]. [2015-10-10]. http://www. deyisupport. com/cfs-file. ashx/__key/communityserver-discus-sions-components-files/.

[3] TI. HAL Drivers Application Programming Interface[EB/OL]. [2015-11-24]. ht-tp://e2e. ti. com/cfs-file/__key/CommunityServer-Discussions-Components-Files/.

[4] TI. Method for Discovery Network Topology[EB/OL]. [2015-11-25]. http://www. deyisupport. com/cfs-file. ashx/__key/communityserver-discussions-compo-nents-files/.

[5] TI. OS Abstraction Layer Application Programming Interface[EB/OL]. [2015-11-26]. http://e2e. ti. com/cfs-file/__key/CommunityServer-Discussions-Components-Files/.

[6] TI. Simple API for Z-Stacks[EB/OL]. [2015-12-05]. http://www. ti. com. cn/tool/cn/z-stack.

[7] TI. Z-Stack Application Programming Interface[EB/OL]. [2015-12-06]. http://www. ti. com. cn/tool/cn/z-stack.

[8] TI. Z-Stack Developer's Guide[EB/OL]. [2016-01-15]. http://www. ti. com/tool/z-stack.

[9] TI. Z-Stack HAL Porting Guide[EB/OL]. [2016-01-17]. http://www. ti. com/tool/z-stack.

[10] TI. Z-Stack Sample Applications[EB/OL]. [2016-01-20]. http://www. ti. com/tool/z-stack.

[11] TI. Z-Stack ZigBee Cluster Library Application Programming Interface. Z-Stack Sample Applications,2016.

[12] TI. 802. 15. 4 MAC User's Guide For CC2530/CC2533[EB/OL]. [2016-01-26]. http://www. ti. com. cn/product/cn/cc2530.

[13] TI. MAC Sample Application Software Design[EB/OL]. [2016-01-27]. http://www. ti. com/tool/timac.

[14] TI. CC2530ZNP Interface Specification[EB/OL]. [2016-01-29]. http://www. ti. com. cn/tool/cn/z-stack.

[15] TI. Smart Energy Sample Application User's Guide[EB/OL]. [2016-02-01]. http://www. ti. com. cn/tool/cn/z-stack.

[16] TI. Z-Stack Compile Options[EB/OL]. [2016-02-03]. http://www. ti. com/tool/cn/z-stack.

[17] TI. Z-Stack Monitor and Test API[EB/OL]. [2016-02-04]. http://www. ti. com/z-stack/.

[18] TI. Z-Stack Simple API[EB/OL]. [2016-02-05]. http://www. ti. com. cn/tool/cn/z-stack.

[19] TI. Z-Stack Smart Energy Developer's Guide[EB/OL]. [2016-02-07]. http://www. ti. com. cn/tool/cn/z-stack.

[20] TI. Z-Stack Sample Application For CC2530DB[EB/OL]. [2016-02-08]. http://www. ti. com. cn/tool/cn/z-stack.

[21] TI. Z-Stack User's Guide-CC2530DB[EB/OL]. [2016-02-10]. http://www. ti. com. cn/tool/cn/z-stack.

[22] ZigBee Alliance. ZigBee Specification[EB/OL]. [2016-02-12]. http://www. zigbee. org/.

[23] TI. CC253x System-on-Chip Solution for 2. 4-GHz IEEE 802. 15. 4 and ZigBee Applications User's Guide[EB/OL]. [2016-02-14]. http://www. ti. com. cn/product/cn/cc2530.

[24] TI. CC2530 ZigBee Development Kit User's Guide[EB/OL]. [2016-02-15]. http://www. ti. com. cn/tool/cn/cc2530zdk.

[25] LAN/MAN Standards Committee of the IEEE Computer Society. Part 15. 4: Wireless Medium Access Control (MAC) and Physical Layer (PHY) Specifications for Low-Rate Wireless Personal Area Networks (LR-WPANs)[EB/OL]. [2016-02-16]. http://standards. ieee. org/getieee802/download/802. 15. 4-2006. pdf.

[26] 迪卡智能工作室. CC2530 物联网开发平台实验指导书，2015.

[27] 迪卡智能工作室. 网络应用与实践基础 V1.0，2015.

[28] 迪卡智能工作室. Contiki-2.5/2.6/3.0 应用指南 V1.0，2015.

[29] 迪卡智能工作室. Contiki 系统 IPv6 无线节点模块实践手册 V1.0，2015.

[30] 无锡泛泰科技公司. CC2530 无线传感器网络实验平台指导书，2015.

[31] 北京赛佰特科技公司. 全功能物联网教学科研平台实验指导书，2013.